讀一流書·做一流人·建一流社會

題字：名書法家　董陽孜女士

財經企管 ②②②

企業全面品德管理
看見亞洲新利基

Asia's New Crisis

Renewal Through Total Ethical Management

李克特與馬家敏　編

羅耀宗　等譯

譯者簡介

林君文

美國哥倫比亞大學英語與比較文學系碩士，現爲國立清華大學任兼任講師。

吳國卿

現任經濟日報編譯，譯有《犯錯最多的是最後贏家》、《預約成功的 12 堂課》、《當滑鼠遇上木魚：電腦禪》等書。

章明儀

國立政治大學歷史系畢，美國杜更大學心理學碩士，美國萊斯大學宗教研究所碩士。

劉真如

台大外文系畢，曾任重要報紙編譯多年，現專事翻譯，譯有《憂鬱巨人》、《基業長青》、《下一個社會》等書，曾獲中國時報、聯合報年度十大好書獎及其他獎項。

蔡繼光

現任聯合報國際新聞中心召集人，譯有《國際遷徙與移民》、《征服世界的理念：廿一世紀的和平、民主、自由市場》、《湯姆的日記》、《公平賽局：小女孩與經濟學家老爸的對話》等書。

羅耀宗

清華大學工業工程系、政大企業管理研究所畢業。曾任《經濟日報》國外新聞組主任，現爲自由文字工作者。譯有《誰說大象不會跳舞──葛斯納親撰 IBM 成功關鍵》、《資訊新未來》、《富裕之路》、《解放型管理》、《浩劫 1990》、《領導與整合》以及《經濟學與法律的對話》等書。

事業雄心應植基於企業倫理

高希均　美國威斯康辛大學榮譽教授

（一）最缺的不是人才，是人品

　　在東方社會中，最常聽到的是：「我們缺資源、缺技術、缺資金、缺市場、缺政府的扶植、缺低利的貸款⋯⋯」。事實上，最缺的是人才，更缺的是人品。反映在企業經營上的，就是缺「企業倫理」。這真是一個追求改革與開放過程中出現的弔詭。

　　沒有人，不能做事；沒有人才，不能做大事；沒有人品，不論做小事大事，都會壞事。

　　「你做事，我放心」的前提是這個做事的人要有人品。回顧當年台灣經濟起飛的年代，就是重用了一批財經專才，以及這批專才都有令人尊敬的人品。

　　新加坡前總理李光耀對人才有嚴格的要求。他指出：除了教育程度、分析能力、實事求是、想像力、領導力、衝勁，「最重要的還是他的品德與動機，因為愈是聰明的人，對社會造成的損害可能愈大。」（參閱《李光耀治國之鑰》一書第四章）。

一

　　儘管台灣社會一直在力爭上游，但到處仍是缺少「品」的例子。商人缺少「商業品德」，消費者缺少「品味」，家庭生活缺少「品質」，政治人物缺少「品格」。

　　尤其在競爭劇烈與追求財富的市場經濟浪潮下，人心的貪婪難以遏止；台灣就被西方媒體形容為「貪婪之島」。

　　面對這樣的大環境，就如去年我們「天下文化」與「遠見」提出了「學習型台灣」的呼籲；此刻我們要大聲疾呼：企業永續經營的基石，就是「企業品德管理」。也就在同一時間，我們要推出一本討論「企業全面品德管理」的論文集。

　　這本書係由世界經濟論壇二位專家李克特與馬家敏主編，近二十位的學者與政治領袖參與撰述，特別著重「亞洲道德危機」與「全面倫理管理」，對我們當前的台灣，實有極大的啟發作用。

（二）落實企業倫理

　　千年以來，「情、理、法」維繫著社會的安定與倫理。與情理法相左的情況出現時，我們稱之為「寡情」、「悖理」、「違法」。情理法中的「情」與「理」，與當前大家關心的企業「倫理」（或道德、或品德、或形象）格外相關。

　　「倫理」（Ethics）在中外的哲學文獻中，可以出現很多嚴格的定義與界限。在本文中，「倫理」（或品德）是廣泛的指陳：

　　（1）從道德觀點來做「對」與「錯」的判斷。

　　（2）人際之間的一種是非行為的準則。

　　（3）符合社會上公認的一種正確行為與舉止。

　　對台灣社會最實用的定義也許是孫震教授所鼓吹的：「倫理就是理當如此，是不該講利害的。」（參閱他的新著：《人生

在世：善心、公義與制度》第四篇，聯經，2003年）。

就企業而言，「倫理」所牽涉的對象有三大範圍：

（1）與產品及業務相關：消費者、供應商、採購者、競爭者、融資者……。

（2）與企業內部相關：會計人員、採購人員、董事、股東、員工……。

（3）與經營環境相關：政府官員與民代、稅務機構、利益團體、媒體、社區……。

企業稍一不慎，就可能同時出現多種違背企業品德的例子：

- 如仿冒，侵犯智慧財產權。
- 如行賄，取得招標。
- 如忽視環保，轉嫁社會成本。
- 如哄抬價格，牟取暴利。
- 如輕視工廠安全，造成災難。
- 如壓低工資，雇用童工、外勞、女性勞動者。

因此，面對這種風險，管理良好的公司，就會訂定嚴格的公司營運準則，與公司的企業倫理。這兩者就構成了愈來愈受到重視的「公司文化」。

具體來說，推動企業倫理，常常會從多方面同時著手：

（1）訂定嚴格的員工「可做」與「不可做」的準則。

（2）設立獨立性的業務督導部門：包括採購、人事、招標、財務、管理……。

（3）高層主管言行一致，以身作則。

（4）加強員工道德訓練與參與。

（5）董事會決策透明化，增設外部董事。

（6）以利潤之一定比率回饋社會（或社區）。

（三）台積電的例子

2002 年 1 月台積電張董事長在「遠見企業人物論壇」上做了一次重要演講。其中部分談及台積電的企業倫理，值得摘錄。張董事長說：

「我的經營理念有三個基石：一個是願景；一個是理念；另外一個是策略，就是 visions、principles、strategies。

願景是『志同道合』裡面的『志』；理念是『志同道合』裡面的『道』；策略則是如何能夠達成願景的方法。『志』和『道』不但應該完全公開，而且應該是員工、客戶都熟悉，策略則是有部分需要保密。

『道』就經營理念，一共有十項。首先是『商業道德』，這一點也是我認為最重要的。其餘的九項分別是『專注本業』、『國際化』、『長期策略』、『客戶至上』、『品質』、『創新』、『挑戰性的工作環境』、『開放型的管理』、以及『兼顧員工及股東』。

『商業道德』代表公司的品格，是我們最基本也是最重要的理念，也是執行業務時必須遵守的法則。

所謂『高度職業道德』是：第一、我們說真話；第二、我們不誇張、不作秀；第三、對客戶我們不輕易承諾，一旦做出承諾，必定不計代價，全力以赴。第四、對同業我們在合法範圍內全力競爭，但絕不惡意中傷，同時我們也尊重同業的智慧財產權。第五、對供應商我們以客觀、清廉、公正的態度進行挑選及合作。任何人假使拿回扣，我們非但是開除，而且是要起訴的。在公司內部，我們絕不容許貪污；不容許在公司內有

派系或小圈圈產生；也不容許『公司政治』（company politics）的形成。

至於我們用人的首要條件是品格與才能，絕不是關係。

我們最重視的高度的商業道德，⋯⋯在我長期的職業生涯中，我發現『好的道德等於好的生意』（good ethics is good business）。」（孫震教授譯為「好的倫理就是好的經營」）。

台積電的例子是凸顯了一位擁有事業雄心的領袖對企業品德的重視。二十多年來，張董事長不僅為公司創造了巨額的利潤，也為公司樹立了良好的企業形象。

（四）雄心與良心

「企業倫理」似乎是一個抽象概念，但常常可以真實地反映出社會大眾的評價。一個成功的大企業，正如一個成功的人物，其前提必定是符合該社會的高道德標準；由此才能衍生出公眾對這些人物與公司聲譽、地位、影響力的認定。

在進步的西方社會，良好的「企業倫理」必是日積月累的努力成果——反映出公司領導人對法令規定、商品品質、售後服務、技術創新、員工平等、生產方法、環境影響、社會參與等多方面的重視與參與。

企業倫理與企業形象牢不可分。卓越的企業形象絕不能只靠媒體上的宣傳、良好的公共關係以及公開的捐贈而持久。

要贏得消費者心目中良好的企業形象固然不易，但一件意外或者一種過失，可以立刻傷害到消費者對它的信心及支持。

今天仍有一些企業，只有生意人的精明，缺乏企業家的識見。這種「精明」的商業行為有時是違法的，如仿冒；有時是在法律的邊緣，如生產過程中產生了「外部成本」（河川受到污

染）；有時是不公平的，如同一工作但女性工資低於男性；有時是短視的，如不重視員工的工作環境及在職訓練。

對這種行為，我們可以斷言：他們只是市場上的短暫過客，遲早會被嚴密的經濟紀律、市場競爭，以及具有公正判斷力的消費者所淘汰。

孫震教授說得深刻：「只有在倫理的基礎上追求自利才會達成公益。企業倫理是根本，利潤是結果。企業遵守倫理規範、創造經濟價值，才會產生利潤。不顧根本只求賺錢，整個社會都須為之付出代價。」

今天我們所要提倡的是：事業雄心要建立在企業良心上。本書的出版正在鼓吹這個重要的命題。

序

從「理律個案」重視「企業品德」

陳長文　理律法律事務所主持律師

　　《企業全面品德管理──看見亞洲新利基》，當我看到本書時，心中有很多的感觸，如同本書一再所呼籲者，「品德管理」的確是現代個人、企業乃至於國家亟待推廣與落實的課題，但卻也是這個事事講求「即效功利」的社會最容易忽視的課題。

　　去年，理律遭到內部一位資深同仁侵盜客戶款項近新台幣30億元，讓理律受到嚴重的打擊。這個個案也立刻成了許多管理學院教授「危機管理」時的必修個案。然而筆者卻覺得，與其把這個個案拿來當作「危機管理」的個案，不如拿來當作「品德管理」的個案，會更有意義一些。在這次事件中，理律面對了一種矛盾的挑戰與考驗。一方面，理律因為一個「個人品德」有瑕疵的員工，遭遇了空前的危機；但另一方面，理律卻又因為長期堅持「企業品德」，得到社會各界以及受害客戶的「信任」，而能安渡這個危機。

　　為客戶受損的權益負責到底是律師事務所的本分天職。理律與客戶新帝公司進行將近一個月誠意的、懇切的協商，達成了圓滿且具建設性的協議。理律為表示對於客戶負責的態度，除了先行撥付2000萬美金給新帝公司，並將分四年16期按季償

還約 4800 萬美金。

　　而這項協議的另一個重要且具建設性部分就是「社會責任的實踐」。新帝公司同意理律提供長期法律服務作為賠償，以 18 年的時間，每年由理律提供約 100 萬美金，約計 1800 萬美金的法律服務額度，對新帝公司提供法律服務。在這個期間內，若新帝公司每年的法律服務額度未用罄，新帝公司與理律法律事務所同意，將依該未用罄的餘額，由理律以提撥賠償額的方式，共同進行公益與慈善活動，其中三分之一，作為新帝公司在美國加州的公益慈善贊助或相關活動的舉辦經費；三分之一，作為理律在台灣公益慈善贊助或相關活動的舉辦經費；另外三分之一則由新帝公司和理律共同舉辦系列的公益講座或法律講座。

　　「關懷社會」正是理律放在第一位的自我期許，即使在最困難的時候，我們仍不忘記自己對社會的責任，幸運的是，新帝公司也是秉持相同的經營理念，想要為社會盡一分心，因此，我們決定建立一個長期的「公益合作」關係。有了這項協議，理律將有更具體的動力來推動「關懷社會」的價值實踐。

　　「如果今天是收穫的日子，那麼我是在那個季節和那片土地上播撒了種子？」這是紀伯倫的詩句。對理律而言，這個詩句很準確地反應了我們對這次危機的感觸。理律重視企業品德、長期投入關懷社會的公益事務，說穿了，理律做這些努力時，並沒有特別想到這樣的努力會有什麼「收穫」，純粹是「為所當為」，認為這是一個現代企業的本分之務，如此而已。但理律所播下的「遺忘的種子」，卻在我們最困難時萌芽茁成我們最堅實的支柱。在這次摔倒之後，理律已全面檢視強化我們在制度上及執行上的每一個環節，虛心檢討作業流程，作為我們當前整

體「知識管理」系統建置計畫中的一項重點工作。但這些檢視與調整，不會、也不能絲毫衝擊到理律對人、對員工的信任，因為那是理律生存的基礎。法律服務的工作靠的就是人，失去了對人的信任，理律根本無以為繼。這一層更為明確清晰的體認，是在這次重創中，理律得到的最寶貴的反思。

之所以把理律的內部事件作以上的說明，是因為我想用比較特別的方式，來作為本書的「推薦序」，那就是將理律的例子，獻給本書作為一個討論「品德管理」的實際個案。從學習的角度來看，千言萬語抵不過一個真實發生的案例，因此，我希望讀者們能夠從這個個案中，得到一個具體化的「閱讀情境」，從理律這個個案，引起進一步興趣，從本書中深究「品德管理」的課題。

越洋專訪

推廣倫理重拾信任

李克特與馬家敏訪談錄

Q1. 世界經濟論壇（World Economic Forum）成立的目的為何？出版探討亞洲倫理問題的專書，用意何在？

A：世界經濟論壇成立的目的，是爲了促進企業與政府、學者、宗教領袖、科學家、媒體、非政府組織等其他社會部門經常接觸，進行實質的互動。我們的會員包括世界上最大的一千家公司，致力發揮「增進公益的企業家精神」。也就是說，他們積極主動，攜手合作，共同參與，設法改善這個世界，解決它的許多問題。基本上，我們是和其他人並肩共事，一起面對共同的挑戰。

企業避免不了倫理抉擇的兩難。許多公司藉由使命聲明、價值方案等方式，進行處理。但是，近來品德問題格外引人注目。我們認爲，亞洲以其深厚的宗教信仰和其他的價值觀，對於全球的倫理議題能有重大的貢獻；其中許多都可以應用在企業經營領域中。

我們希望這樣一本書，能夠激起亞洲和其他地方起而探討相關的議題。但願企業與政府領袖能夠實踐全面倫理管理（Total Ethical Management， TEM），營造更美好的世界。

Q2. 亞洲的倫理問題和西方有什麼不同？

A：我們不能將亞洲的倫理問題與西方區隔開來。就企業部門而言，根本問題在於如何協調兩種相互競爭的需求：企業一方面必須創造利潤，另一方面必須執行對社會有用的活動，貢獻於社區的發展。西方和亞洲都可見到兩者相互衝突，只是雙方的控管架構可能有所不同。西方以鉅細靡遺的法令架構，懲處和防範「惡行」，亞洲則比較依賴優良的價值體系、社會實務、社區，藉以凸顯「善行」，並以之為典範。

雖然如此，我們仍然相信——但有必要強調全球性的最佳倫理實踐——世界不同的地區可能存有文化上的差異，也應該保有這種差異。本書當然不主張採行單一的價值體系。用於解釋跨文化類似經濟發展過程的一般性理論，或甚至世界通用的理論，幾乎肯定會引人誤上岔路歧途。

Q3. 信任一向是亞洲倫理的根本。但 1997 年亞洲經濟陷入蕭條之後，我們見到社會的「信任鏈」分崩離析。人們對政府失去信心。如何重拾那種信任？

A：「重拾信任」，乍聽之下，好像需要某種非常具體的計畫。但是我們寧可視之為只需要個人或組織去做正確的事。這是「由下而上」的行動。倫理不能強迫——你要不是深信不疑，要不就是置之不理。因此，我們認為，要在企業界推廣倫理，效果最好的方式，不是靠更多的法律或者更嚴厲的懲處，而是證明它符合企業的利益。TEM 著眼於將倫理深植於企業的靈魂之中，藉以維繫長期的成長和競爭力。

順便一提：世界經濟論壇 2003 年的年會主題是「重拾信任」。我們體認到，每一種經濟行為的基礎，是在企業與政府醜聞頻傳、動盪不安的世界中，重拾人與人之間的信任。

Q4. 值此之際，就倡導「全面倫理管理」而言，本書具有什麼樣的意涵？如果我們需要依賴企業實踐 TEM，以增進發揚倫理，那麼這是否表示政府可以放手不管這件事？

A：沒錯，TEM 的重責大任落在企業身上。它們是重建社會的信任和倫理缺之不可的行為人，但並不表示政府就可因此置身事外。企業必須與其他的社會行為人同心協力，在更廣泛的社會環境中重建倫理架構。除了置身其中的社區（人群），政府可能是最重要的夥伴。政府一向是，也永遠是社會的關鍵行為人。任何社會運動都包含政府，因為只有它有能力整合公共領域中紛亂無序的聲音。

真正重要的使命，是允許政府、企業，以及其他的利害相關人積極主動進行對話。全球化世界太過複雜，無法只靠一群行為人去解決它的問題，這是我們目前所面臨的挑戰。

Q5. 許多人注意到資本主義帶來的社會弊病，主張以「倫理資本主義」取而代之。你們是否認為倫理資本主義有可能存在？倫理和資本主義之間有無矛盾？

A：倫理資本主義當然存在！這可以回歸到一個人的自身利益，和更廣泛社群的利益，兩者如何取捨的兩難抉擇。資本主義因為忘掉或者壓抑後者（更廣泛社群）的利益，以致於運轉失靈。我們需要將社群、社會拉回發展的過程，並且在思考經濟成長的時候，從全方位著眼，體認健全的環境和良好的社會發展，能夠帶來長遠的利益。

倫理資本主義可以矯正英國歷史學家艾克頓爵士（Lord Acton）經常被人引用的那句話：「權力使人腐化，絕對的權力使人絕對的腐化。」權力（亦即資本主義）也許可以上推到組織性經濟活動首次出現的時候。中國秦朝的刑法已經注意到不

合倫理的現象，並加以嚴懲。貪瀆腐化的問題，似乎和人與人交易貨品的機制環境有密切的關係。

Q6. 全球化是不是帶來新的倫理問題？企業和政府應該如何因應？

A：全球化不會製造新的倫理問題，卻凸顯和激化既有的問題。通訊進步，以及資訊傳播快速，世界遙遠角落發生的事情，影響到更多人，或者有更多的人知道，讓人覺得倫理問題「多了起來」，其實那只是因為更多這類問題浮現出來。其次，全球化之後，一些規模比較小的行為人能夠產生廣大的衝擊，例如利用網際網路，或者經由線上交易，權力因而移交到更多人手中。權力的運用如果有欠明智，或者未能用到正途，可能就就會侵害倫理。

全球化本身既非善，也非惡——我們認為這是大勢所趨。全球化一直都存在，而且會繼續存在。

Q7. 何謂「企業公民意識」？亞洲如何宣揚這個理念？

A：顧名思義，企業公民意識是指企業的行為舉止，有如社區中利害切身相關的公民。由於利害切身相關，而且是社區中的一員，他們所做的事情，應該對社區的長遠發展有幫助。就企業來說，這表示應該負起責任、照顧員工、推行良好的環境政策、促成更廣義的發展。企業瞭解這些行為符合它們的利益，固然對自身有好處，我們更相信，政府和社會領導人應該高聲疾呼，提倡優良企業公民的理念。紀錄良好的企業，理該給予表揚，並且作為值得效法的楷模。

Q8. 企業應該怎麼做，將企業倫理納入品牌塑造的策略中？

A：將倫理納入企業的經營活動，長期而言對穩健的獲利

有幫助，而且其中至少有一部分是來自被視為社區中的好公民。因此，真正負起社會責任的公司，應該不怕大聲說出來，讓大家都知道。標準和認證是其中一種方法，可以確保善盡社會責任的公司為人所認可。但是企業不應該只是為了提升品牌的價值，而只有表面上行為合乎倫理。全面倫理管理應該是真心利他的作為。

Q9. 你們是否認為良好的企業治理能夠提振企業倫理？尤其是，由於家族企業在亞洲相當普遍，企業治理是否也有助於企業的管理和改善企業倫理？

A：優良的企業治理，是優良的企業倫理的一環，因為企業治理是在公司本身的結構內，施以檢查和制衡的力量。有了優良的治理，公司的行為就比較不可能出現偏差或者不合倫理，除非整個結構已經腐化。如果是後者，該做的事或許是整頓公司的倫理，不必動到它的治理系統。但是這種情形十分少見。大部分人都希望貢獻於社會的發展，如果他們的組織擁有優良的治理結構，則可以增加這些人的發言份量並受人尊敬。

家族企業本身並不是壞事。歐洲許多國家，如義大利和德國，經濟上的一大特色，是由創辦人引導的中型企業，能夠發揮相當大的市場力量。重要的是發展出非家長式和不容貪污的領導風格。

Q10. 亞洲的金融體系可以如何進行改革，以提振企業倫理？

A：從企業治理著手，是其中一種方法。另一種方法，是改善資本市場和債券市場，讓亞洲企業擁有更多的籌資工具，以挹注公司的成長。擴增籌募資金的管道，長期而言也有助於投資工具多樣化。這可以確保市場的效率，也就是說，表現最

好的公司，會在股票市場得到獎勵，而不是只有編造謠言的公司才成為市場寵兒！

亞洲許多經濟體中的交叉持股行為，應該設法消除，因為這往往營造出金融環境一片美好的假象。股東群擴大通常可以強化市場紀律。

Q11. 儒家思想對華語社區影響深廣。就現代亞洲企業來說，可以如何借重儒家思想，正面改造亞洲的企業？此外，儒家思想能否提供切實可行的方式，用於增進西方企業的倫理？

A：儒家思想注重人際關係和社群，對亞洲公司經營企業的方式大有助益。它們應該著眼於長遠的人際關係，不是只求一時的交易利益，並且尊重社會環境中的價值觀。

「關係」和貪瀆只有一線之隔。企業一定要時時警惕，慎防良好的企業關係演變成貪瀆腐化的行為。

Q12. 本書有位作者以《財經》雜誌為例，說明媒體業合乎倫理的行為，能在發行量和影響力等方面，立即得到明顯的回報。但是其他行業是否也能如法炮製，在實踐企業倫理的同時賺取利潤？

A：很遺憾，倫理不是「速效藥」，即使媒體業也不例外。我們只能說，企業奉行 TEM，則長期持續成長和獲利能力可望提高。可惜我們不能做百分之百的保證，不過這未嘗不是件好事，因為它製造了許多機會，讓優良組織能夠冒出頭來。

我們的結論相當嚇人：不實踐 TEM 的公司，遲早會走向敗亡。

穩定經濟必先重建道德

克勞斯·施偉伯（Klaus Schwab）　世界經濟論壇創辦人及主席

就我記憶所及，「信任」從來沒有像現在這麼廣受全球矚目及探討，其中議題包括了信任企業、信任私營及公營機構、還有信任政治及國際關係。然而，信任不能無中生有，對工商企業而言更是如此。信任必得靠人創造、悉心呵護並維持不墜；它必須奠基於堅實的道德基礎。少了這些基礎，大眾信心和公眾信譽就會持續崩解。我們面對的挑戰，是建立一套透明的道德準則作為企業的基礎，讓企業經營運作能提升大眾信心。

今天，我們推動社會、科技與全球進步的能力，是史上前所未有，如果想要享受全球化的正面效益，就必須克服不確定和不信任構成的障礙。我們必須針對企業的營運方式，建立一套普世價值體系。少了這個，那麼協助最需要幫助的人以及改善社會現況的機會，就會打了折扣。亞洲和世界其他地方同樣亟需建立這種價值體系。其實，從許多方面來看，亞洲的問題尤為嚴重，因為這裡存在著巨大的差異：

- 富饒豐足的已開發國家和貧乏窮困的國家毗鄰而居。

- 有的國家的金融市場管理完善、企業治理嚴謹，其他國家的資本市場卻升沉不定，反覆無常。
- 有的國家誠信透明度指數遙遙領先，有些則遠遠落後普通的標準。
- 有的社會以科技進步和創新能力揚名世界，有些則肆無忌憚侵犯智慧財產權。
- 有的公司以高道德標準著稱，有些則製造社會亂象。

1990 年代末，亞洲金融市場崩潰，進而爆發危機，姑不論說法是否正確，企業貪瀆腐敗和內舉不避親的歪風盛行、治理不良，都被指為罪魁禍首。這次危機的後續影響，迄今餘波盪漾，許多亞洲經濟體依然充斥道德上的問題，或者，應該說是缺乏道德。由於信任敗壞，因此需要重建一套道德體系來支撐鞏固經濟復甦。這是編著本書的緣起。解決之道畢竟不假外求，必須在亞洲內部，以及從亞洲與全球社群的互動尋找。《企業全面品德管理——看見亞洲新利基》一書，並非一張「採購清單」，告訴人們如何改善企業治理。它的目的是做為討論研究的焦點，進而孕育一套新的道德體系——**我們需要這些道德基礎，去重建和培養迫切需要的信任，才能舉步邁向未來。**

本書由企業、政府、民間社會的重要領導人共同執筆而成，但願能為亞洲，也為世界其他地方，描繪未來應走道路的輪廓。世界經濟論壇的一些會員與朋友，也參與這項計畫。我要特別感謝兩位人士——馬來西亞前總理馬哈迪和菲律賓前總統柯拉蓉很早就同意為本書撰稿。身處渾沌不明的環境，他們仍願就本質極富爭議的問題發表高見，這種態度令人激賞。感謝他們仍舊懷抱信心。

如何在新時代建立信任

馬哈迪博士（Mahathir bin Mohamad） 馬來西亞前總理

我們當今生存的世界，幾無信任存在。世界治理不佳，道德標準其低無比。其實，我們可說把世界弄得一團糟。兩個千禧年的經驗和琳瑯滿目的知識，並沒有增長我們的能力，使我們比石器時代的人類更會管理自己的事務。

現在，我們把恐懼加了進來。我們活在恐懼之中，每個人都是。我們害怕恐怖分子和所謂的幕後支持者，一如恐怖分子也害怕我們。我們怕搭飛機，不敢到某些國家旅行、害怕到俱樂部，害怕信件、包裹和貨櫃、害怕白色粉末、鞋子、回教徒，甚至害怕金屬刀具。另一邊的「他們」，則害怕遭到制裁、飢餓、缺少機會、藥品匱乏。他們害怕軍事入侵和遭受轟炸、被捕與拘留。

世界已經變小，有人說像是村莊。儘管規模縮減，在世界——也就是村莊——管理上，我們並沒有長足的進步。石器時代中，棒子粗的人說話。現代複雜的全球村也沒有兩樣，力量強的人主宰一切。我們的全球化世界，適用的道德標準是：唯一國的殺人力量馬首是瞻。

這個世界不該是這個樣子。冷戰結束後，我們以為和平與

繁榮就會降臨。畢竟，信奉和平與普世正義的一方贏了：「邪惡帝國」已遭推翻。但是少掉邪惡帝國，正義、公平及全球力量的均勢破了洞。有共產主義存在的時候，資本家懂得收斂心中的貪婪和渴慾，擺出和藹可親的笑臉。

少了對手之後，資本主義不需要再裝笑臉。資本家可以肆無忌憚，為所欲為。他們想做的事只有一樁，那就是圖利自我，賺更多的錢。

自由世界必須有競爭。競爭之下，最強和效率最高的人勝出。如果你既小且弱又缺乏效率，那麼最好靠邊站。運動場上這麼做或許行得通，因為參加比賽的運動員分成不同的類組。但是國家和企業之間的競爭並沒有分組，也沒有所謂的強隊讓分。結果，規模最大和效率最高的可以贏家通吃。這種新的競爭道德，鼓舞金融與企業合併，逼得窮國的小銀行和企業幾無立錐之地。既小且窮者被掃到一邊去，大才是美。

很遺憾，沒人能夠保證大者不會欺瞞、崩垮或破產。事實上，我們應該注意安隆（Enron）、環球電訊（Global Crossing）、安達信（Arthur Andersen）、聯合航空（United Airlines）之類的公司，探討它們只是少數例外，還是一向如此？

今天，富國和窮國之間的差距更形擴大。最富有的國家，平均每人年所得超過3萬美元，最貧窮的國家只有300美元。全球60億人口，其中10億人營養不良、所受教育不足、求助無門。許多人只求能有食物、衣服和棲身之所。儘管全球政治已經轉型到後冷戰時代，他們的命運依然沒有改善。弱者的不幸遭遇，是他們自家的事。

貪得無厭的人盡情榨取、已開發國家實施雙重標準、戴上

偽善的面具大談人權、漠然無視他人的痛苦、強凌弱——這些自冷戰結束、正義富有的一方勝利後,變本加厲。有人說,911恐怖攻擊是貧困而權利遭受剝奪者唯一有力的反擊方式。

現在,強國不知敵蹤何在,只好不分青紅皂白四處攻擊。世界上沒有一個地方得以倖免,沒人是自由的。我們活在恐懼之中。連富國也不再那麼繁盛,窮國卻變得更窮。我們敢說,全球村的管理工作做得其差無比。我們沒有建立起人與人之間的信任,也沒有創造優良的全球治理環境。

那麼,如何在新的時代中,建立信任和良好的治理環境?

基本上,這是道德問題。我們必須借由合適的道德和折衷妥協去培養信任。我們必須是遵守高尚道德標準的好人。只要抑制貪念和瞭解市場沒辦法自我管理,良好的治理就會隨之而來。我們還不能捨棄政府。它們仍負有重責大任,必須協助營造良好的治理環境、確保人們循規蹈矩、提倡退讓妥協。

世界廣大富裕,足以容納每個成員。雙贏局面或可達成。衷心期盼這本書,以及亞洲人和世界經濟論壇的努力能夠消弭當今世界上各式各樣的貧窮。我們必須合力透過更高的道德、更多的信任、真正的治理,建立一個更好的世界。

本序根據 2003 年 1 月 28 日瑞士達弗斯 (Davos) 舉行的世界經濟論壇 (World Economic Forum) 年會中談話寫成,馬哈迪當時為馬來西亞總理。

嚴謹正派才能行之久遠

柯拉蓉‧艾奎諾（Corazon Aquino）　菲律賓前總統

要了解亞洲錯綜複雜的道德實務，從來都不是件易事。亞洲人握手，本身含有信任的意味，今天還是能夠靠這種肢體動作做成大生意。不過，特有的「亞洲方式」，也孕育出**裙帶資本主義（或稱朋黨資本主義，crony capitalism）**和有欠透明的作風。其實，自1997年的東亞金融危機爆發以來，這個地區的行為道德和標準，一直是人們詬病爭論的議題。雖然有的批評一針見血，卻也有不少自曝其短，全然不了解這個地區企業道德標準形成的過程，以及文化多樣性、各國面對的社會與歷史環境不同，導致道德標準的發展與西方國家不盡相同。

不論是政治或商業，行為舉止失當，都無法建立維持長久的價值。近來捲入治理醜聞的大公司下場雷同；自稱萬世長存的亞洲獨裁政體終告瓦解，都可明顯看出這點。我們根據信念和經驗，相信以合乎道德的行為做為基礎，雖然較花時間，卻能行之久遠。連企業承受的政治風險，最好也利用這種方式去處理。自由企業中的自由貿易行為和胡作非為的劫掠行為，兩者高下立判。即使政治動盪不安，我們也能分辨什麼事情是無意犯下的錯誤，什麼是惡意造成的。循規蹈矩的人絕不會出

錯。

全球趨勢告訴我們，是非黑白的觀念舉世皆同。行為模式和民情風俗或有差異，基本道德法則卻是放諸四海皆準。無論身在何處，偷竊都是不對的行為。詐欺和損人利己，由政府出面替個人犯下的錯誤善後，也是一樣。犯罪行為絕不可能成為行事準則。不管如何僥倖，法網恢恢，疏而不漏。亞洲率先揭櫫的處事準則，仍然影響世界各地。我們不必爭論「這些為人處事準則是誰的」，只要「將心比心，待人如己」就行。我們對企業的表現抱持一些相同的期望，因此最低限度需要一套通行全球的行為標準，用它來判斷成功與失敗。

本書目的是點明在亞洲經商的道德要素，並以通用的表述方式來滿足這方面的需求。雖然重點放在亞洲地區，但處於今天的全球化世界，運用到別的地方輕而易舉。企業是推動世界變革的強大力量，而這個世界，需要改弦易張的事情不計其數，大量的貧窮人口即是其一。因此，企業應該安分守紀，共同塑造長期成功的環境：透過公平的交易，營造人與人的和諧；追求生活水準，維護社會安定；每個人與生俱來擁有尊嚴，不容踐踏，否則將埋下火種。總之，嚴謹正派的觀念應該引領每一個人的行為，無論治理國家或經營企業，都是如此。

本書主旨，不在誇示亞洲的道德標準優於西方，也非品頭論足，點名叫陣，直斥對方之非。相反的，本書用意只在於對今天亞洲的道德、企業治理、社會責任基礎及實務，提出均衡和廣博的觀點，而在這麼做的同時，希望促進人們對這個地區的主流企業價值產生更深一層的認識。

作者群

路·馬瑞諾夫（Lou Marinoff）爲倫敦大學學院（University College London）科學哲學博士。獲大學學院和耶路撒冷希伯來大學（Hebrew University of Jerusalem）的研究補助後，擔任卑詩大學（University of British Columbia）哲學講師，也是該校應用倫理中心的加拿大商業暨專業倫理網（Canadian Business and Professional Ethics Network）仲裁人。現爲紐約市立大學（The City College of New York）副教授，以及美國哲學執業人協會（American Philosophical Practitioners Association）創辦總裁。著有國際暢銷書《柏拉圖靈丹》（*Plato Not Prozac*），爲一般讀者群而寫，已以 21 種語言發行。所著教科書《哲學實務》（*Philosophical Practice*），針對這個行業，提供偏向技術性的「圈內觀點」。最近的暢銷書《大哉問》（*The Big Questions*），於 2003 年由紐約和倫敦的出版商布倫斯貝利（Bloomsbury）以英文和其他多種語文發行。

王賡武是新加坡國立大學東亞研究所所長、新加坡東南亞研究所的傑出教授院士、澳洲國立大學榮休教授。生於印尼泗水，長於馬來西亞怡保。他對華僑歷史所做的學術研究，具有承先啓後的意義。出版品包括《中國漢化》（*The Chineseness of China*）和《中國之道：中國在國際關係中的地位》（*The Chinese Way: China's Position in International Relations*）。

皮帕特‧尤盧蒂崗（Pipat Yodprudtikan）是泰國泰名網（ThaiName.com Ltd.）的執行長，服務於軟體業和資訊科技業超過15年。曾是幾家國內和國際企業資訊科技管理企業的資深工程師。創辦泰名網之前，是Accenture的資深科技顧問。皮帕特為查拉隆孔大學（Chalalongkorn University）管理資訊系統碩士。著有《網路創業》（*Starting business on Internet*）一書，並曾發表百餘篇談網際網路和電子商務的文章。他經常運用資訊科技方面的經驗，參與社會與社區發展計畫。閒暇時間也研究佛學。

法‧達瑪瓦洛（Phra Saneh Dhammavaro）是泰國僧伽大學（Mahachulalongkornrajavidyalaya University）清邁校區的教務長，也是僧伽大學清邁校區佛教學部講師。達瑪瓦洛為印度邁索爾大學（University Of Mysore）哲學碩士；印度班加羅爾大學（Bangalore University）哲學碩士；印度奧蘭加巴（Aurangabad）安貝卡博士大學（Dr. Babasaheb Ambedkar Maradavada University）巴利文暨佛學博士。

桑迪普‧瓦斯雷卡爾（Sundeep Waslekar）是國際和平倡議中心（International Centre for Peace Initiatives）創辦人，以及孟買戰略前瞻組織（Strategic Foresight Group）總裁。他是南亞第二軌道外交和情境規劃實務的倡導人之一。有三本著作談論治理，並就未來的戰略環境發表數篇研究報告。最近發表的作品有《飛沙：不穩定的亞洲》（*Shifting Sands: Instability in Undefined Asia*）和《印巴衝突的代價：水戰》（*Cost of Conflict between India-Pakistan: Water Wars*）。

法立諾博士（Dr. Farish A. Noor）是馬來西亞政治學家和柏林現代東方研究中心（Centre for Modern Orient Studies；

ZMO）的人權鬥士。曾在馬來亞大學（University of Malaya，UM）跨文明對話中心和科學哲學系，以及柏林自由大學（Freie Universitat）伊斯蘭研究所教書。目前是馬來西亞國立大學馬來西亞暨國際研究所（Institute for Malaysian and International Studies）協院士，以及馬來西亞戰略暨國際研究所（Institute for Strategic and International Studies）國家建設暨國家安全處（Bureau of Nation-Building and National Security）協院士。甫完成一本新作，談泛馬伊斯蘭黨（Pan-Malaysian Islamic Party，PAS）的歷史發展，目前研究馬來西亞跨國宗教運動的社會文化與政治衝擊。最近發表的著作有《另一個馬來西亞：馬來西亞下層階級歷史論文集》（*The Other Malaysia: Writings on Malaysia's Subaltern Histories*）和《伊斯蘭新聲》（*New Voices of Islam*）。

瑞妮・蘇萬迪（Rini Soewandi）是印尼貿易工業部長。畢業於衛斯理學院（Wellesley College）經濟系。曾在花旗銀行（Citibank）的美國金融部等民間企業擔任高階主管，並曾任印尼汽車製造商阿斯特拉國際公司（Astra International）總裁。1998年，擔任印尼銀行重整署（Indonesian Banking Restructuring Agency）的副董事長。

林文興是新加坡總理公署部長兼新加坡全國職工總會秘書長。長期出任新加坡國會議員，曾任副議長、國家生產力局和國家生產力委員會主席、貿易工業部高級政務部長。獲有造船工程榮譽學位。

海梅・奧古斯都・佐貝爾・阿亞拉二世（Jaime Augusto Zobel de Ayala II）是阿亞拉公司（Ayala Corporation）的總裁兼執行長。阿亞拉公司是菲律賓歷史最悠久的企業，也是規模

最大和多角化最廣的複合企業。佐貝爾負責阿亞拉公司，以及不動產、飯店、金融服務、保險、電信、食品、電子和資訊科技、汽車與基礎建設等行業中的子公司及關係企業的整體經營管理。他也是阿亞拉集團的社會發展單位阿亞拉基金會的總裁。佐貝爾生於馬尼拉，爲哈佛大學企業管理碩士。 1995 年 1 月 1 日起擔任阿亞拉公司的總裁。

伊藤穰一是日本 Neoteny 株式會社（www.neoteny.com）創辦人兼執行長。 Neoteny 爲一專研個人通訊和促成技術（enabling technology）的創投公司。伊藤穰一曾經創設許多網際網路公司，如 PSINet Japan 、數位車場（Digital Garage）、Infoseek Japan 。 1997 年的《時代》（*Time*）雜誌將他列爲「位元菁英」（CyberElite）。 2000 年，躋身《商業周刊》（*BusinessWeek*）的「亞洲 50 大新星」（50 Stars of Asia），並因推廣資訊科技，獲日本郵政交通省表揚。

松本大是東京 Monex 株式會社社長兼執行長。 1987 年畢業於東京大學法律系，進入所羅門兄弟公司（Salomon Brothers Asia Limited）的固定收益部工作。 1990 年離職，跳槽到高盛公司（Goldman Sachs〔Japan〕Ltd.）的固定收益部服務。 1994 年，成爲管理合夥人，是該公司有史以來最年輕的管理合夥人。 1999 年 4 月，與索尼（Sony）合創線上證券公司 Monex ，任社長兼執行長。於 2000 年 8 月股票公開上市。

真正嘉奈是東京的自由新聞從業人員。曾任美國有線電視新聞網（CNN）東京新聞分社代理主任，並服務於香港 CNN 國際新聞網。之前並曾任職日本的 NHK 電視台，主持「每週日本」、「今天每週日本」、「日本觀察」等節目。

胡舒立是中國知名的新聞記者，創辦《財經》雜誌， 2000

年以來擔任主編，率先報導中國的金融和商業新聞。她曾任《工人日報》和《中華工商時報》記者；畢業於人民大學新聞系並獲無數榮譽獎助金，其中包括美國世界新聞學會（World Press Institute）和史丹福大學提供的獎助。胡舒立在中國媒體界的優異表現廣受好評，最近更以嚴重急性呼吸道症候群（SARS）的報導獲得世界新聞學會的2003年最佳編輯獎。

夏蘭澤（Shelly Lazarus）是奧美國際集團（Ogilvy & Mather Worldwide）董事長兼執行長。30年來，夏蘭澤一直在奧美服務，為美國運通（American Express）、福特（Ford）、國際商業機器公司（IBM）、聯合利華（Unilever）等著名公司效力。1996年起擔任執行長，也任職於多家企業、公益慈善組織、學術機構的董事會，包括奇異公司（General Electric）、紐約長老醫院（New York Presbyterian Hospital）、911基金。曾任史密斯學院董事會（Smith College Board of Trustees）的董事長，現為特別代表，也擔任美國廣告代理商協會（The American Association of Advertising Agencies）的董事長。廣受同業推崇，最近獲哥倫比亞商學院的傑出企業領導人獎。

顏德信（Matthew Anderson）是奧美公共關係顧問公司（Ogilvy Public Relations Worldwide）亞太區暨歐非中東區總裁，13年來服務於奧美的美國、歐洲和亞太分支。顏德信向亞洲許多資深高階主管提出品牌塑造和企業社會責任方面的建言。他和星空傳媒集團暨新聞公司（STAR Group/News Corp.）、諾基亞（Nokia）、優比速（UPS）、華平公司（Warburg Pincus）來往尤為密切。奧美公關公司在顏德信領導下，兩度獲得《公關週刊》（*PR Week*）評選為「亞太地區年度最佳網絡」。

詹姆士・伍芬森（James Wolfensohn）是世界銀行總裁。

曾任澳洲皇家空軍軍官，並為1956年澳洲奧運會劍術隊的隊員。1995年6月1日起擔任世界銀行總裁，也是1946年來第九任總裁。進入世銀之前是國際投資銀行家，參與各項開發計畫和全球環境保護。曾經擔任許多金融財務高階職位，如紐約所羅門兄弟公司執行合夥人，以及所羅門公司投資銀行部門主管。曾是倫敦施羅德公司（Schroders Ltd.）執行副董事長兼總經理、紐約亨利施羅德銀行（J. Henry Schroders Banking Corporation）總裁、澳洲達林公司（Darling & Co.）總經理。

古川元久（Motohisa Furukawa）於1996年10月首次當選眾議員時年方三十，是日本有史以來最年輕的眾議員。古川最為人稱道的，可能在於他身為新一代的年輕政治人物，誓言打破傳統的黨派門戶，改變日本的政治面貌，問政作風專以政策取向。他畢業於東京大學法律系，曾參加大藏省的哥倫比亞大學國際與公共事務學院交流計畫。也是美日基金會旗下美日領導計畫的日本代表。

陸恭蕙是香港非營利公共政策智庫思匯政策研究所的行政總監。學法出身，但15年的職場生涯傾注於商界，曾於1980年代和1990年代初，領導所羅門公司商品交易單位的亞洲區辦事處。接下來從政九年，進入香港立法局。現常就政治、政治經濟、企業社會責任、永續發展等議題，發表演說或文章。

烏韋・德恆（Uwe R. Doerken）是全球快遞與運籌供應商洋基通運公司（DHL）的執行長。德恆於1979年踏進銀行業，展開事業生涯。取得瑞士聖加倫大學（St. Gallen's University）企業管理碩士學位之後，1986年進入阿姆斯特丹的麥肯錫公司（McKinsey）服務。1991年，進入德國郵政集團（Deutsche Post），建立國際業務事業部，1999年獲任命為理事會理事。

2001 年，當上洋基通運的董事長兼執行長。 2003 年， DHL 、
丹沙（Danzas）、德國郵政歐洲快遞（Deutsche Post Euro Express）
合併，烏韋・德恆擔任共同執行長，負責歐洲以外的 DHL 快遞
業務，以及 DHL 運籌的全球業務與全球顧客解決方案。

　　愛莉森・華赫斯（**Alyson Warhurst**）是英國華威商學院
（Warwick Business School）戰略與國際發展教授，指導她於
1991 年創設的企業公民單位與礦業能源研究網。華赫斯教授投
入企業公民責任的研究長達 25 年， 1996 年擔任知名大學的教
授，是英國獲此殊榮的最年輕女士之一。在公共政策及企業策
略介面的研究上，學術聲譽崇隆，並且經常發表演說，出版數
本著作及無數文章。

　　薩謬爾・狄佩薩（**Samuel A. DiPiazza Jr**）自 2001 年起擔
任普華公司（PricewaterhouseCoopers）執行長，最近更出任這
家美國公司的資深合夥人兼董事長，負責美國業務的行政責
任，也是「全球領導團隊」的一員。獲有阿拉巴馬大學的會計
／經濟學雙學位，以及休士頓大學的稅務會計碩士學位。狄佩
薩目前任職於財務會計基金會理事會（Financial Accounting
Foundation Trustee），任期三年，也是法蘭克福的併購集團
（Mergers & Acquisitions Group）成員。

　　孫強是香港華平公司的董事總經理。 1995 年進入華平之
前，是高盛亞洲公司亞洲投資銀行事業部執行董事。獲得北京
外語大學學士、賓州大學約瑟夫羅德國際管理研究所（Joseph
Lauder Institute of International Management）碩士、賓州大學華
頓商學院企管碩士。現為亞信（Asia Info）、鷹嘜（Eagle
Brand）、豐隆亞洲（Hong Leong Asia）、媒體世紀
（MediaNation）等公司的董事。

李德勳是韓國友利銀行（Woori Bank）的董事長兼執行長。1981年，事業生涯之初，是國營智庫韓國開發研究院的研究員。1989年，獲任命為財政經濟部金融業銀行部門的諮詢委員會委員。1997年，擔任金融業發展委員會的委員，1998年，升為韓國開發研究院的小組組長，並獲任命為韓國商業銀行（CBK）和韓一銀行合併委員會副主席。2000年，獲任命為大韓投資信託公司的總裁。2001年進入友利銀行，擔任董事長兼執行長。獲有韓國西江大學（Sogan University）數學學士學位、美國密西根州偉恩州立大學（Wayne State University）經濟學碩士學位、印第安納州普度大學（Purdue University）經濟學博士學位。

洛爾夫・伊克羅德（Rolf Eckrodt）前三菱汽車（Mitsubishi Motors Corporation）董事總經理兼執行長（甫於2004年4月卸任）。投身汽車業37年，其傑出企業領導人的聲譽揚名德國和海外。2001年1月進入三菱汽車擔任小客車營運部門董事副總經理兼營運長，稍後升任執行長前，曾經兩次帶領企業轉虧為盈，成就非凡。第一次是1992年到1996年間，在朋馳巴西公司（Mercedes Benz do Brasil）董事長任內，將這家貨車和巴士生產大廠從巨額虧損轉為獲利。接著，1998年，成為戴姆勒克萊斯勒集團（DaimlerChrysler Group）的鐵路運輸系統單位Adtranz總裁兼執行長之後，大刀闊斧改革組織結構，恢復獲利。

第一部

亞洲道德危機

亞洲的金融危機和伴隨而來的亞洲價值崩毀，導致亞洲的企業道德有如飄蓬斷梗，傳出經營醜聞的企業不勝枚舉：

- 在日本，2000 年日本雪印乳業的產品引發大規模食物中毒。2002 年，這家公司又發生肉類產品標示不實。

- 在韓國，2001 年，總統金大中的兒子遭到判刑；SK 集團董事長崔泰源因為賄賂和挪用公款身陷囹圄；2003 年 8 月，現代集團峨山公司董事長涉及金援北韓的醜聞而自盡。

- 在中國，中國建設銀行前董事長王雪冰，因為在中國銀行的北京和紐約職務上濫用權力而遭免職和判刑。

　　企業品德是既古老又現代的話題，並衍生出許多中心問題：**企業要如何經營，才能成為賺錢的正派企業？哪些道德規範能夠造就賺錢的善良企業？**如何傳播和實踐這些規範？政府插手管理和自由放任經濟如何並存？嚴肅檢視這個問題，才能激發企業的建設思想、促成生產者和消費者對話，並在人類進步的整體目標上，取得顯著的成果。

1
爲什麼要談道德？

李克特與馬家敏

亞洲的金融危機和伴隨而來的「亞洲價值」崩毀，導致亞洲企業的企業道德有如飄蓬斷梗，無所適從。事實上，這次危機製造了倫理上的眞空，亞洲的菁英分子無力爲這個地區構思，以及提出新的倫理基礎。

居於領導地位——或者至少曾爲經濟繁榮貢獻心力——的部份菁英，因爲爆發醜聞，或者因爲缺乏遠見，而致名譽掃地。這種現象不只亞洲才有。這是全球的通病。21世紀初，領導人和菁英是否值得信賴，民眾懷疑聲浪之高，前所未見（注1）。

以亞洲哲學來說，可能萬萬料想不到竟有這麼一天。亞洲的哲學和宗教傳承，構成一塊富饒的沃土，滋生出社會和諧、社區繁榮和商業蓬勃，成爲各國經濟發展的正面推力。本書因此堅信，亞洲要恢復它的倫理根柢，必須先檢討過去，選擇適合目前之所需，並以它爲基礎，重塑我們對未來和目前種種挑戰的信念。雖然倫理可能來自宗教和哲學等看似抽象的領域，它卻如雨後春筍般萌芽滋長，並且應用於社會各個角落。處於工業發達的年代，各個國家、社會、社會階層、社會部門聲息

相聞，情況更是如此。我們都是經濟行為人。所以說，探討企業倫理這個領域，必然觸及看似各不相干的經濟、社會發展、公眾信任與媒體、區域關係等領域。

本書建議亞洲各個社會──包括商業、政治、媒體、公民社會──採用全面倫理管理（Total Ethical Management，TEM），去瞻望、管理和改造它們的組織，推動積極正面、可長可久、可敬可佩的變革。在看不出急迫性，也沒有保證報酬的情況下，要求在位掌權者改弦易轍，未免陳義過高。但是我們深信亞洲的倫理真空正處於十分窘迫的狀態，如果找不到新的倫理根柢，倫理繼續隨波漂流，後果必然十分嚴重。這些後果，在經濟上和商業上，是可以量化的，但也將以無法預測的形式現身──從人口外移、社會騷動或勞工不安，到社會冷漠嘲諷。倫理觸及社會的所有層面；只要貪汙腐化或無德敗行的企業作風仍像是未癒合的瘡口，長期的永續發展和經濟的繁榮就會受到阻礙。

我們意在表示，重振社會倫理道德是解決亞洲經濟衰退和政治不安的良方。當然，和諧復甦不是只靠承認倫理道德的重要就一蹴可幾，但倫理道德肯定是不可或缺的第一步。

道德真空

自亞洲爆發金融危機以來，這個地區可說經歷了高度的不安、不確定，醜聞頻傳，而且以往被視為社會的「神聖」價值支柱與人民遭到無情侵犯。雖然沒有爆發戰事，民眾的緊張卻達空前高峰。沒有一個國家，沒有一個階層或社會行為人、沒有一個權力中心，得以倖免。──一列舉必定占去許多篇幅，然

而略述其要，就足以窺見造成道德眞空的共同成因。

　　日本的沉痾，經常被指是經濟問題，或者屬於政治問題，因爲一切停滯而波及經濟。但是事實上，它的根源深沉得多。日本國會議員古川元久稱之爲社會「信任鏈」斷裂。不過，也可視爲整個體系中，倫理道德淪喪造成的；這個體系中，成功本來深深植根於倫理道德。我們卻見到雇主和員工之間的信任蕩然無存——員工不再獲得終身雇用的保證，同時，工作也不再是人們生活的中心目標。同樣的，企業和社會之間的信任也告瓦解，原因不只出在企業倒閉和破產，也因爲股票公開上市公司罔顧經營道德，弊端醜聞頻傳（注2）。最後，經常有人談到人民對政府失去信心。人民一再相信新政府或新部長上台會是推動體系變革的契機；他們普遍認爲，原來的體系已經敗壞，不足以應付眼前的巨大任務。可是，人民現在累了。日本政府始終無力爲21世紀奠定新的基礎，導致人民的疑慮加深，孕育出要求變革的草根運動（注3）。這些草根運動，不論來源爲何，十之八九會談到需要鞏固社會的品德基礎。

　　南韓的勞工問題一向相當棘手。近年來，爭議更擴散到其他的社會領域，結果變得更爲引人注目。亞洲的危機發生以來，企業和政治醜聞無日或休，連一向受人敬重的「國王的人馬」，也紛紛中箭（注4）。亞洲的危機爆發後，南韓民眾寄望政府能夠擔當改革先鋒，這樣的美夢卻破碎了好幾回。這類故事，聽起來似曾相識（而且不限於南韓）：被偶像化的統治者，打著改革旗幟而掌權，誓言消滅過去的腐化，在政府內部和其他地方建立新的倫理道德標準。大部分時候，這些統治者不管來自商界、政界，或者第三部門，被拉下台或任期結束時，道德操守總是籠罩疑雲。最近，盧武鉉受到厭倦過去的年輕人支

持並當選總統。這一次，人民真的十分期待盧武鉉大刀闊斧，推動政治改革，領導南韓擺脫過去的桎梏站起來。他本人具有勞工背景，曉得權力的誘惑。顯然他需要大費口舌才能建功，不過，他確實能將人民的冷漠嘲諷，化為以倫理為基礎的信念，並且願為國家利益犧牲個人。

中國本來有很深的意識型態，社會階級、角色和權力結構嚴明。中國的發展，已經帶來更多的繁榮和社會開放，卻破壞了以前塑造這個國家的支柱。「開放」意謂著共產主義（甚至馬克斯主義）的意識型態被掃到一邊去，代之而起的是「富貴榮華」的觀念。最接近黨和權勢的人，往往是奉行資本主義的最佳寫照。本來牢牢建立在敬老和講信重義等孔子教誨上的家庭結構，到了今天，收容無依老人的退休之家逐漸增多，農村生活因為貧窮和人口外移而解體，而且利字當頭，幾乎全然不顧信義。以前提供行為道德基礎的學校教育，今天不過是一紙必要的證書和通往財富的途徑，所以難怪中國到處有人私售假學位和假文憑。不久之前還肩負使命，做為社會行為典範的黨，如今貪贓枉法、招權納賄盛行。中國社會的新英雄，不是秉公無私的核心幹部，而是富有的私人企業家，不問他們的財富從何而來。很遺憾，希望在企業部門尋找思想意識，來填補這個真空的人，將大失所望。改革的過程中，國營企業貪汙受賄、挾勢弄權時有所聞（注5）。私人機構的經營手法，未必比公營部門重視倫理。或許唯一讓人覺得安慰的是，它們並不假裝是道德行為人，並坦承追求財富是成功的主要動力。雖然一般認為它們有時游走於法律邊緣，但民營機構如果垮台，多半是出於政治因素，和商業因素的關係不大（注6）。

最近，外界重新燃起希望，期待在國家主席胡錦濤和總理

溫家寶領導下，推動新一波的改革，加強透明化和灌輸新的公
共倫理道德。兩位領導人行事低調，摒棄過去華而不實的自我
膨脹年代，加上2003年春，中國承認爆發嚴重急性呼吸道症候
群（SARS）危機之後展現的開放作風，似乎正揭開一個與前不
同的時代的序幕。這些趨勢對中國的倫理眞空，到底代表什麼
意義，現在言之過早。可以肯定的是，只要眞空繼續存在，中
國的發展會繼續受制於層出不窮的醜聞、情勢混沌不明、缺乏
明確的經營原則，而承受負面不利的衝擊。

　　香港曾是進出中國的繁華門戶，以及全球金融服務的供應
重鎮，現在也苦於本身的危機。雖然我們可以把香港的危機視
爲純粹出於經濟因素，但是2003年7月1日，約10%港人參與
的大型公開抗議示威活動，以及幾個規模比較小的事件，卻似
乎隱含著更深的意義。從經濟的角度來衡量危機，再容易不過
了，因爲經濟不景氣，受到影響的港人愈來愈多（注7）。民眾
的信心危機則是更爲普遍的現象。他們不只不信任目前的領導
人和政府，也不相信反對黨有能力推出可行的替代方案，並且
認爲香港缺乏朝氣蓬勃的公民社會，無力提出新的觀念構想。
媒體不斷省思香港的沒落，謀思恢復成長之道，進一步刺激民
眾尋找各種答案。

　　由於答案橫跨經濟、商業和治理等各個領域，如果不在整
個社會推行倫理道德，香港必是沈痾難癒。從某個角度來說，
香港最嚴重的危機不在經濟上，因爲它仍是個富裕、能力出眾
的城市，潛力無限。更爲嚴重的弊病，在於民眾的社群意識逐
漸侵蝕；這種社群意識，是靠對於「香港人」的意義，懷有的
共同認知，以及共同持有的價值觀建立起來的。只要這個基本
問題還在，香港就會繼續漂移不定。

　　新加坡擁有香港所沒有的東西──根深柢固的認同感和新加坡人代表的意義──卻也未能擺脫倫理道德的陰影（注8）。儘管如此，新加坡在亞洲鶴立雞群，擁有世界上最廉潔的政府和運轉結構，而且繼續贏得各方交相讚譽。東南亞其他國家則相形見絀，所以在考慮以區域樞紐為核心或供應鏈的投資上，新加坡被鄰國的不良形象拖累。東南亞各地未完工的超高層大樓，見證了一個錯誤的時代。東南亞正和毒品與色情泛濫等社會禍害、環境惡化、族群緊張、區域安全威脅等奮戰不休。但是為禍最烈者，當屬貪瀆腐化、任人唯親、結黨營私恣意橫行。亞洲若干觀察家辯稱，貪汙腐化有時對國家的發展有幫助，因而將它視為「商業之輪的潤滑劑」。東南亞一些國家，任人唯親和運用政府的權力圖利自己，竟被認為理所當然。世界經濟論壇每年發表的「全球競爭力報告」（The Global Competitiveness Report）指出，在80國的排名中，印尼、菲律賓和越南，貪汙腐化對經濟成長的衝擊，情況最為嚴重（注9）。這些國家的各個排名如下表所示。

| 非正常給付 | 國　　　　家　　　　排　　　　名 | | |
種　　　類	越　南	菲律賓	印　尼
進 出 口	69	77	79
公用事業	66	69	74
稅　　收	67	76	77
公共合約	59	71	79

　　最近一些投資資金（如規模最大的退休金之一的加州公務

員退休基金〔Calpers〕）從若干亞洲國家撤出，正是最佳的例子。那些國家缺乏安善的企業治理法規，是撤資的主要理由之一。東南亞社會具有凝聚力的社會結構，縱容戴著善意假面具的惡行。經濟大幅成長和個人所得增加的機會，給那些守門人很大的威信，但是到頭來，他們只不過坐享其成。他們是社會的菁英，能夠暢通接觸市場、商業夥伴、政府的管道，卻也能阻塞這些管道。

東南亞經濟體不同於大部分西方社會的共同特色，在於法律體系發展薄弱；法律體系從屬於國家菁英；以及正式合約和協定居於相對次要的角色。尤其是，西方國家把法律機構和正式的國家機關分離開來，而且法律專業享有很高的獨立自主地位，而這些，在東南亞並沒有那麼明顯。所以說，這些社會的行政人員，並沒有受到法律的同等約束，也很少有人透過訴訟取得救濟。因此，極少人依賴法律機構來發展和執行協定與信任關係。司法機關沒有能力仲裁爭議，或者裁決政府官員遭控的案件。這麼一來，貪汙腐化幾乎無可避免，因為賄賂可以暢通企業與政府的交易管道。於是貪汙和內線交易無處不在。

舉例來說，菲律賓、印尼和泰國在亞洲的金融危機凸顯貪汙腐化的問題之後，敗德行為依然屢見不鮮。這次危機應該已經清楚明白地指出，必須嚴懲和禁止貪汙腐敗歪風。想不到後來的發展，竟是將鑽營漏洞的貪瀆行為合法化，或者與權豪勢要狼狽相倚。比方說，印尼的峇里銀行（Bank Bali）支付 8000 萬美元的費用給政府官員，以換取政府保證的 1 億 1600 萬美元債務，足以證明結黨營私的文化仍盛行於東南亞。三個國家訂定的檢舉辦法，有助於揪出貪官汙吏，但是大部分情況下，被控官員都毫髮無損。

　　即使在聲名狼藉的馬可仕時代過後，菲律賓人民依然必須忍受高度貪汙和斂財行為。比方說，前總統艾斯特拉達（Joseph Estrada）因為貪汙和私德問題而黯然下台。炒作和內線交易依然充斥股票市場。泰國債權人經常得在企業盜用公款的案件中，透過合適管道取得公司和個人的資產。習於徇私舞弊、中飽私囊的政府官員怠於監督，敗德行為罄竹難書。

何謂亞洲價值？

　　亞洲這塊地方，未必都對菁英喪失期望。很久以前，社會裡面就有商業存在，並以哲學和社會理論為強大的根本而茁壯成長。依據儒家的學說，商人階級顯然是社會的一分子，為社群賺取利潤，並因為他們的樂善好施而得到社群的尊敬。這演變成現代的「終身雇用」觀念，也就是員工效忠公司，換取終身獲得雇用的保證。在奉行印度教和佛教的南亞與東南亞，因果報應的觀念告訴人們，此生行善，來生可得善報。本書稍後將提及，這個觀念反映在企業公民的理念上，亦即企業如果懂得回饋社會，將來才有增值的機會。儘管亞洲的宗教和國民、文化或種族組成龐雜，卻存有許多相同的脈絡，而這些脈絡對現代的經濟活動來說十分重要。我們將在第二部「基礎」裡面加以說明，並且探討主要適用於個人行為的準則，如何轉化應用於組織化的商業實體。

　　這些準則和所謂的亞洲經濟奇蹟期間廣受讚譽的「亞洲價值」不甚相似，可能令人驚異。外人和亞洲人都試著從表象和幾乎同時四處流竄東南亞的資金，抽絲剝繭得出區域價值體系。他們認為，亞洲的成功，必須歸功於以下「價值」：堅強

的工作倫理；重視教育；員工願意犧牲或者抱持正面態度；創業精神和創造力蓬勃、解決問題的能力出色；儲蓄水準高。可惜他們如此賣力尋找成功因素，到頭來卻徒勞無功。

今天，「亞洲價值」這個觀念幾乎顏面無光，經濟奇蹟有如一場騙局。架設亞洲價值體系的念頭，就像一般的流行趨勢那樣，大多已被拋諸腦後。原始的說法中，僅餘的一點真理，也棄如敝屣。我們並不建議，為了尋找更符合實情的亞洲價值版本，而回頭重新檢討亞洲的經濟奇蹟。相反的，我們主張在更堅實的基礎上重建價值，希望它們能夠承受經濟周期的變動，而且在遠比 1990 年代初、中期複雜的世界中屹立不搖。亞洲價值論中，可能有些要素確實居功厥偉，但是必須用嚴謹的方法，以我們所知亞洲本身的宗教和哲學基礎去檢驗它們。

亞洲的危機，以及多年來「非正派營運」，或者經營上罔顧倫理道德（注10），激起的廣泛連漪，應該已經留下十分清楚的教訓，告訴我們，有必要恢復根基扎實的倫理體系。很遺憾，各國並沒有謀思如何返本還源，而是將大部分心思放在恢復會計處理和經濟秩序等似乎比較急迫的工作上，以求履行國際金融承諾。有些國家甚至不必觸碰倫理道德上的問題，成功地扭轉經濟頹勢；由上而下，繼續貪瀆腐化，似乎證明了這一點。但是，只要倫理道德問題依舊得不到解答，亞洲的成長和發展，就會繼續受阻於前途混沌不明（下一個被開刀的對象是誰也很重要）、信任蕩然無存，以及潛在的社會不安。

複雜經濟的需求

填補倫理真空的急迫性，因為這個世界的所有層面迅速邁

向整合和互連而加劇。沒有一個部門，沒有一個國家，沒有一家公司，能夠自外於這個趨勢——全球化、善用科技和取得資訊，才是成功的保證。因此，我們見到各國政府對企業採行更積極的方法，也更為主動向外張開雙手，不管是在貿易上，或者為了處理區域性的緊張，都是如此。它們不只在國內這麼做，也放眼遠處。這些打裡照外的工夫，不少屬投機取巧性質，或者，至少是為了互惠。

此外，今天的企業和其他的組織、社會群體、政府、專家或評論者的整合程度加深。整合的方式，可能透過持股，也可能透過共同的利益、經常性的諮商，以及公司的所有階層不斷地溝通。尤其是規模比較大的公司，執行長不只要思考如何管理公司，更得扮演公眾人物和政治家的角色。我們必須用最高的道德標準去檢視執行長，至少面對公眾時是如此。近來美國企業一波失血事件，再次證實執行長務求才德兼備，除了必須是願景家和經理人，也必須品高德重。

這幅畫面中，亞洲置身何處？有些時候，畫面上找不到亞洲的影子，或者只有若隱若現的一點小亮光。雖然亞洲各國政府已經開始張手向外，但是整體而言，它們仍然不願正視共同的課題，寧可不去干涉一般人眼中的「內部」事務。在檢視亞洲企業時，它們尤其沉默得出奇。雖然往往只是出於自利或者為了自衛，西方跨國企業都積極擬定複雜的社會互動計畫，亞洲企業在這方面卻瞠然落乎人後。它們不只視企業與社會環境大致上不相聞問，也常公然違背公眾對社會福祉的期待。

基本關係：企業與政府

　　若干亞洲企業已經開始加深和政府的關係，或者改變和政府的往來關係，藉以執行「社會契約」。這方面的進展參差不齊，而且大致取決於經濟體的發展水準。因此，在亞洲的開發中經濟體，企業可能和政治密切掛鉤，也可能遠離政治，因為它們不知道如何與「外部的」行為人交手。這麼一來，經濟幾乎全由國家擁有和經營，或者由與政府關係密切的私人部門、只在有具體直接利益之下才投機性參與的其他社會行為人操控。前者的例子如越南，或20年前的中國，它們並沒有真正的商業部門存在。最後，隨著私人部門的發展，它們必須確定本身相對於社會中其他組織的運作方式，而且可能必須先從政府下手。後者的例子如印尼，政府和企業之間的關係，通常存在貪贓壞法情事。這種情況中，企業部門往往不知道如何與其他的組織打交道，所以逆來順受，放棄獨立性或控制權。

　　亞洲的中等所得經濟體，企業往私人經濟發展的程度較高。企業內部雖然像個采邑，但愈來愈受社會規範和外界規約的影響。這些情況中，政府涉足企業的程度不等，有時在最重要的領域，優厚施惠於某些企業活動或者加以指揮協調，但是對其他的領域，則採自由放任政策。

　　至於亞洲的已開發經濟體，企業和政府的關係已經成熟穩定。因此，新加坡政府是整個經濟體各公司的大股東，但對於企業的經營管理，大體上不干涉過問，除非在攸關「國家利益」的少數領域，或者執行長和董事長的選任上才插手。相形之下，香港以前有一些公用事業公司或服務公司是政府擁有的，但是絕大多數的大公司，大部分股權握在民間企業或家族手

中。企業和政府「保持距離」的這種關係，框架在標準化和透明化的諮商機制中。企業依據這種機制，參與政策的制定和顧問諮詢。許多香港公司也培養出強烈社會責任感，經常透過公益慈善活動或第三人組織參與社群（注11）。企業希望讓人覺得它們正面積極地融入社群，而這正是實踐倫理道德的表徵。我們也看得到社會責任在金融部門整合得更為深入。從金融部門在香港經濟扮演舉足輕重的角色來說，這件事非常重要（注12）。

香港的真正問題仍在於，儘管道德實踐的跡象所在多有，但能否跨出個別行為模式，並與倫理本身形成深度連結。我們並不是說，香港的所有公司都應該奉行一個核心道德準則，而是認為，終有一天，香港絕大多數的公司，尤其是居於多數的中小型企業，都應該這麼做。香港的確是有一些表現良好的企業行為人，卻仍有許多例子——包括政府和企業——顯示道德標準放得很低。此外，儘管企業有那麼多良好的表現，社會成員依舊是以財富多寡，而非德行優劣，博得一般人的尊敬。

亞洲的企業和民眾生活，道德的根無法伸得更深，因素之一在於相對缺乏公民社會，至少和美國、拉丁美洲或歐洲比較起來是如此。後面這些地區擁有深厚的宗教團體、獨立工會、政治團體、智庫、社會組織、社群和草根運動等傳統。亞洲某些國家縱使包含其中一兩項元素——例如南韓的工會勢力強大，菲律賓的草根運動其勢甚盛，泰國則有關懷窮人的社會組織——卻缺乏豐富的多樣性，促使公民社會欣欣向榮。這件事的後果很嚴重，因為這表示亞洲少了一個真正的觀念市場，而這個觀念市場，對於民間部門達成全面倫理管理大有幫助。在企業致力實踐倫理道德管理的時候，公民社會能夠提供獨立和

「交由市場檢定」的壓力、觀念與架構。

建立公民社會

今天，亞洲的公民社會運動才剛起步。有部分來自西方非政府組織的亞洲分支機構，如小型的地方性組織。它們有許多是出於個人的決心和信念而成立的。雖然這可以施加壓力和監督，促進公民社會網的形成，亞洲卻迫切需要本身的組織，並非「外來強加其上的觀念」，而且能用於耕耘本土的計畫與觀念。公民社會中，企業家組織的興起，是個好兆頭；關鍵在於確保這些組織能夠只靠它們的理念和計畫，甚至不必有「行動主義者」現身，也可以成長及維持下去。這個步驟，再加上繼續整合，以及從切身的公民社會網往外擴延，將加深它們的圓熟度，也能提供倫理道德管理工具給社會和企業界。

全面倫理管理的實現，除了要靠獨立的組織和政府，也需要依賴企業部門。我們期盼本書能夠提供建立全面倫理管理的願景，並且做為開始執行的基礎。所以我們先從針對這個地區的商業發展，產生的四大思想學派，檢視亞洲的哲學和宗教根源（第二部「基礎」）。其次，我們觀察整個社會的倫理道德應用；也就是說，我們要探討經濟和民眾生活的各個層面中，倫理代表什麼意義，以及將來會是什麼意義（第三部「應用」）。接著，我們從以上所說種種起步，進而探索企業界需要如何轉型，才能全面和確實地調適及實施全面倫理管理（第四部「轉型」）。本書最後提出一個嘗試性的全面倫理管理模式（第五部「全面倫理管理」）。我們設法在每一個主題，收錄相關的文章，清楚地表達各個領域中領導人的成熟思考。

　　亞洲的全面倫理管理還處於非常早期的發展階段。所以本書的目的，在於拋磚引玉，做為各行各業實踐者的指針。亞洲迫切需要填補它的倫理真空。我們希望這將是個起步。

注1： 例如，世界經濟論壇（World Economic Forum）的 2003 年會，討論重點是「建立信任」（Building Trust）。參考：www.weforum.org。

注2： 例如 2000 年日本雪印乳業公司生產的產品引發大規模的食物中毒。2002 年，同樣這家公司又被發現肉類產品的標示不實；另外東京電力公司發電廠的核能安全文件造假。

注3： 例如世界經濟論壇新亞洲領導人的專案「日本藍圖」（Blueprint for Japan），見 www.weforum.org/pdf/NAL-executive-summary.pdf。參考 http://joi.ito.com/archives/2002/08/29/blueprint_for_japan_2020.html。

注4： 例如，2001 年，總統金大中的兒子遭到判刑；SK 集團董事長崔泰源因為賄賂和挪用公款身陷囹圄；2003 年 8 月，現代集團峨山公司董事長鄭夢憲涉及「高峰會金援」北韓的醜聞而自殺身亡。

注5： 例如中國建設銀行前董事長王雪冰，因為在中國銀行的北京和紐約職務上濫用權力而遭免職和判刑；廣夏（銀川）公司的股票醜聞涉及帳目造假。

注6： 例如，歐亞農業（控股）公司董事長楊斌涉嫌商業犯罪而遭起訴，但一般多認為他是因為計畫未獲批准，逕自擔任北韓某特別經濟區的行政長，而成為政治上的祭品；華晨汽車公

司的董事長仰融被捕；2003 年初，上海首富周正毅涉及上海
的土地移轉醜聞。

注 7 ： 2003 年香港的失業率達 7.6%，升抵十年來最高水準。2003
年 6 月，22% 的抵押貸款被視為負資產，也就是抵押貸款的
金額超過不動產的價值。

注 8 ： 新加坡企業事後認列會計帳目的做法，有時引來質疑。

注 9 ：「全球競爭力報告」（Peter K. Cornelius, Klaus Schwab, Michel
E. Porter, *Global Competitiveness Report* 2002-2003, Oxford
University Press, New York and Oxford, 2003）在跨國經濟競
爭力與成長資料及資料比較的權威性廣受肯定。

注 10 ： 這裡的營運一詞包羅甚廣，除了指一般企業部門，也包含
政府、社會組織和其他只求私利的人。

注 11 ： 例如地鐵公司自我塑造成重視企業社會責任的領導公司。
恆生股價指數（採樣成分是規模最大的上市公司）中，匯
豐控股、和記黃埔、長江實業、九龍倉集團等知名公司，
經常支持香港公益金、地區醫院和其他的社會組織。

注 12 ： 例如響應亞洲可持續發展投資協會（Association for
Sustainable and Responsible Investment in Asia，ASrIA）號
召的追隨者穩定增加，並與香港的主要金融公司建立起關
係。香港智庫思匯政策研究所已與里昂證券新興市場
（CLSA Emerging Markets）著手進行幾項專案，研究社會責
任的問題。

2
遠景
企業品德在亞洲的展望

馬瑞諾夫博士
紐約市立大學哲學副教授

引言

企業倫理是既古老又現代的話題。它和全球村的順暢運作，關係日益密切，也攸關世界整體現狀能否改善。企業倫理觸及一個中心問題，並牽引出許多子問題。中心問題是：企業要如何經營，才能既是好企業又賺錢？一些重要的子問題有：哪些道德規範能夠造就賺錢的正派企業？要傳播和實踐這些規範，怎麼做最好？應該如何對待喪德敗行的企業？政府插手管理和自由放任經濟如何並存？經濟環境趨於嚴峻，如何維護品德操守和責任感（以及其他的美德）？我們能不能為企業發展一套一體適用的「最佳實務」，但是同時充分考量全球村的多元文化和多樣性？在創造社會價值方面，企業扮演什麼樣的角色？哪些社會和政治正義理論，啟發我們對「善」的觀念，進而成為我們評估和檢視企業「好」作為的條件？這些，以及其他重要的問題，必須加以探討，才能刺激企業產生

建設性思想、促進生產者和消費者進行有意義的對話，並在人類進步的整體目標上，取得顯著成果。

最後，不能不加進個人感想。理查‧威爾漢（Richard Wilhelm）翻譯的中國經典哲學巨著《易經》，容格（Carl Jung）作了一篇精彩的推薦序，一開頭便坦承自己對中國本身所知不多（注1）。容格不熟悉中國的「風土民情」，並沒有妨礙他理解和介紹易經放諸四海的變動哲學與心理要義。同樣的，我也必須承認自己對亞洲不是那麼熟悉。雖然我更常前往亞洲，與世界各地的亞洲人來往也日多，但是和容格一樣，我不會講亞洲的語言，沒有居住在亞洲國家。不過，三十多年來，即使大部分時間住在北美、歐洲和中東，我卻一直研究教授和實踐亞洲的哲學。在這個基礎上，我當然能從哲學的觀點，探討亞洲思想底下，企業倫理持續不斷進行的演變與融合。

道德傳承的多元面向

將倫理實務化爲典章制度，早在古時就已開始進行，並且成了人類文明永遠不可或缺的一環。舉例來說，古代漢摩拉比法典（Code of Hammurabi，注2）規定，如果建築商蓋的房子崩塌，壓死住在裡面的人，那麼建築商的家中成員也必須處死。這種一報還一報的原始正義，在現代世界中，早已成爲過去式，不過我們仍能體會它的用意：嚇阻建屋偷工減料。即令到了今天，我們還是需要採取防制措施，以防建築商爲了增加利潤，使用不合標準的建材或建築方法，只是我們採取的手段沒有那麼嚴酷。

希波克拉提斯誓言（Oath of Hippocrates）是比較著名和受

人尊敬的專業倫理典範,直到今天,醫師仍須舉行宣誓儀式(不過希波克拉提斯誓言中的一些訓誡,如禁止執行外科手術,早已過時)。希波克拉提斯並未明白闡述,但隱含在整個誓言中的主要倫理觀念,是「不可傷人乃醫師之天職」(注3)。從醫療保健到工程,當代幾乎每一種專業倫理,都奉行不傷害他人的信條。相同的概念也延伸到現代的消費者保護立法,例如限制香菸產品打廣告,以及在消費者控制下測試兒童玩具。

最為普遍的不害人或不殺生信條,是印度古哲學學派闡述和宣揚的,其中最有名的是耆那教徒和佛教徒。不傷害眾生的理論與行為,從來不是只為了宗教,只是後來也慢慢帶有這個特殊的含意。不殺生的更廣泛意圖,是尊重生命和珍惜意識界(conscious being),以實現和將人的肉與靈潛能發揮到極致。因此,人不可為謀求生計而有傷害他者的活動或行為。害人終將害己。不傷害別人,經營生意不但有可能賺錢,也是理想的做法。

中國的古老哲學也表達了類似的觀念。因老子和孔子而成形的道教形而上學,乍看之下深奧難解——例如,「為無為,則無不治」(道雖然消極無為,卻無所不可為,注4)。但是道教針對個人事務的管理(不管是私事、社會、經濟或政治),從衝突最小化和滿足最大化的觀點,提出一套非常務實的訓誡。這和以實事求是著稱的亞洲思想若合符節,甚至可能是這種思想的孕育者。因此道教顯然也可用於商務往來的管理與和諧(注5)。相形之下,雖然新達爾文學派的「適者生存」(注6),仍然是競爭激烈的商業競技場上的流行觀念,但是在管理人的事務上,尤其是和道教推崇「用智求生」之精深和效果相比,它顯得相當粗糙,而且終究誤解了人類活動的內涵。

　　從以上簡短但範圍廣泛的概論，應該可以清楚看出，古代深邃多樣的哲學傳統，已經包含當代企業倫理的種子。

道德倫理入門

　　在探討眼前的問題之前，先說明和現代企業倫理有關的古代三大思想學派要點，對我們有幫助。它們是：亞里斯多德學派、佛教、儒家。討論這些學派，正是研究道德倫理的基礎。

　　如果我們同意傷害是惡，那麼，害人本質上是錯誤的行為。可是，這麼一來，仍有一個揮之不去的哲學問題必須要問：什麼是善？如果只把善和不傷害畫上等號，我們就可以開出一張清單，列舉商場上（以及一般生活中）應該避免的行為，例如說謊、欺騙、偷竊等等。可是這張清單並沒有觸及與之相輔相成的積極正面問題：應該做什麼事？

　　柏拉圖（Plato）在其不朽巨著《理想國》（*The Republic*）中，提出的正義理論，最後引出了這個問題：「何謂善？」雖然柏拉圖沒有提出完整可靠的答案（注7），他的學生亞里斯多德（Aristotle）後來辦到了。依亞里斯多德的看法，善不是我們在知性上定義的東西，而是經由美德的實踐得來的。亞里斯多德認為，美德是一種中庸之道，介於兩個極端的惡之間（注8）。例如，勇氣是一種美德，是膽小懦弱和魯莽輕率兩個極端間的中庸之道。運用到商場上，害怕承受任何風險，是種膽小懦弱的形式，也是種惡。同樣的，無懼於承受所有的風險，是種魯莽輕率的形式，是另一極端的惡。處於商場中，走極端通常不好。擇善而行與牟取利潤的中庸之道，在於承當審慎計算過的風險。根據亞里斯多德的理論，這種風險的估算，在今天

的商場上，是風險鑑定師和風險經理人的工作。

在此之前，佛陀也於祂的中道觀念中，揭櫫相同的教義（注9）。不管一個人是追求個人的成長，還是追求企業的成長，最適當的路，既不是禁慾苦行，也不是縱慾無度。運用到近來社會大眾對大公司的信任急速滑落的問題來說，很明顯地可以看出，知名組織的領導人既不該過度克制，也不該過度貪婪。雖然領導人的身分地位，以及他或她所服務的組織，會因為華麗的辦公室裝潢而強化，但是虛飾或者貪瀆也同樣會產生反效果，而且領導人和組織的道德水準會同告降低。亞洲最近的金融危機、阿根廷經濟崩潰、安隆和安達信的醜聞，主要成分都是貪婪。賺取適度的利潤是合乎道德的，因為它能增進人們創造機會的能力，也能促進財富更普遍地產生出來。但是操縱一種貨幣的匯價、掠奪一個國家的財政，或者偽造稽核結果，以滿足對錢財貪得無厭的欲求，不可避免地會造成痛苦──給自己帶來痛苦，也令其他許多人同感痛苦。

佛教的教義說，犯下非暴力傷害的人，內心會發生衝突。如果想對這個世界行善多於為害，必須挺身對抗和擊敗本身的「心魔」，也就是邪念。佛教異於奧古斯丁（Augustine）的宗教理論（注10），不認為人性本惡。我們可能積極地選擇一些原則，用以管理本身的事務和生活，也可能消極被動地接受已經存在的原則。不管哪一種方式，我們既有選擇的自由，又必須為自己的選擇負起責任。為害他人的人，做了不好的選擇。

恐怖分子和預謀暴力殺人的其他罪犯一樣，內心衝突甚至更為激烈。狂熱分子的心靈中魔已深，例如懷有不共戴天的仇恨或者極其偏執。他們往往從出生到死亡，受到政治上的薰陶和文化上的強化。他們生存在迷惘妄想的時代，阻礙他們接納

不同的觀點，隔絕了他們獲得各種成就的可能。就算在中東地區推動馬歇爾計畫（Marshall plan），也不可能消除下一代的狂熱，除非推動深度的教育改革。亞洲人也應注意：印尼的學童（以及其他許多人）學到的知識，說911事件的死亡飛機是美國人和以色列人劫持的，目的在於讓西方找到藉口，入侵「愛好和平」的回教國家。以這種方式毒害幼小心靈，只會帶來更多的苦難，而不是減輕痛苦。

　　同樣的，孔子試著說服當時的諸侯，相信以德服人的政府，優於以力服人的政府（注11）。孔子遠遠領先當時思潮自毋庸贅言。他影響亞洲文化之深遠也令人歎爲觀止，連西方的亞里斯多德也比不上。但是孔子的倫理觀經常不是那麼重視家庭或社區的層次，而是推而廣之，著眼於文官、政府的其他單位、政治領導統御。再推而廣之，孔子的道德倫理，也顯然可用於商業世界。比方說，談到領導之道，孔子說：「先有司，赦小過，舉賢才。」（注12）套用今天的說法，他顯然主張授權、避免事必躬親，並且論功行賞拔擢人才（而非偏袒徇私，或者追求平權措施）──這些都是健全企業的必備要素。

　　以上簡短地說明了現代應用倫理的一些古老根源。在探討當代的狀況之前，我要再談最後一點。整個哲學是由幾個界定明確的主要領域構成，它們又各有相關的次專業領域，其中有些彼此結合得天衣無縫。有個主領域稱做價值論，意思是「價值的哲學」。分成兩大類：倫理與美學。教會倫理談的是善與惡（後設倫理學〔meta-ethics〕）、對與錯（道德）、公正與否（法律），以及神意宗教的道德訓誨（神義論）。除了儒學和道教，政治倫理的哲學探討，流傳下來的少之又少。馬基維利（Machiavelli）試圖對領導統御提出指引，但羅素（Bertrand

Russell）稱之為「黑幫手冊」（注13）。正因為缺乏政治倫理，所以企業倫理的需求更為殷切。以下將說明何以如此。

美學的領域屬藝術哲學，而「藝術」（art）一詞，在解釋上最為廣泛和豐富。依據正統區分，治國屬於一種藝術形式──依亞里斯多德之見，是最高級的藝術。政治體現了許多古老和高尚的次藝術，包括領導統御、雄辯、辭令、辯證、立法，以及電視擬人化等現代傳播藝術，還有最近稱做「高級幕僚」（spin-doctoring）的所謂政治化妝師。除了政治，另有叫人目不暇給的藝術活動，如創造、表演、烹飪、醫術、數學等等，不一而足。即使在這些人造成分最濃且增效作用最強的領域，也有一些明顯的法則在支配。其中一個法則是：藝術形式愈精煉，所需的技巧和見識愈多，才能表現那種藝術的真正特色。

我提出價值論的兩大分支──倫理與美學──是有重要原因的。人的生活本身是種藝術形式，這在哲學上是可以理解的。人的興榮所賴的創意層面與潛能，在很大的程度內，會被個人選擇受支配的倫理體系解放、抑制或腐化。對企業而言，其中的含意相當清楚。談到應用倫理和應用美學，它們之間的關係再次清楚地浮現出來。某個職業、某家企業、某個政府或政治文化，也有類似的情形，會因為它選擇受支配的倫理與美學價值的品質，而興榮或衰落（並且鼓勵它的成員做相同的事）。

最後，必須強調一件事，那就是我預先假定這些事情存有某種程度的自由選擇。大部分哲學家都同意：少了選擇的能力，道德同樣沒有存在空間。因此一個人必須選擇善或惡，選擇是或非，選擇公義或不公。遺傳和環境因素無疑都會影響人的性格、行為和偏好，所以在選擇本身事務如何受支配時，人似乎是斷續而非持續地做出比較明智或者比較愚蠢的選擇。

「選擇」這個前提假設，對倫理而言，至少和對其他任何努力一樣重要。而且，處於今天的世界中，即使企業倫理的錯綜複雜不亞於其他每一件事情的複雜度，價值論的主張仍然是對的（就和科學一樣），那就是最簡單的原則，往往是最優雅和放諸四海的原則。

應用倫理：成長的行業

企業倫理是應用倫理的一部分，30 年來成了大學院校中的高成長行業。愈來愈多胸懷大志的專業人士所受的高等教育有所缺憾，除非至少上過應用倫理課程。設計這種課程的目的，是為了處理當前的倫理議題，以及各行各業潛存的道德需求。愈來愈多大學聘請哲學家講授會計倫理、生物醫學倫理、企業倫理、電腦倫理、工程倫理、環境倫理、新聞報導倫理、領導倫理、法律倫理、管理倫理。也有許多學校設立中心、研究所、講座，讓學生進一步研究應用倫理。

應用倫理業這一行涵蓋甚廣，包括設計課程；從事學術研究；撰寫教科書；製作個案研究；設計重要議題，供媒體辯論、公共政策和立法參考；為專業人士建立、執行和解釋倫理守則；主動為專業人士、企業和政府提供顧問諮詢服務。

過去數十年，應用倫理業快速成長有兩大原因。第一是倫理教育始終有其必要。道德意識不是與生俱來的，必須靠後天學習。想在全球村經營企業，必須先理解比較宗教倫理和世俗哲學倫理。這方面的知識，在正式的研究課程中，吸收消化的效果最好。柏拉圖在他的學院（現代大學的初型）入口處，掛了一塊牌子，上面寫著：「不懂幾何學者，不得入我門。」柏

拉圖堅稱，數學是理性最可靠的導師，原因在於它內具邏輯性和做爲工具的嚴謹性。他因此認爲學生應該先研習歐幾里德幾何學（應用推理的必備條件）十年，再學習倫理學和政治學；兩者的精確遠不如前者，但和日常生活的關係，遠比前者密切。要判斷一個組織、文化或文明的品質，它教導利害相關人的倫理，是最好的試金石。柏拉圖非常清楚這一點，但是當代西方太多大學的管理階層完全忘了這件事。他們現在只知散布權威的命令和荒謬的意識型態，卻沒能讓學生準備面對這個世界的現實。少了倫理教育，大學畢業生在道德上勢必不足，意識型態勢必有失平衡，因此並沒有充分準備成爲全球村的負責居民。

倫理教育，尤其是應用倫理學，快速成長的第二個原因，在於科學、技術和商業領先走在前面，消費、規定、法律則瞠然落乎其後，兩者不可避免存有道德落差。嶄新的科技和演進中的科技，有助於開啓新的市場，從而實現迄今無法想像的目標，卻也帶來一個十分重要的規範性問題：我們應該執行某種科技，只因爲我們能夠那麼做？一些例子如下所述：我們能執行新生兒組織植入，但是該做嗎？我們能複製動物，但是該做嗎？我們能改造食物基因，但是該做嗎？我們能讓末期病患無痛安樂死，但是該做嗎？我們能割除和出售身體器官用於移植，但是該做嗎？我們能在全球資訊網上自由散播智慧財產，但是該做嗎？我們能監視員工敲擊鍵盤的情形，並且暗中閱讀他們的電子郵件，但是該做嗎？我們能在開發中國家雇用沒有參加工會的勞工，把工資和福利壓到最低，但是該做嗎？每一種新科技總是帶來道德上的問題。這些問題的答案，通常不能像數學方程式的解答那麼精確，然而，爲了做爲個人指針、促

進職場運作順暢、凝聚組織向心力、建立各利害相關人的共識，這些問題迫切需要處理。

道德難題沒辦法得到獨一無二的答案。原則上我們可以從許多相互競爭的倫理體系，得到幾十種不同的方式，去回答「我們應該做什麼？」的問題。我曾在其他地方說明外行人可用的一些道德選擇方式，並將它們應用到我的哲學諮詢顧問服務工作上（注14）。我也曾經提到，大部分狀況中，不管是個人、企業或者政府，其實有些倫理系統的效果比其他的系統要好。尋找特定情境中的最佳倫理架構時，通常需要同時考慮至少四項因素：背景特質（亦即淵遠流長的文化規範）；最近的道德趨勢（亦即目前的共識，但經過一段時間仍會變動）；高高在上的一或多個道德權威（亦即擁有最後制裁力量的一或多個來源。在神權國家或獨裁國家，只有一個來源。在民主國家，則有多個來源。處於無政府狀態中，則一個來源也沒有）；以及客戶的特質（例如強烈需要接受治理，或者偏好擁有更多的自我治理權力）。透過與客戶的對話，確定每個因素所處的位置，就可以用四個象限，描繪客戶最自然的哲學傾向，通常可以進而推論出適合採用的倫理體系。

拿藥物的第一階段臨床試驗這個商業情境為例。這種試驗需要嚴格的實驗準則，因為長期而言，好科學治癒的疾病多於壞科學。因此，有些受測人必須置於控制組，只給他們服用安慰劑——即使實驗用藥對他們的病情可能大有幫助。對於掙扎求生，渴望能治病的病患而言，這種做法無疑十分殘酷。不過，不可否認的是，優良藥學產生了一些配方，能夠拯救千百萬人寶貴的生命。現在對少數一些人殘酷，冀望於將來嘉惠無數人，我們在倫理上將這種原則歸類為實利主義。這是邊沁和

彌爾提出的，但約瑟夫・普利斯特利（Joseph Priestly）用一句話總結得好：「最多人的最大利益。」（注15）

再談一個例子：國際上對於智慧財產權展開的激烈法律戰。以網路上的音樂檔案分享，以及美國某法院的裁決導致Napster 關閉爲例（注16）。經上訴後，原裁決遭推翻。消費者現在又可以免費下載音樂，不必掏腰包購買。這表示投入音樂錄製業的藝人，必須更賣力工作或者發揮更大的效能，才能保有市場占有率。法院的裁決涉及的法律問題，在於嚴格而言，軟拷貝（soft-copy）──有別於硬拷貝（hard-copy）──不能取得著作權。哲學上探討的問題，則在於私有財產的特質，以及經由公共媒體儲存或傳送電子資料，先去私有化再將所有權私有化的方式。人類文明和全球化的演進，絕對有賴於私有財產的概念，然而智慧財產的實體地位是前所未見的，和物質財產不盡相同。古老的物質和動產觀念（如聖經中所載），以及現代支持資本主義的觀念（如洛克〔John Locke〕的財產理論）都不適用於智慧財產。因此有必要提出不同的倫理規範，公正處理智慧財產的銷售、占有與所有權。這又呈現了新科技製造的道德落差現象。蒲魯東（Proudhon）引人爭議且在政治上顯得天眞的名言「財產是偷來的」（property is theft，注17），用在智慧財產上可能最爲適當。從法蘭西斯・德瑞克（Francis Drake，英國航海家，於1579年發現舊金山）到比爾・蓋茲（Bill Gates），「剽竊」（piracy）和「獨占」（monopoly）的定義與觀點與時俱變。

整體而言，亞洲因爲近乎公然不顧智慧財產權，而在西方招得惡名。雖然這有一部分和亞洲傳奇性的貪瀆腐化有關（本文稍後將談這件事），但是值得注意的是，西方也同樣出現反對

若干智慧財產形式的強硬聲浪。比方說，消費者團體和全球正義衛護者，強烈反對**貿易相關智慧財產權（Trade-Related Aspects of Intellectual Property Rights，TRIPS）**等協定，以及因此衍生的「資訊封建制度」。同樣的，人們訴諸「中道」，在合理的範圍內保護智慧財產。令人厭惡的一個極端，是蒲魯東的無政府狀態，智慧財產總是遭人巧取豪奪。另一極端，則是在各國政府共謀之下，以 TRIPS 保護開發商，有系統地剝奪開發中世界準消費者的權利。

再談第三個例子：企業界的白領階級犯罪問題。這種「內部」犯罪的成本，每年合計高達數十億美元，但是員工往往不認為他們的行為屬於犯罪。如果某大公司的一位員工把一令紙帶回家，沒人會發覺遺失了一令紙。而且，由於愈來愈多人將工作從辦公室帶回家，所以把和工作有關的用具帶回家，似乎站得住腳。但是，如果大公司的每位員工在某個星期都把一令紙帶回家，辦公室可能無紙可用，添購費用肯定高得嚇人。康德（Kant）提出一個世俗的倫理原則，用以制止這類行為。康德的原則稱做定然律令（categorical imperative）：「當你願意某種格律成為普遍法則時，才能依此行事。」沒有員工願意見到下述做法成為普遍法則：凡是員工不想自己購買的東西，都從辦公室帶回家。理由很簡單，如果每個人都這麼做，辦公室就沒東西用了。辦公室缺乏用品的話，大家都不能工作。由於這個格律不能普遍適用，所以剝奪個人這麼做的權利。定然律令確實說服了絕大多數人行事光明正大，因為大部分人都願意誠實成為普遍法則。

但是整個系統中總是有人「混水摸魚」想要不勞而獲；也就是，少數不誠實的人利用多數人的誠實行為，趁機從中牟利

（注20）。描述這種行爲的決策理論模式，以及爲了防患於未然而提出的策略，稱做**公共財的悲劇**（The Tragedy of the Commons）。這也是一種**多人囚犯困局**（N-Person Prisoner's Dilemma，注21）。和其他任何犯罪一樣，混水摸魚的行爲沒辦法完全根除，但是如有良好的社會理論，再加上最好的社會實踐，總是可以把它們降到最低（注22）。

從以上簡短的說明，應該能夠很清楚地看出，我們擁有十分豐富的哲學思想，指出市場上許多困局的基礎。接下來，我們要簡短地評估國家主權政治和跨國企業利益間的倫理關係。

政府在全球化和企業倫理中扮演的角色

西方世界政教分離和政商分離這兩件大事，促成全球化的興起。在政治仍隸屬宗教時，人的知識和進步因爲偏執與教條而阻滯不前。在商業仍隸屬於政治時，人的機會因爲殖民主義、帝國主義或專制統治而邊緣化——或者因爲中央計畫經濟而癱瘓。神職人員不能也不應掌理政府；政治人物不能也不應經營企業。不過，缺乏穩定的政府和革新進步的政治體系，經濟潛力也沒辦法充分發揮。因此，主權政府有必要和商業利益、專業業務攜手合作——有時更須干預和管理。我將以簡短的個案，說明這種必要性，但希望先談眼前的倫理議題。這是個大議題，顯示政府干預企業有其道理；也就是說，商業本身缺乏固有道德的內涵。

宗教和政治體系並不缺固有的道德內涵。反之，它們的道德規範經常嫌其過多。世界上每一種宗教，都有清楚明白的道德訓誡，明載於經文中或者加以宣揚，傳達給信衆，要求他們

身體力行。大部分人的生活中，都希望和需要道德上的指引，宗教組織往往唯恐提供的指引不夠多。同樣的，每個民主政體也有清楚明白的道德訓誡，明載於憲法，或者形諸人權法案，進而化為日常生活中的公民道德。政教分離除了允許私人宗教道德保存下來，也公開允許解開綁在科學、技術和商業身上的腳鏈——這是隨著個人的權利與自由，以及社會和文化價值的創造而來。西方的文明從宗教改革和工業革命的時代，一直到冷戰結束，能夠居於優勢且一路提升，這是主要的原因。但由於我後面將提及的理由，經濟力量的均勢，以及紀梭·馬布巴尼（Kishore Mahbubani）所說的「歷史樞紐」，現在可能堅定不移地轉向亞洲（注23）。

企業卻非常明顯地缺乏固有道德的內涵。金錢本身既非善，也非惡；它在道德是中性的工具。雖然擁有金錢能夠增進一個人為善或為惡的能力，但是從一個人擁有財富的量，沒辦法判定品德的質。雖然任何一家企業只要獲利，可能就表示具有商業上存在的理由，但在我們明瞭它供應的產品或服務的倫理意涵，以及它們注入市場的定性影響（不論好壞）之前，沒辦法做道德上的判斷。我們能從一種宗教最為普遍的教義（例如為人處事的準則），判斷它的道德意向，或者從政治體系最為普世的價值（例如「生命、自由、追求幸福」），判斷它的道德意向，但是適用於企業的最常見格律，肯定是「貨既出門概不退換」（**購者自慎，Caveat emptor**）。這種免責聲明發出的防衛性警告，和宗教、政治上的格律形成鮮明的對比。宗教尋找的是信眾的性靈，但是（如果不屬狂熱教派的話）回饋以某種程度的慰藉或其他精神安寧。政治人物尋求選民的選票，但是（如果屬於民主政體的話）保證回饋以世俗利益。產品或服務的

生產商尋求的是消費者的金錢，提供交換的東西，在道德層面的差異卻極大。最自由的市場會產生最多的機會和財富，但也讓卑劣無恥的投機分子盡情發揮人性之惡和造成別人的痛苦。「貨既出門概不退換」，對於貪婪商業掠奪的受害人，只是更加深痛苦。

主權政府能夠且應該節制和平衡不道德的投機分子，以免他們過度圖利自己。叫人感到遺憾的是，每個偉大帝國的歷史——帝國往往是股巨大的文明力量，而這對商業也是好事——總是充滿著違反人性，由政府主導或支持的犯罪行為，以致於奸商巨賈大獲其利。例如，大英帝國在全球各地留下值得嘉許的事物，如英語、大英國協、議會民主、文官制度（可與中國相提並論），卻也從中國的鴉片戰爭、非洲奴隸的三角貿易大賺不義之財。東印度公司（East India Company）和新世界的開墾分別由國家經營和由國家批准，造成千百萬人的痛苦。保護公民不受政治、商業和犯罪掠奪者的傷害，是開明政府的責任，而且不能狼狽為奸或者鼓勵他們的行徑（注24）。當然了，持平而論，許多帝國主義者行善不及當年英國人，所做壞事卻尤有過之。

但是亞洲整體而言並沒有依循西方的路線。在西方，政教分離成了進步的前提。因此，亞洲貪瀆腐化的可能根源，在於歷史上未由政治文化施加宗教道德。西方世界一有貪瀆腐化案件遭揭發，仍然被視為醜聞。這主要是源於清教徒的道德觀；新教徒的工作倫理十分重視這些道德觀（注25）。相形之下，亞洲不少地方認為貪瀆為人的本性，因此也是經商所不可或缺的一環（注26）。

根據彌爾的看法，在自由和開放的社會中，政府干預或抑

制公民的唯一合理理由，是防止他們對他人造成傷害（注27）。彌爾的「傷害原則」，提供民法和刑法一個共同的倫理基礎，也是管理專業和商業活動的依據。美國缺乏政府管理的一些例子，深具啓發性。19世紀時，航行於密西西比河上的汽船使用的鍋爐並沒有受到管理。數以百計的鍋爐爆炸，船隻燒燬或沉沒，數以千計的人因此受傷、死亡、溺斃。政府終於介入，管理這些鍋爐的建造和運轉。雖然這提高了汽船的經營成本，卻幾乎不再傳出死傷事件。另一個例子發生在20世紀的俄勒岡州，人體穿環業者從年輕人的自殘熱潮獲利匪淺。和美國其他許多行業一樣，這一行也沒有受到管理。但是，由於缺乏適當的衛生處理，加上穿環技術沒有標準化，導致肝炎和其他疾病迅速蔓延。於是州政府出面干預，管理這個行業，將穿環消費者的傳染和感染情形降低。

　　規模比較大且獲利高出許多的行業，抗拒政府管理的力量也比較強。製菸業（在數百萬人因爲致癌而死亡之後，西方才管制香菸廣告）是引人注目的例子；汽車業（主要得力於拉爾夫‧納德〔Ralph Nader〕開始管制安全問題）是另一個例子。政府管制比較寬鬆、貪瀆橫行、政治冷漠或甚至抱持宿命論的地方，是商業掠奪的沃土，將利潤建立在別人的痛苦上。雀巢（Nestlé）泯滅良心在非洲銷售心美力（Similac）嬰兒奶粉、永備（Union Carbide）在印度波帕（Bhopal）造成災難、前蘇聯車諾堡（Chernobyl）核電廠反應爐爆炸，以及廢氣破壞地球臭氧層，都是政府（包括地方、國家、國際政府）只顧「一切因循」，缺乏管理，以致招來災難或長期傷害的實例。

　　當然了，政府出面管理不能保證絕對不帶來傷害。我們的世界在各方面都不完美，也沒有一個程序能有高達百分之百的

效率。舉例來說,已開發世界的處方用藥受到審慎的管理,治療癌症的沙利竇邁(Thalidomide)和減肥藥芬芬(Fen Phen)卻成為重重管制之下的漏網之魚,並且造成消費者終身殘障或猝死。不過,政府依然有責任管理可能有害的企業,並且從策略觀點,將全球化整合到地方經濟體中(注28)。

倫理與教育

　　倫理理論和道德實務必須靠學習,而持續學習是今天知識經濟的特徵。致力於終身學習的組織文化,最有機會在全球村複雜且不斷變動的連結關係中欣欣向榮。企業文化如能適當地注意人與人互動中的倫理構面,尤其可望在組織的和諧及生產力方面大有斬獲。正派組織比敗德組織運作更為順暢,而且獲利不見得比較低。愈來愈多專業協會、企業和政府都聘用通曉哲學的顧問師,協助他們防患於未然,管理和解決道德上的兩難,以及工作場所中員工之間的衝突,並且協助擬定組織內部的倫理和相關的政策議題。在美國和歐洲30年來(而且持續進行中)的高等教育解構之後,哲學執業者的參與——做為個別員工的激勵者、團隊的助導者、管理階層的顧問師、董事與幹部的諮商人——愈來愈必要。

　　世界上只剩三個地方的中央計畫新馬克斯主義經濟體仍然自以為繁榮興旺。這些地方的政府不顧人民受苦受難,一味壓抑人民享受安和樂利的生活,只因為他們頑固地漠視現實,堅持意識型態,不採用最好的方法。雖然世界上仍有專制統治政體,僅餘的三大集產極權堡壘是古巴、北韓和北美的大學院校。

　　這些大學院校和那些政體不一樣的地方，在於它們的中央計劃經濟控制的是思想，不是物質。不健全的社會理論、蔑視真理、不能忍受別人的長處、混淆權利和特權、強施有害的配額制度，卻犧牲擲地有聲的實質內容，已經導致北美高等教育的讀寫與識數水準急劇下滑。新馬克斯主義的政治教條──主要是憎恨西方和它的文明──已經取代人文教育。奉行原史達林主義和原毛澤東主義的大學管理階層，查禁傑出著作、排斥出色思想家、壓抑言論和學術探索自由、控制思想。他們的高等教育「願景」，是破壞心靈政治本身，少了它，身體政治就沒辦法長久存在。美國已經像是急速式微的羅馬：軍力無可匹敵，但是國人，知識日益貧乏、道德日益衰頹（注29）。今天大部分的大學畢業生，即使從以前的「一流」學府出來，也通不過一個世紀前的中學畢業考（注30）。整體的無知叫人撟舌不下，而且注意力持久和基本思考技巧持續退步。因為從書寫轉為視覺習慣的後設範式變移前所未有。

　　這種制度下的畢業生，也缺乏道德指引。被文化相對論的教條（認為任何人關於善、真、義的信念，和其他任何人一樣有價值）洗腦，以及被激進的政治正確控制心靈之後，數百萬美國人不再有能力評斷布希（George Bush）和海珊（Saddam Hussein）之間的政治或道德差異、自由社會和獨裁專政之間的差異。911事件之前，美國一些知名政治和文化人物（這些人必須為美國的教育災難負責）公開表示阿拉伯的恐怖分子是「自由鬥士」。911恐怖攻擊之後，只剩激進的回教煽動者、反現實學者、極權政府官員繼續將阿拉伯的恐怖主義歸咎於美國本身，並且拿布希和希特勒相提並論。我要再次指出，這種政治盲目和道德墮落，起源於北美一些「頂尖」大學，它們的從眾

文化制止了公開討論和平衡辯論。

　　同樣的，安隆的醜聞凸顯了美國一些專業人士的倫理教育之貧乏。如果企業倫理老是被人貼上「言不由衷」（oxymoron，意指語義相互矛盾）的標籤，需要不時費力加以駁斥（注31），那麼從安達信公司在安隆案中扮演的角色來看，「會計倫理」又該被貼上什麼樣的標籤？教育可以直探事情的真相。法律認可和管理的專業業務（醫療、心理、法律、特許會計），也有嚴格的倫理規範與嚴謹的執業標準做為準繩。雖然每一行都有少數人敗壞德行，而且總是因此名譽掃地，但是那一行的聲譽，卻因為絕大多數專業人士表現的善遠多於惡，而得以保存。民眾對醫療人員的信賴，不因為一些治療失當的個案而不可挽回，因為絕大多數的醫療專業人士提供的服務受人尊敬。同樣的，儘管美國的訴訟之海「群鯊出沒」，一些唯利是圖的律師聲名狼藉，法律業的聲譽（和其他每一種行業一樣）卻因為許多執業律師的優異表現而得以增進。

　　尤其是，除了會計，每一種專業都有一個明確肯定的標準，那就是執業者願意為了公益（亦即免費），提供一部分的服務。這件事很重要，因為可以沖抵執業失當的個案所造成的負面效果，也因為專業人士享有特殊的權利，因此負有相關的責任，有必要「回饋」社會「一些東西」。讀者可能要問：為什麼除了會計，每一種受尊敬的專業都覺得應該提供免費的服務？我認為學會計的學生並沒有受到適當的教育，不明瞭他們的專業權利和相關的責任。這顯然是一種系統化的失敗，不必下猛藥，以系統化的方法去矯正就可以。所有學會計的學生都應該學習專業倫理，而不是學一些代用品，並且要求他們的專業發展課程（所有的合格或特許執業者都必修）充分注意一些經常

運用的道德機能。這麼做，沒辦法阻止悖德無行的人投入會計這一行，但有助於增進這一行的聲譽，恢復民眾的信賴。

西方之沒落

當代的企業倫理是以開明自利的模式為基礎。「開明」的因素被過度（最後產生不良後果）的自利壓倒，或者當自利和它附帶的個人權利從屬於反現實或集產主義的意識型態時，我們會見到文明遲滯不前。而且，面對虎視眈眈，隨時準備吞噬人類資產的粗俗野蠻力量，文明社會抑制它們發生的能力會相對減弱。文明壓制野蠻只有一紙之隔，而且是靠極少數頭角崢嶸之士為許多人（往往不知感激）極力維持文明。任令文明枯萎，不管源於外在的磨耗，還是內部的忽視，則人類最原始和最無益的衝動，將抬起醜陋的臉龐且膽大妄為。相形之下，每當文明進步的最佳做法被人執行和保衛，人類繁榮、社會發展的各種形式都有可能實現。

大規模的哲學、地緣政治與文化分析，顯示西方文明引領風騷數百年之後，已經走向下坡（注32）。雖然全球化並未（或者不再）被視為美國獨有的現象，美國傾向於投合消費者品味的最小公分母，這種偏好仍然散播到全世界。從麥當勞到真人實境電視節目（reality TV），只要在准許推出的地方，都大受歡迎和大賺其財。歐洲也屈服在這股趨勢之下。他們的教育水準同樣直線下降，和美國一起沉淪。在此同時，加拿大等社會民主國家，治國鉅細靡遺（nanny statecraft）以至於「柔性極權」（velvet totalitarianism，注33），也大開倒車。歐洲聯盟（European Union）對於阿拉伯的恐怖主義，政治立場分歧，而

且有些領導國家不願面對它們導致中東衝突持續的歷史責任，卻姑息養奸，縱容好戰的暴君。

美國長久以來扮演沒人擔負的世界警察角色。第一次世界大戰不是美國掀起的，卻是它使之結束的。第二次世界大戰也不是美國掀起的，卻是它使之結束的，只是代價高出許多。

然而美國沒辦法永遠扮演世界警察。它的軍力無與倫比，就像帝國全盛時期的羅馬，但2001年9月11日它遭到蓋達組織（Al Qaeda）的野蠻劫掠，就像羅馬於公元410年遭到阿拉里克（Alaric）野蠻人的劫掠那樣。雖然美國的軍事力量將在公民、受益人和盟邦的允許程度之內，繼續捍衛民主與資本主義，它也因為本身的知識文化解構及腐朽而內爆。

霍布斯、洛克和彌爾等人所促成的「啓蒙運動」（Enlightenment），有助於宗教從政治分離、政治從商業分離，創造了西方開明自利、解放、全球化的哲學基礎。美國承繼了這個基礎，並且身體力行，與自由世界分享。可惜啓蒙運動已經結束，取而代之的是美國與西方國家的「蒙蔽運動」（Endarkenment）。好不容易得來且長久受人捍衛的個人自由，受損於卑怯的集體主義意識型態，而這是大學院校所鼓吹宣傳的，現在更像投機性的政治癌症，在整個文化基礎之下轉移到其他的部位。他們推崇所謂的「群體權利」，卻犧牲個人應得的權利，而且一再被提出、最為尖刻刺耳的「歷史傷害」（historical disadvantage）論，引來人們趨之若鶩。西方文明最好和最崇高的部分，現在卻被斥為西方文明本身的「罪行」。這麼一來，喬治‧歐威爾（George Orwell）、赫胥黎（Aldous Huxley）、安‧蘭德（Ayn Rand）等人最糟的夢魘（注34），每天在北美的課堂、法庭、董事會上演。這種退步政體只求平

庸、尊崇虛假、損害道德，和道教大相逕庭，而沒辦法長存（注35）。湯恩比（Arnold Toynbee）十分瞭解這種傾向，根據道教形而上學的出色見解，敘述了50個文明的沒落（注36）。

西方沒落的這個階段，包括尼采（Nietzsche）、華格納（Wagner）、曼恩（Mann）、史賓格勒（Spengler）等若干日耳曼先知和天才藝術家早就有先見之明。德國著名科學家、數學家、作曲家、文人學者、哲學家的偉大成就——對於「啟蒙」運動十分重要——不敵20世紀共產主義和法西斯主義孕育出來的極權主義群眾運動，在精緻文化的面前施以高壓手段——或左或右。美學繼續每下愈況，精緻藝術眼睜睜看著印象派、超現實派、達達主義（Dadaism）、玩世主義（Bohemianism）、1960年代的嬉皮反文化，以及之後的通俗文化崛起。美國霸權和平（Pax Americana；指美國強權之下的世界安定和平）產生的良性大眾營銷（mass marketing），以耐吉（Nike）球鞋取代高壓手段，但是米開蘭基羅的大衛雕像依然不敵沃荷（Andy Warhol）的湯罐頭；莎士比亞的戲劇不敵垃圾電視（trash TV）；巴哈的賦格不敵幫派饒舌歌（gangster rap）。

然而20世紀的美國，整體而言仍是地球上最自由的地方，只是這一陣子苦於奴役時期的遺臭，也容易間歇性地受害於各式各樣的政治迫害者、禁止論者、至上主義者、麥卡錫主義、大學院校的行政管理人員。它仍然是世界上最富裕的地方，主要是因為美國霸權和平給了美國人和其他人機會，行銷當代的麵包與娛樂，從星巴克（Starbucks）到超級盃（Superbowl）無所不包。美元仍然是幾乎各地通用的貨幣單位，既是機會的象徵，也是投機的象徵。

亞洲的崛起

　　道教認為萬物此消彼長是常態。因此，亞洲將崛起，並非因為這是它該得的，也不是因為亞洲人必然能夠避開羅馬崩潰後，歐洲基督教國家那種可怕持續、互相殘殺的戰爭，直至冷戰開始才大致銷聲匿跡。亞洲也不必然會因為阿拉伯的恐怖主義傷害西方的經濟、動搖美國的心理而崛起；美國精神早在911事件之前就變得相當脆弱，究其原因，在於30年來衰微之勢變本加厲、30年來的消費主義縱慾狂歡、30年來的鈍化教育讓人麻木愚蠢，以及30年來誤用後現代法國哲學，導致文化的「腦死」。

　　亞洲將崛起，是因為某個地方必須崛起；也因為美國正在下沉，所以某個地方必須崛起。美國的下沉速度當然比鐵達尼號緩慢，但可能比羅馬快得多。美國霸權和平下的經濟氣候，長達半個世紀內，大致上保持穩定和繁榮，而且樂於設計和鼓勵全球化文明的演進。其中最為突出的建築師，可說非世界經濟論壇莫屬。但是隨著美國的文化從內部屈服，它正慢慢將薪火傳遞出去。傳給誰？歐洲在政治上優柔寡斷，聯合國愈來愈像是冷戰時期的遺物。中東、非洲和拉丁美洲距進步的自治地區為期仍然遙遠（各有不同的理由）。亞洲卻已經覺醒，認清本身具有成就大業的潛力。亞洲可能成為全球文明的下一個長期監護人。

　　亞洲的哲學傳統，在直觀上比西方為深，在形而上學方面比西方為廣，只是在科學和技術上比較缺乏邏輯分析。不過，亞洲的哲學倫理遠比西方的啟蒙運動，更有益於個人功成名就、社會和諧、工業生產、政治穩定。雖然歐洲聯盟和北美自

由貿易協定（NAFTA）已經結合成強大貿易集團，但是人民生育率和教育水準每下愈況。單是東南亞國協（ASEAN）的人口，就比歐盟或 NAFTA 多，而且整個亞洲有夠多人口，在世界市場舉足輕重，最後則是有能力支配世界市場。當然，前提是亞洲能走在具有建設性的政治和社經之路上。

　　亞洲不只人口比歐洲或美國多，文化也比較多樣，所以我們不禁想問：什麼樣的哲學體系可以做為基礎，藉以統合亞洲在企業倫理的多元文化方法，或者至少能夠提供一支跨倫理的大傘，大到能夠涵蓋各式各樣的本土（未必能相容）文化規範。我相信，明智而審慎地融合世俗道教、儒家和佛教的倫理，對絕大多數的亞洲企業人士而言，將是最容易和最有效的方法。道教的形而上學可做為人世間每一種行為的基礎，儒教長存於亞洲的家庭生活。此外，在家修行佛教倫理與現存的每一種宗教道德相容。

　　有兩個令人信服的理由，可用以說明亞洲可望成為全球文明的監護人。首先，亞洲本身是世界數大古文明和現代文明的發源地。因此，亞洲人眼中的，文明並不是外來概念。推而廣之，他們更且欣然接受加進全球化的因素。許多亞洲人嫻熟西方的語言、文化和習俗；熟悉亞洲這些事物的西方人卻少之又少。其次，許多國家的亞洲人展現——擁有容格所說的完美共時性（synchronicity）——所有文明中的高尚品德：輿論監督重大的弊端，進而以公眾的力量加以矯正。

　　只有透過公開和平衡的辯論，國家才能凝聚共識，找到合適的方法，去改正政治和其他大規模的錯誤。由於毫不遲疑地積極自我檢討，希臘、羅馬、英國、美國等以往偉大的西方帝國才能欣欣向榮。這些帝國不斷在哲學上和公開場合中，正視

本身最嚴重的缺失，進而逐步改善它們的人類資產。亞洲人已經更自由和更負責，足以正視亞洲最嚴重的缺失，亦即貪瀆腐化，並且努力取得共識，運用合適的方法去匡失補弊。禁止自我檢討的國家，面對更高的風險，因爲它們的缺失可能惡化。只有最惡劣的政府，以及盛極而衰的政府，才不肯面對和矯正本身的缺失，只知將過錯推到別人頭上。

當代的亞洲哲學面對兩大挑戰。第一，它必須去除回教和其他宗教的狂熱成分，因爲它們結合了偏執和改變信仰於一體，而且它們和共產主義、專制統治一樣，構成現代化、全球化，以及實現人的潛力的最大障礙。回教和猶太基督教文明的衝突不斷，不是有益的範式。世俗佛教也許能夠調和這兩種過激的宗教。第二，亞洲的哲學必須對亞洲特有的貪瀆腐化提出補救辦法，因爲貪瀆腐化已經困擾著政治和經濟發展，而且如果貪瀆腐化繼續猖獗，必將妨礙亞洲人在全球商務中扮演可長可久的領導角色。

從國際透明組織（Transparency International）的指數，顯然可以看出人們認爲亞洲的貪瀆腐化根深柢固（注37）。只有新加坡和香港等城市國家，才有辦法把貪瀆腐化降低到可以忍受的水準，主要原因在於以仁治國的意志施加於容易管理的小型政體。這讓我們想起希臘文明。但在比較大型的地緣政治實體，貪瀆腐化的惡性循環很難打破。造成亞洲貪瀆腐化的三大社經原因——薪資低、缺乏更好的機會、執法不力——產生的影響，使得它無法防弊除害（注38）。貪瀆的政治菁英與唯利是求的投資人勾結，結果在政體內灌輸了最不理想的企業行爲。如果日本的政治經濟能夠戰勝通貨緊縮，而且如果中國的現代化實驗成功，那麼亞洲的貪瀆腐化會在這個過程，以及整個地區中變

形。

亞洲的潛能，以及那麼多願景家面對和克服最棘手的進步障礙，表現出來的意願、活力與勇氣，仍然令人敬畏。因此，舉例來說，凱林‧拉斯蘭（Karim Raslan）等回教溫和派是否指責阿拉伯回教的狂熱，並且倡導回教與亞洲的現代化融合（注39）？也因此，在另一個地方，朱鎔基帶動中國經濟進行史無前例的轉型，是否說明經濟睿智勝過政治意識型態（注40）？

在亞洲人吸收西方的民主、科學、技術、藝術、哲學的精華，納入本身的政治與社經文化之際，他們也應該投資更多的心力，研究與應用比較企業倫理。最後，亞洲人必須決定，要如何善用亞洲固有的哲學，以增進企業文化中的優點。但是依我身為哲學顧問師，服務全球各地個人客戶和組織客戶的經驗，發現亞洲人不但務實，也重視哲學，世界各地無出其右。美國人一樣務實，但整體而言不講究哲學；歐洲人的哲學氣氛可能一樣濃厚，但整體而言沒有那麼務實。許多美國人視哲學（甚至包括應用哲學）是需要耗費腦力的事，因此避之唯恐不及。許多歐洲人視哲學（也包括應用哲學）是奢侈的動腦活動，所以可望而不可及。相形之下，許多亞洲人視哲學——特別是應用哲學——為十分有用的東西，少了它，人恐怕沒辦法走出第一步，去實現自己的抱負、對家庭盡責任、對社會有所貢獻。如果一個人的生活品質，最後是取決於他所依循的原則，以及他最重視的理念，那麼亞洲的哲學給了我們濃厚的希望，相信能在全球村中孕育切實可行的企業倫理。

在政府官員廉潔奉公、投資人行端履正、教育人士兢兢業業的亞洲國家，這樣的希望十分濃厚。就像食品罐頭，政府應該在「最佳食用日期」失效之前採取行動，改採民主制度。開

發中國家的投資人應該研讀歷史，避免重蹈工業革命時期去人化（dehumanization）的覆轍，從而避免促成集體主義經年累月挑釁文明的進步。教育界必須提供均等的機會，在教學水準上絲毫不肯讓步，並且抗拒社會根據一廂情願的想法或者短視的公義觀念，要求得到一些似是而非的結果。

倫理展望和道德成果，兩者的落差不可避免，這可由哲學實務居間做爲橋樑。如果不建橋樑，那麼潛在倫理和實際道德之間的落差，可能擴大成一道鴻溝，最後不管潛能有多大，都會慘遭吞噬。哲學實務將協助亞洲人創造一個更具精神鼓舞力的知性環境。在這個環境裡面，他們豐富的本土智慧傳統，將與日常的企業經營事務重逢。這又會進而同時創造利潤和價值，可以鞏固新興的亞洲文明的基礎，以及監護全球文明的潛力，力求質的穩固堅實，而不是只求量的引人注目而已。

注1：參考理查‧威爾漢翻譯的《易經》（*I Ching* 又名 *Book of Changes*）一書中，容格寫的推薦序。這本書後來由凱兒莉‧班恩茲（Cary Baynes）翻譯成英文（Princeton Uni-versity Press, Princeton, 1950）。

注2：漢摩拉比是公元前18世紀的巴比倫國王。

注3：希波克拉提斯生於公元前470-460年間。「不管進誰的家，我唯以治療病患為念，禁止故意損害和貪取財物；更不可區分女人或男人、自由人和奴隸。」「首重治病不可傷害病人」（Primum non nocere）的信條，源自羅馬名醫蓋林（Galen）。

注4：老子《道德經》。

注 5 ：「以正治國，以奇用兵，以無事取天下。」（以正道治國，以計謀打仗，以不插手干預治理天下。），老子《道德經》第57 章。

注 6 ： 這是達爾文學說最普遍的誤解之一。這個名詞是其實史賓塞（Herbert Spencer）所創，不是達爾文（Charles Darwin）提出的。事實上，我們只看到「生存者生存」（survival of the survivors）。

注 7 ： 柏拉圖的《共和國》第三章。

注 8 ： 亞里斯多德《尼各馬科倫理學》，卷 2（Walter J. Black Inc., Roslyn, NY, 1943）。

注 9 ： 例如，佛陀的《鹿野苑說法》，說明了應該避免的兩個極端：「追求激情和豪奢：會流於低級、低俗、平庸、卑下，終究無成。修苦行，徒令自己痛苦、低微，終究無成。佛陀避開這兩種極端，所以證得中道而開悟。」（E.A. Burtt, ed., *The Compassionate Teachings of the Buddha*, Penguin Books USA, NY, 1955, pp.29-32）。

注 10 ： 奧古斯丁的「原罪」理論，見於其所著《上帝之城》（*City of God*）。

注 11 ：《論語・為政第二》：為政以德，譬如北辰，居其所而眾星拱之。

注 12 ：《論語・子路第十三》。

注 13 ： 馬基維利，《君王論》。

注 14 ： 參考馬瑞諾夫所著《柏拉圖靈丹》，中文版由方智出版社出版。以及《大哉問》（*The Big Questions: How Philosophy Can Change Your Life*）。

注 15 ： 參考邊沁，《義務論》；彌爾，《效用主義》及普利斯特

利，《治理基本原則漫談》（Jeremy Bentham, *Deontology*, William Tait, Edinburgh, 1834; John Stuart Mill, *Utilitarianism*, (1861) Bobbs-Merrill Educational Publishing, Indianapolis, 1957; Joseph Priestly, *An Essay on the First Principles of Government*, J. Johnson, London, 1771）。

注 16： 請見：http://news.findlaw.com/legalnews/lit/napster/。

注 17： 蒲魯東，《什麼是所有權》（Pierre-Joseph Proudhon, *Qu'est-ce que la propriete*, Lacroix, Paris, 1873）。

注 18： 參考德萊霍，《資訊封建主義》（Peter Drahos with John Braithwaite, *Information Feudalism*, London: Earthscan Publications, 2002）。

注 19： 康德，《道德底形上學之基本原則》（Immanuel Kant, *Foundations of the Metaphysics of Morals*, trans. Lewis White Beck, Bobbs-Merrill, Indianapolis, 1969）。

注 20： 比提所撰〈搭便車與發錯牌〉（Philip Pettit, "Free Riding and Foul Dealing," *Journal of Philosophy* 83 (1986): 361-79）。

注 21： 哈定所撰〈公共財的悲劇〉（Garrett Hardin, "The Tragedy of the Commons" *Science* 162 (1968):1243-48）。

注 22： 馬瑞諾夫所撰〈缺陷的幾何〉（"The Geometry of Defection: Cascading Mimicry and Contract-Resistant Structures," in Cheryl Hughes and James Wong, eds., *Social Philosophy Today, Volume 17: Communication, Conflict, and Reconciliation*, Charlottesville: Philosophy Documentation Center, 2003, 69-90）。

注 23： 馬布巴尼，《亞洲人會思考嗎？》（*Can Asians Think?,*

Times Books International, Singapore & Kuala Lumpur, 1999）。

注24： 彌勒《自由論》中表示：「為防止社區中的弱者遭無數禿鷹捕食，應該有一種獵食性動物比其他動物更為強壯，受託去抑制那些禿鷹。」

注25： 可參考韋伯的《新教倫理與資本主義精神》。

注26： 參考艾夏諾瓦所撰〈中亞：貪瀆成為例行公事〉（Zamira Eshanova, "Central Asia: Corruption, a Common Feature of Daily Routine," 2002 年 7 月 17 日，http://www.muslimuzbekistan.com/eng/ennews/2002/07/ennews22072002_8.html）。

注27： 彌爾《自由論》。

注28： 後面這一點，詳見《亞洲的重生》（Recreating Asia，李克特與馬家敏編）中，馬哈迪所著〈全球化：亞洲的挑戰與衝擊〉。

注29： 請參考 http://www.thefire.org 。

注30： 請參考《文化寫作辭典》（Ed Hirsch, Joseph Kett & James Trefil (eds.), Dictionary of Cultural Literacy, Boston, Houghton Mifflin Company, 1993）。這本書包含十分重要的基本知識，美國12學年制卻不再傳授，少了這些知識，大學院校的學生接受高等教育有其困難。電視、電動遊戲、電腦取代了閱讀、寫作和思考。

注31： 例如，參考哈伍德編，《品德經營之不凡》（Sterling Harwood, ed., Business as Ethical and Business as Usual, Jones and Bartlett Publishers, Sudbury, MA, 1996, part 1）。

注32： 參考史賓格勒所著《西方之沒落》。也請參考馬布巴尼，注

23。

注33： 佛瑞迪於〈北美大學院校拉起言論鐵幕？〉創下的詞彙（John Furedy, "Ice Stations Academe: Is an Iron Curtain of Speech Being Erected in North American Universities?" *Gravitas*, Fall Issue, 18-22, 1994。也請參考塔夫勒，《公平新世界》（Lou Tafler, *Fair New World*, Backlash Books, Vancouver, 1994）。

注34： 參考英國小說家赫胥黎的《美麗新世界》（*Brave New World*）；英國著名政治諷刺作家歐威爾的《一九八四》（*Nineteen Eighty-Four*）；美國女作家蘭德的《阿特拉斯聳聳肩》（*Atlas Shrugged*）。

注35： 《老子道德經‧三十章》：「物牡則老，謂之非道，非道早已。」

注36： 湯恩比，《歷史之研究》（Arnold Toynbee, *A Study of History*, in 12 volumes, London, Oxford University Press, 1934-61）。

注37： 請見國際透明組織網頁，http://www.transparency.org/pressreleases_archive/2002/2002.08.28.cpi.en.html。

注38： 例如，參考 Jon Quah 所撰〈亞洲國家反貪措施之比較〉（"Comparing Anti-corruption Measures in Asian Countries: Lessons to be Learnt," *Asian Review of Public Administration*, 11, 1999, 71-86）。

注39： 《亞洲的重生》中，拉斯蘭所著〈東南亞現代化〉。

注40： 例如，參考布拉姆所撰〈朱鎔基的中國經濟「宏觀調控」〉（Lawrence Brahm, "Zhu Rongji's ‘Managed Marketization' of the Chinese Economy," *China: Enabling a New Era of*

Changes，李克特與馬家敏編）。

第二部

基礎

　　想了解宗教在亞洲社會與企業中的角色，等於是想解開一個摸不著邊界或規則的謎。實際上，亞洲「宗教」包含了至少四大流派——儒教、佛教、伊斯蘭教與印度教——外加無數的大小宗派，以及現代社會中眾多的變通模式。「真正」宗教的日常習俗與一般大眾生活之間，也許沒有多少差別。此外，亞洲宗教發展超越了國界，以不同方式深植於各國社會層面。比方說，馬來西亞的伊斯蘭教，和印尼或菲律賓的伊斯蘭教，就非常不一樣；韓國和菲律賓的基督教，也有天壤之別。最後，在個人與社會層面上，亞洲又有形形色色的宗教行事風格。

　　亞洲各宗教與其社會適應大異其趣，對宗教形塑企業的方式產生深遠影響。儘管有些明顯例子是宗教直接塑造企業經營，當今大多數宗教的調整仍難以察覺。與宗教綁在一起的企業屬於第一類：如香港的十字牌乳品（Trappist Dairy），或環繞泰國佛寺運作的商家或旅遊業。第二類是「企業家和員工的所有其他行為」：從企業主直接把信仰帶入事業經營、他所扛起的社會責任、到他定期參訪寺廟或教會的工作行程都是。甚至為了培養對工作與心靈的健康態度，勞工的例行運動或禱告也可算在內。

在今日的社會中，宗教的各種實際運用何其多，我們要如何追蹤宗教在企業中留下的印記？當然，我們必須從宗教基礎與經濟生活與商人階層間的相關處著手。宗教提供我們倫理的基礎，這些基礎不可免的會在人類的主要活動──經濟或謀生──留下痕跡。

因此，本節的目的，是在我們探討過去與未來的倫理議題時，有一個基本的了解。

儒教

儒家學說來自中國哲學家孔子（公元前551-479年）的語錄《論語》，以及他的再傳弟子孟子（公元前372-289年）所作的注釋。儒家是一套治理社會的倫理體系。它所依據的是仁（同理），仁顯示在人與人的關係中，展現於對禮法的依循中。禮是天地的秩序法則，並結合道德規範與儀式。孔子相信，如果每個人都依據社會地位恪守本分，就能建立適當的政經秩序。

佛教

佛教依據的是喬達摩悉達多（Siddharta Gautama），也就是佛陀的教誨。佛教源自於印度，隨後傳至泰國與中國，最後到了日韓兩國。佛陀為了追尋真理，捨棄世間的快樂與物質享受，發展出他對生命的基本義理。他的主要關懷是苦與離苦，他把對於存在的執著視為苦背後的原因。執著於存在，指的是執著於經驗上的恆常狀態，即身、受、想、行、識。徹底了解佛陀所說四聖諦的深奧義理，人才可能有超越個人的成長，而

涅槃（救贖）即是它的頂點。

印度教

　　印度教指的是印度人民的傳統宗教結構。這是世界現存最古老的宗教，因為如此，它混合了古代傳說、信仰及習俗，將之融入本身的許多信條與做法。所有印度教徒所共同遵奉的，是**德**（dharma）的律則。德是個含義廣泛的用語，指的是那些決定我們真正本質或道理的法則。德是人類倫理道德的基礎，也是宇宙的法理秩序與一切宗教的基礎。對個人來說，德與業（karma）是不可分的，只有在個人的業所允許的情況下，才有可能了解德。簡言之，業可被理解為道德世界中的因果鏈。

伊斯蘭教

　　伊斯蘭教是先知穆罕默德（Prophet Mohammed，公元前570-632年）在阿拉伯半島創立。雖然今日沙烏地阿拉伯和中東主要區域被劃為亞洲的一部分，我們並不把伊斯蘭教只當成亞洲宗教，所以本書焦點是放在阿拉伯世界和伊朗之東的亞洲。我們把伊斯蘭教當成亞洲思想的主要支柱，是因為今天亞洲擁有世界上最多的穆斯林──他們在印度、印尼、馬來西亞、巴基斯坦與孟加拉。《古蘭經》是穆斯林與靈性生活的主要教義。伊斯蘭教的五大功行，分別為唸、禮、齋、課，與到麥加朝聖。

　　當然，還有其他重要的思想學派，如日本的神道或禪宗、中國的道教、印度的耆那教（Jainism）與錫克教（Sikhism）。

即使基督教也扮演重要的角色，尤其是部分殖民國家（注1）。然而，上面例子中，這些宗教大多是獨自興起，並未廣為傳布。更重要的是，與前述四個主要宗教相比，它們的歷史影響力遜色多了。

由於作為一種價值體系是亞洲宗教的特性，它也跨入了哲學領域，對商業及商業行為產生重大的影響，因而我們把這點當作推論的前提。西方的情形可能也是這樣。例如，在研究宗教與經濟行為模式的關係時，社會學家馬克思·韋伯提出西方資本主義的興起和新教倫理之間的關聯（注2）。依據這個觀察，韋伯指出，人傾向於把自己宗教信仰中的價值，無意識轉移到經濟行為而受到鼓舞。宗教以這種方式擴展到生活的其他層面。由於亞洲宗教與商業行為充滿異質性，至今還沒有人試圖導出亞洲的普遍價值，或歸納出一種「亞洲行事風格」，我們於是想一探亞洲商業倫理的基礎。它和傾向快速進行區域整合的地區尤為密切相關。在10到15年內生存的企業將會是亞洲企業，而不是泰國、馬來西亞、新加坡或其他國家的企業。

要追蹤宗教對亞洲商業的影響，特別具有挑戰性，這裡舉出四個原因。首先，亞洲是個充滿對比的大陸──哲學、宗教、族群與文化習俗、經濟體系與經商風格。即使是西方文化與象徵，在不同的國家，也以非常不同的接納方式。基於這些原因，和歐洲甚或拉丁美洲比起來，亞洲在各種議題上取得一致或共識會「比較慢」。甚至有人會提出亞洲在文化、政治、宗教與其他層面上所存在的差異，比世界其他地區都來的嚴重。

第二個挑戰，來自於亞洲的民族國家，並非由一種宗教或哲學所主導的。數個宗教同時存在，大多維持著和諧關係。例如在日本人就信仰神道，它是佛教的一種演變形式。他們甚至

也信基督教，由於日本人具有高度同質性，這點顯得十分醒目。一般日本國民傾向於採用神道的誕生禮、基督教的婚禮、佛教的葬禮。因此，日本人吸收外地的理念，融入本土傳統，並將之用於自己的目的。因此，即使有來自於其他宗教與信仰的諸多挑戰，包括歷經 1868 年的明治維新，及 1945 年二次大戰後引進的「西方思想」，神道還能存留下來。

同樣的，中國的宗教也是好幾類信仰的混合，包括崇拜祖先、佛教、道教、儒教、與共產主義意識型態。這種混同產生至少三個明顯的通性：認為神鬼不僅存在，而且還能影響人世、陰間反映出傳統的社會階級與生活的實際情形，與認為命與運是決定人生的關鍵因素，而運是可以被操控的。算命、「掃墓」與風水這三種信仰，指引心靈與實際生活。日本的佛堂與神道寺廟、中國的儒教與佛教寺廟的融合，清楚說明了宗教的重疊，以及混仿的信仰。簡言之，亞洲人傾向於新枝接舊莖，並不拋棄舊有的事物。

要研究亞洲商業中的宗教，第三個挑戰在於亞洲的宗教與哲學屬於同個家族，經常難分彼此。嚴格說來，儒教並不是一種宗教。它是肯定現實世界，及天人合一的思想派別；它並不導向一種超越世間的觀點。而佛教、印度教、伊斯蘭教，也許可說是所謂的宗教，這些宗教在處理知識與存在的問題上，傾向於使用哲學中各種不同的觀點。

最後一個困難是，自韋伯以降，對亞洲宗教與經濟行為之間的關聯，就偶有錯誤的詮釋。他認為儒教的工作倫理，是鼓勵人接受或適應環境。儒教的信奉者追求的不是物質豐裕，因為儒家並未提倡個人主義。而個人主義是新教成功的主要驅策力，以及英美式經濟世界的潛在合理性。當然，韋伯後來被證

實是錯誤的：韓國、日本、台灣、新加坡、香港及中國，都廣被認為是 1945 年來最成功的經濟典範——起碼在 1997 年前都是如此。儒教強調共識及順從權威，以及普遍的儲蓄習慣，被認為是迄今東亞成功背後的幾個主要驅動力。作為關係中心的儒家理想自我，導向一種新的企業精神與管理風格。

然而，宗教與企業的關係，並非如我們所分析的那樣，是純粹形式的存在。我們必須將分析成果靈活用於當今這些富彈性且高度異質的關係。儘管亞洲有多元的倫理觀，我們仍需要舉出一些特色，作為亞洲企業倫理的依據：

- **金錢與企業為社會利益而存在**。只要用於提昇社會或社區，財富的創造就是正面的。同樣的，企業應該總是根植社會，追求共同的繁榮。
- **交易必須是持久的**。業務必須適度尊重當前的公司環境並避免不合倫理的行為。所有的商業交易都必須按照倫理正當經營，使企業經營永續。
- **犧牲與善行將會獲得回報**。它依據的是業的宗教法則，意謂今日的善行，將來終必有所回報。
- **實用主義勝過堅持原則**。與西方相反，實用的考量先於一切。自我與整體的關係，比任何一套特定法則還來得重要。想法會隨著時間而適應改變的環境。
- **集體性高於個體性**。亞洲宗教大多是以多數執行者與決策者為中心。這點符合商界今日所需的集體或團隊行動。它也提醒了企業全球化的力量並打下結盟基礎。
- **包容精神帶來多面向成長**。亞洲宗教在信仰的自由選擇上，是不具排他性的。亞洲企業倫理也應包容，甚至倡

導不同的相互競爭的意見、觀念與交易行為。

● **身體力行高於傳道說法**。亞洲宗教雖有虔誠的修行者，但他們不會刻意傳教，或硬要非信徒改宗。和西方的傳教行為相反。

因此很明顯的，亞洲宗教豐富的正面意涵，為企業打下穩固的倫理基礎。即便第一章〈為什麼要談道德？〉舉出許多瀆職違法的事例，我們仍相信回歸宗教正道——不全然是純粹宗教實踐——讓尋求革新的人士有一個光明的願景。

◆

注 1 ： 例如，與天主教伊比利亞（Iberian）世界有長久歷史淵源的菲律賓，今天看來還比較像南美洲國家，而不是東南亞國協（Association of Southeast Asian Nation）會員。法國也在越南留下了許多教堂、法國傳教士，與基督教信徒。

注 2 ： 根據韋伯的說法，新教徒相信個人的努力，企圖以他們認為對的方式去掌控環境，從中養成堅定的工作倫理，參見韋伯的《新教倫理與資本主義精神》。就此而言，世界被當成是需要以廣受尊崇的規範加以形塑的物質。這個觀點被認為是使盎格魯薩克遜資本主義興起的因素；北美與英國大多數企業家與商人，都是信仰新教的。

注 3 ： 杜維明，《歷史角度看儒家》（Tu Weiming, *Confucianism in a Historical Perspective*, Singapore, Institute of East Asian Philosophies, 1989.）

3 儒教
儒家思想與現代商業

王賡武
國立新加坡大學東亞研究所所長

學者們若是鑽研儒家的經典古籍，諸如《易經》、《詩經》、《史記》，還有孔子及其弟子著成之《四書》，對於全球現代化世界中重新燃起的儒家風潮，必然不會感到驚訝。延續數代直至今日的知識文人，深信孔子及其門徒遺留身後著作的普世性。這些著作傳達知識，最終達到智慧的圓滿，皆是從數世紀實際經驗和觀察中焠鍊而來，在人類邁向文明的過程中，代代相傳。孔子所認為的核心普世價值，即為人們在世上打造良好社會所依恃的道德基礎。達成此目標所需的中心特質包括以下：良好的教育以使人知情達禮，行事端正，觀察學習以了解禮治社會中家庭的儀式及責任，陶冶羞恥心及我們今日所稱的良心，以爭取他人的信任，並樂於運用我們所擁有的智慧。這些觀念大都原可直接適用於從商階級的。這些特質之下隱含的是，身處茫茫世界中，應誠實面對自己。這常體現於人的忠、孝、仁、愛等特質，且往往從家庭擴及社群，從私領域事務延

伸至商業和政治事務，最後，在體現社會秩序的統治者中得以實現。這樣的知識往後會被認為屬於一特定區域，並主導了中國和其鄰近東亞國家大多數人民的生活，如此發展實非從前儒家學者的本意。

首先，個人（而儒家思想的重點在人身上）生來是善是惡，端看他的學習能力和奉獻家庭和國家的決心。這是要循序漸進的，首先講求自律，以求修身，最直接的實踐就是與父母長輩的應對，並研習影響社會和諧、日常生活甚深的倫理價值。的確，少有人具備足夠的自省力，來領導規模較大的政社組織。因此，賢者被賦與責任，挑起重擔，去發展維護人類文明現況的組織，便更形重要。在培養能者面對重任的階段中，商人從商之餘無從涉足。他們無足輕重。對他們而言，並沒有一套「商業」倫理的存在。倫理就是倫理，商人就得像別人一樣遵守這些準則。儒家學者們對商人不具社會地位並不關切，而施加在這些商人身上嚴苛的道德限制，終究侷限了這群人在東亞世界中工商業發展的貢獻。

儒教的「事業」

容我簡要回溯儒教「事業」的意義何在。從孔子及其弟子的時代（公元前 5-4 世紀），到儒教國家意識型態興起底定（公元前 2 世紀末）這中間，有好幾世紀陷於激烈爭戰與紛亂。這種情形於公元前 220 年秦朝一統天下，法家（蔑視所有儒家價值的學派之一）勝出後寫下句點。儒家學者歷經好幾百年的艱困環境；他們主張透過智者以達成仁治，在朝廷眼中終究比其他學派來得有用。到了漢朝中期，儒士受邀架構一維持帝國長

治久安的思想。自漢武帝登基（公元前141-87），良善治理就成了儒教事業。此後，這套思想成功與否，端視尊儒官員能否在核心倫理準則，以及政府運作穩定強化所作出的妥協之間取得平衡。無論如何，這意味著罰則加重並擴充立法，以便對各階層人民課征稅收，藉此安邦定國。而且，儒士認爲富商對國家沒有重大生產價值，對他們控管自然日益嚴峻。相反的，成功的商人具備獨立財富並影響政治，儒家學者認爲這是干涉破壞他們的職責，禍及國家。因此，儒家大吏藉著強化農業經濟和諧，關切廣大農民利益，不遺餘力地監控商人活動。

本文主旨特別著眼於儒家對利潤的看法。這個看法是一體兩面的。一方面來說，孔子的門徒孟子，一再強調，統治者爲了自己國家而汲汲營利是不道德的。孟子倡議，統治者（或是政府）不該只考慮利己，或是從事與民爭利的行爲。同時，孟子的建言也顯示，利益不合乎道德，統治者與百官不應逐利，而是留給其下子民，也就是那些從商的百姓。從另一方面來說，這些商人對社會有其用處，因爲他們涉及風險的交易活動可滿足人民的各種需求。只是這些活動必須受到控管，遏阻欺騙、操弄供需以便哄抬價格，並腐化公職的大多數不當暴利。由於市場的品德行爲管理，應嚴格比照家庭、社會和政治關係所採用的倫理規範，因此商人階級遭受嚴重壓抑。

這項原則的影響遠超出商業的範疇。道德束縛制約了每個人的生活，社會各角落都感受到倫理的壓迫。倫理規範又有法家行政權力的基礎在背後撐腰，很快成了絕對眞理。儒士的標準固定，壟斷德行智識，也藉此得攬重權。他們的力量無遠弗屆，從家庭內的父權制度，社群組織中宗族的領導，最終到天子和他所封的中央和地方官員首長，種種關係，無一不受其控

制。而且，透過一群自認品德優越的人，依據他們的倫理標準來訂定國內律法，整個統治系統遂成為獨裁的威權主義。最後，武斷的權力日漸集中在那些毫不關切商業的人手中，而他們的確只選擇去了解保障國庫收入那一部分的經濟活動。這些儒士該慶幸的是，與他們在道德意識型態上作對的政敵，沒有一派對累積財富有更高明的認識。約有兩千年的時間，官吏們尚且懂得改良其稅收制度，以適應人口增長，土地墾伐，和財富新增後變動的經濟條件。他們從未發現改變其態度的必要性，對商人階級對帝國長期的安穩與富強有何貢獻，也是一無所知。好在官吏之外的老百姓推崇成功的商人，尤其是當富人廣為行善而備受愛戴的時候。

如此一來，商人們傾向於採納儒家在倫理行為實踐的教誨，以求討好官吏，甚至在其行業中生存。假以時日，他們了解那套倫理，藉著熟悉必備的語彙和行為表現，在朝廷官員中贏得起碼的尊重。而且，正如同某些案例所示，15 世紀的惠州（現在的新安）和山西商人之中，不乏成功者取得高階社會地位，並贏得官吏某種程度上的敬重。即使有這些例外的存在，特別是在第 10 世紀唐朝衰落後，更加顯而易見的是，儒士的目的最終是在完全儒化商人。這是儒士的職責，即使讓整個社會付出經濟發展下滑的代價，儒士也執意為之。這也是何以當代中國改革人士、革命家、和社會學者紛紛視儒教為進步和現代化的阻礙。如同韋柏的著作所證實（注 1），而西方也因此普遍認為，儒教未能鼓舞商人和工匠階級中的巧思與競爭力，而那卻是促使西方工業革命發生的要件。此項觀點也在李約瑟的研究中得到進一步的支持，他解釋了為什麼儒家的官吏未能獎勵支撐西方工業革命的科學技術發展之原因（注 2）。

排拒

所以將儒教與今日的商業倫理做一連結是引人玩味的。儒教作爲一種思想體系，卻不承認有所謂的商業倫理的存在，而當它被現代意識型態如資本主義、共產主義、和社會主義取代近一個世紀後，這樣的聯結尤其有趣。至於商業倫理的概念，意指建立一套外於侵略性資本主義，獨立於壓力之上的價值體系，這樣的一種掙扎。我們怎能將兩者相提並論呢？一方面來說，當現代倫理系統仍由高度完整的形式化宗教所支持時，體現儒家倫理的哲學幾乎已不復見。沒有任何國家願意合法承認儒教學校，或宣稱力行儒家的教訓。沒有教會亦沒有教士的存在。耳濡目染經典古籍的史史及菁英文人們已消失殆盡。倖存的自發性儒家學者和組織，其實際作爲與當代事務幾無關聯。新加坡政府即使常被視爲尊儒，其統治成功實是基於殖民地時期法律地位牢不可破，保護財產及商業，與大多數人民接受儒教價值作爲其家庭和社會網絡的支柱，不可混爲一談。

從另一方面來看，商業倫理，包括商業倫理淪喪這回事，卻是日益重要的焦點，幾乎每天都要上頭條。毫無疑問的，對那些逐漸意識到商業重要性的人，以及依賴全球市場力量獲取成功的人，缺乏倫理的行徑儼然成爲關係重大的事件。然而，雖然各處常有疾呼實業家接納現代倫理和實踐的聲音，許多身處亞洲的人對「商業」和「倫理」二詞能否泰然共處，態度保留。近年來，這股懷疑論更因爲安隆的瓦解事件而高漲，因爲此事件暴露出美國腐敗的商業和會計事業。同時，1997 年亞洲金融風暴最爲人詬病的就是政商勾結與黑箱作業，不過當時所引致的批評，因爲安隆醜聞的爆發而轉移焦點了。就倫理該如

何重返商業而言，現狀是充滿了不確定，也因此回頭看看稍早的倫理系統，去找尋是否有值得學習的地方，應是合理的。

這就是儒教占據位置的奇特與矛盾。過去 100 年中，儒教在東亞重新歷經諸多的評價，尤其是在中國人之中。其今日的地位，代表著中國人經過許多痛苦的掙扎，評量到底傳統該如何適用於今日的價值。對儒教的攻擊始自 1919 年五四運動後關鍵性的十年。短短的幾年內，年輕一代奮起擺脫古老「封建」哲理施加的手銬腳鐐。譯自日文版本的西方哲學與社會科學著作流向中國，因而激起這股運動的興起。它們通常透過報紙和刊物問世，內容中尖銳激烈的論辯大大鼓舞革命青年，他們摩拳擦掌，準備挑戰所有和「帝國」、和滿洲清朝有關的遺毒。而這些挑戰當中，最為顯著的即是排拒已為時 2000 年，歷經不同面貌，用以維繫政治體制的意識型態。

年輕一代對這些價值口誅筆伐，抨擊為過時無用；他們認為，中國抵禦西方強權時，這些價值徹底失敗。新一代的叛逆青年對於儒教究竟為何過時，並未取得共識，排拒揚棄儒教的理由眾說紛紜。廣獲支持的三種理由反映了幾類觀點，分屬理想幻滅的知識分子、受挫的實業家、和冀求全面改革的極端分子。在這些觀點中，反對者著眼於尊儒官吏在政治系統中所扮演的角色。現在官員可成了「亡國」的罪魁禍首了──包括才剛瓦解的清廷，以及對內對外皆無法獲得全面支持的軍閥政府。我們也十分清楚這些反對浪潮的結果。他們著手引進西方價值體系來取代儒教，希望如此能幫助中國熬過破除舊制度的階段，促使中國再次強盛安定。許多人選擇直接了當的民族主義來建立強盛的新民族國家。另外不少人轉向共產國際主義來結合所有受壓迫的人民，對抗由西方強權和日本侵略所代表的

帝國主義剝削。然而，當今世界討論中國企業家在經濟方面的卓越成就，卻與上述兩種路線全然無涉。

受挫的商人自有理由排拒儒教，在過去一世紀裡，他們發現自己在現代化中國的種種努力中無從插手。他們急需一套價值體系，才能和足跡遍布全中國通商港口的資本家競爭，但這點需求沒有被滿足。若想要有容身之地，他們沒什麼選擇。他們可以支持民族主義者，但是這些政治家常認為商人唯利是圖，不顧國家利益，因此需要嚴密控管，或者，商人們至少要拿出大把銀子做政治捐獻，表示他們的愛國心。與民族主義者敵對的共產主義分子更不客氣。他們的思想傾向於視所有的生意人為潛在的資本主義者，這些商人只要有機可乘，定不可能放棄剝削心向共產主義的勞工階級。有段時間曾經有過第三種選擇，但僅限於少數的，為外商洋行工作的商人，他們在通商港口內及周邊地區可比照外國的法律。這些俗稱的買辦和他們在當地的生意夥伴可得意於一時，但他們深知必需未雨綢繆，以應付民族主義高漲時可能產生的衝擊。

因此，儘管儒教在國家社會各層面上的倫理實踐，皆有極大貢獻，到了1920年代末，它在公共領域已無足輕重。在國家建設及國際社會主義的理想藍圖中——尤其是現代商業倫理的演進——儒教毫無發揮空間。結果是，接下來50年中，至少兩個世代的中國青年對儒教的觀感日益負面，即便不把儒教視為已逝過往，也認為棄之不足惜。然而，仍有書籍、文章、和辯論指出，古老「帝國」的意識型態不可能輕易絕跡。最有趣的是，1966到1976年間為期十年的的文化大革命，毛澤東和他年輕的極端信徒發現，必須將他們大肆破壞的衝動指向中國社會殘存的儒家元素。那時，中國已經沒有商人供毛澤東的信徒批

鬥，因此在這些搗毀的攻擊中並沒有商業倫理牽涉其中。但這些攻擊暗示了儒家價值的根深柢固，即使經歷革命洗禮，也不能保證多數中國人的言行思想能完全免於儒教的影響。

文革中的毀壞提醒了我們儒教在現代發展中的矛盾。就國家意識型態的層面來看，儒教已死，而所有為了復興而做的努力，或是以類似思想取而代之的企圖，似乎都注定要失敗。例如說，不論是民族主義或是共產主義的共和國，都是跟隨法國、美國、還有蘇聯的模式，而這模式和儒教全無關聯。儒教要在國家系統中存活，是難以想像的。可是在社會的其他層面就不一定如此了，最顯著的即城市外的農業家庭仍舊篤信遵行儒家思想。另外，證據顯示儒家價值在東亞其他社群中流傳下來，尤其是在韓國、台灣、甚至香港，雖然受西方教育的年輕專業人士不必然在其影響之下。然而，中國人本身之中，最明顯的差別則在那些毛澤東當權時居住於中國本土的人民，和那些旅居在外的華人之間。

共產主義中國的境內，有些人還得以避居在較為隱密的家庭世界，不論是村落社群中或是移居村鎮和都市的人民，仍希望可以藉助儒家價值來定義父母和子女間的倫常、家族和鄰人間的交往，甚至如何扮演好公民、好同志，都期待倚賴儒教的教誨。由於商業交易有限，沒有什麼證據顯示這部分的倫理是否有依靠儒家的教訓。至於居於海外的中國人，在各層面上的反應都有較為完整的紀錄，而且顯而易見的，這些反應的變化也大多了。舉例來說，即便核心家庭的出現導致延展式大家庭的式微，但支撐那些舊式安排的社會傳統和文化習性、親族、地點和貿易組織，仍舊生生不息。不同國家中家庭和商業的聯結（包括中國人屬少數族群的國家），似乎在適應當地習俗和現

代律法，還有因應日漸積極干預的現代民族國家時，找到了新的力量。因此，只要家族事業持續在經濟活動中承擔重任，家庭價值就不減其重要性。在大部分案例中，傳統實踐仍然普及，即使這些實踐逐漸獲得強調私有財產和商業信賴的法律制度所保護。因此傳統實踐在稍做修正後仍然運作良好，這種現象可被視為是家庭事業在規範完善的制度下，持續風行的一種表現。

在極為不利的情況下，儒家倫理的某些特性能夠續存，警示我們在定義儒教時更為謹慎。它如何能在過去的百年中，公然為「最優秀、最聰明」的中國人先行揚棄，而又在今日的社會生活和經濟活動中立足呢？為何至今人們依舊認為這套價值觀在中國人（還有韓國人，也許日本人和越南人）的社會和經濟生活中意義重大呢？我不以為問題的癥結在於儒教作為一哲學的整體。更重要的是另外兩項要素。首先是儒教的核心觀念中，針對家庭和社會秩序的基本普世價值——此處所指非後期評論提及的誇大、僵化的價值，而是論語中所敘述的觀點。再者，儒教原為政治目的所創建，然而在接下來的數世紀中，面對西方強權的征服和新進西方觀點這些致命的挑戰，其實力早已被削減，形式已被重塑。這樣的發展逼使其中心價值逐漸適應社會變動。而**在商業倫理的脈絡中，儒教的普遍性確立了商業應將家庭和宗族的團結納入考量，並藉著對基礎人際關係的領悟，奠定信任的根基。**一旦這點為人所了解，加上家族企業的結構得以發展，商業要和國家目標配合妥協，就容易多了。商業取得官方認可，不只是因為許多官吏本身參與商業活動，以及國家稅收日益倚賴商業的結果。這也是因為在 15 世紀後，許多商人教育程度大增，他們研讀古籍，掌握吸收儒家價值的

語言，因此得以整合儒家倫理和商業實踐。如此一來，國家體制中體現的儒家教條也可用於支持商業的需求。早期儒家抑制商人階級興起的堅持，在商人重視相同的價值體系，取得可信度後，逐漸的稀釋掉了。

總而言之，過去五個世紀中，中國商人在交易和商業關係發展和儒家倫理相關的獨特傳統。透過經驗積累，他們選擇實用觀念，將其納入商業準則中。這些正統要求包含慈悲、廉直、端正、才智、和信賴，並不需要太深遠的哲學思考。就如史邁爾斯（英國作家，Samuel Smiles）的格言，這些要求形成商業聯繫的基礎，不論是在宗族團體內外，商業運作皆仰賴於此。而且，這也形成了負責、富裕的商人階級，就這點來看，這些觀念也修正原本儒教抑商的理由。

那麼，究竟儒家倫理價值對今日的商業人士有多重要？為什麼在法律制度已臻完備的今天，商人仍要轉求儒教呢？到底儒家方式對商人的成功是動力，還是阻礙？即使從商者宣稱儒家倫理價值對他們而言是寶貴的，這是指其本身的自我薰陶呢？還是他們相信更多的商人應遵循儒家的行為模式？

重組與倖存

從以上所述可看出，儒教有多樣面貌。但無論如何，儒教作為一種王朝意識型態是徹底逝去了。如果想要重返權力中心，它就必須要適應共和政體的的語言，新式的自由標準，以及民主、平等、人權的趨勢。我不會過分低估意識型態天生的適應力。它從前已經改頭換面多次。它已經接受法家式殘酷刑罰的必要性；它已經壓抑（但未完全消彌）千年來農民平等主

義的理想；它已經歷重新詮釋的階段，接納佛家信仰中的同情心，還有佛教形而上的的精密學理；它還可以針對韓國、日本、和越南民族不同文化需求而調適；總之，最了不起的是它在契丹、女眞、蒙古、和滿洲「蠻族」統治者的差別待遇下，存活過來了，而且進而向那些外來征服者證明，儒教對統治中國不可或缺。誰還敢說它無法再次適應生存呢？

但如果它再次調整，原本的形式中哪些會續存，哪些又會是新滲入的元素？顯然，**孔子強調因材施教對新知識經濟而言是最貼切、最具彈性的價值**。它需要調整一點：將教育的對象推廣到女性身上，而這點已經被廣爲接受。如今，愈來愈多的女性從事現代專業，擁有技術和工程學位，這樣的現象沒有什麼不符儒家價值之處。另外則是自律的觀念，這可以和勤奮工作、負責任的態度相連結，此外，也和儲蓄及投資的概念有關。前者已在現代化後適用於辦公室及工廠作息和程序，後者扮演的經濟角色則可以和歐洲新教倫理相比擬（注3）。

不遑多讓的是信任的特質，與誠實和信賴不可分割。這也許和福山對大型工業和資本企業中所連結的信任不盡相同，但仍然是許多家族事業的基礎，支撐著今日的中小企業（注4）。只要這種觀念的存在，認爲信任會致使對宗族結構的依賴，並鼓勵了親族、舊識間的裙帶關係，這樣的儒家價值會如何影響較大規模的企業，就不易確定。但是日本的例子可供參考，即觀察他們如何將對家庭的孝道和忠誠，轉向封建領主，進而轉向現代企業公司。這從來沒有被視爲不符儒教精神，而我們也沒有理由不相信，其他東亞國家不會從日本經驗中學習。然而，全球市場經濟的挑戰，可能容不下這種忠誠的表現，但是我們應注意到，忠誠度，只要伴隨著可估計、可預測的適當報

酬時，是可以轉移的。如果這種轉變引發新型倫理發展，我研判儒教也能適應並融會貫通。

今日有兩種事實的面向在儒家古籍中遍尋不著；即法制，和商人階級因富而貴的社會地位。儒教以往作為一種意識型態，早已採用大量的行政法規，以為王朝政體的政治和社會秩序鋪路。雖然百般的不情願，我們知道尊儒的官吏仍然納入追求經濟秩序和發展所需的律法。這股適應力最終能否引起更深層的改變，例如社會各層面的法治，仍非現在所能判斷，但我認為時機成熟時，現實考量將會是決定性的力量。至於商人的地位到底如何，恐怕將與過去相去甚遠。比如說，商人作為跨國企業家、實業家、金融業者，或是在當地和國際政治事務中積極參與，都是有違儒家秩序的。任何將儒家觀點和其他制度重組的意圖，都需考慮商人階級在現代國家中的功能。我再次強調，檢視現代商業在日本、韓國、台灣、和香港的角色，應該是有幫助的，因為這裡**政治和商業的相互滲透並不意味著明顯的排拒儒家價值。如果這樣的狀況持續演變，而且儒家倫理在商人階級中繼續影響社會和經濟關係，也許在今日的中華人民共和國，儒教能夠一定程度的左右、調停經濟和政治權力。**

值得注意的是，北京政府對貪污引起的問題格外敏感。他們頒布了一連串新措施，對付牽涉其中的商人和官員。這表示決心可能將中國帶往兩種不同的方向；一種是新式的司法結構，針對不合倫理的行徑，法律之前沒有人可以例外，要不然就是回歸到過去以官控商的模式。不論這些改變帶來什麼發展，其結果必然不是史書中清晰易見的那種儒教，而這只會再度顯示，任何對於永恆中國的僵固描述，總有變換的一天。儒教之所以能廣為適應多變情況，在於其核心觀點細密精深，能

適用於普世。但也許最為重要的深層因素是，孔夫子提供了一種治國經世的現世途徑，到現在為止，這種態度與西方流傳至當今全球化時代的後啟蒙世俗主義，最為相合。

現在並沒有可靠的數據告訴我們，到底有多少企業的成功可歸功於儒家價值。大部分來自東亞各地的個別商人，可能會說嚴謹的工作態度、紀律、和儲蓄投資是幫助他們創業的主因；面對現代商業的複雜性，他們並認為，教育下一代進行生意往來時，一定要強調諸如信賴、誠懇之類的基礎價值。然而更重要的一點是（此點重要性有增無減），要具備競爭力，並且處事明快眼光準確。顯然現在能力最佳、最具競爭力的商場人士，並不以為對儒教有何虧欠。我們了解到，遵從部分儒家價值的商人，在採納新式技術，包括管理和創意方法時，並沒有遭遇阻礙。這有可能是商人發現在迎向高科技產業的競爭時，調適採納新態度並無不安，亦沒有違背儒家思想的憂慮。

這促使我做出結論，儒教對那些以某種形式堅持傳統的人而言，還是有其價值的；即那些中國人、韓國人、日本人、越南人，他們承認儒教仍引導日常生活。對於他們中的商人階級，儒教和其工作的關聯，尤其是在現代語言中放寬詮釋後，也許常是隱含的，而且是不證自明的。另一方面，對那些東亞之外的人民，他們並未浸淫在這悠久複雜的歷史中，因此我並不視儒教以後的傳承為一種思想體系，甚至連世俗宗教也稱不上。然而我的確希望上述的中心價值在曾經直接受益的人民中，能夠以重組之後的原則續存下來。只要東亞政治、商業各行各業的領導者，能視這些原則有助於其所屬的社群，並相信這些原則與全球化的挑戰可並行不悖，這些價值會找到新的力量和切入點。如果這些重組後的價值在協助世界其他地區面對

危機時，能證明其有效性，其他的社會和經濟體或許會看出儒家價值理性、豐富的一面。假以時日，這項契機能使孔子終其一生發揚的主張重獲普世肯定。

注1： 法蘭西斯・福山，《信任——社會德性與繁榮的創造》。

注2： 李約瑟，《中國之科學與文明》第一、二冊（Joseph Needham. *Science and Civilization in China*. Vols. 1 and 2. Cambridge, Cambridge University Press, 1954）。

注3： R.H. 陶尼，《宗教和資本主義的興起：歷史研究》 （R.H. Tawney. *Religion and the Rise of Capitalism*. London, John Murray, 1926）。

注4： 馬克思・韋伯，《中國的宗教：儒教與道教》（Max Weber. *The Religion of China: Confucianism and Taoism*. Translated and edited by Hans H. Gerth, with an introduction by C. K. Yang. New York, Macmillan, 1964.）。

4
佛教
利用道德挽救企業

皮帕·尤盧蒂崗
泰國泰名公司執行長

法·達瑪瓦洛
泰國僧伽大學教務長

 當前社會擁抱資本主義，把物質發展視爲人類的眞正進展。這個物質主義的社會，建築在幾乎無休無止的科技發展上。而科技發展常耗損自然資源、傷害環境並威脅到生態平衡。富有國家累積財富時，窮國的負債卻愈來愈多，其間差距不斷拉大。

我們這一代所面臨的挑戰是：「我們還要執著追求物質財富嗎？」諷刺的是，我們都相信社會的良善，是被所謂的「生活品質」所決定的，但是我們仍然用物質財富的多寡來衡量「生活品質」。我們眞的理解「生活品質」的意義嗎？

尋求當前問題的解答，很容易讓人絕望。然而，我們還有一線希望。我們的世界充滿衝突與紛擾——個人與社會之間、族群、國家、意識型態、宗教與宗教之間。以佛教的觀點來看這些問題，我們會說這所有問題都是普遍的，而且也是人爲

的。人所引起的問題，人能找到解決之道。現代佛教的獨特面向，在於它包含了以倫理－宗教價值爲中心的世界觀與生命哲學。佛陀的整個教誨都是切實可行的。它爲有所眞誠的追隨者開拓了培養平和與喜樂的道路。以此而言，從社會倫理的觀點來理解佛教的基本教義，將會有很大的收穫。

基本教義

佛陀證道後，致力傳布他所領悟的義理，藉著培養美德來提昇道德觀念：友愛與濟貧、智慧與慈悲、捨與修、非暴力與慈愛。他教導人們，爲他們指出在今生及來世中，通往純淨、平和、喜樂的道路。我們把他的教誨稱爲「**法**」（Dhamma）。

「法」被譯爲不同的詞語，如教義、眞理、律法、常規、義務與性質。它被視爲佛教的精髓，而且比佛陀還重要。佛陀本人認爲法（教義）與**律**（Vinaya）是信徒的指導原則。

佛陀四處行腳歷經45年，把自己悟得的法教給人們。他根據不同人們的處境、根柢與潛力，傳授不同的義理。他最重要的教義是四聖諦與八正道。

四聖諦

苦（Dukkha）遍存於生命的所有階段，佛陀就是從這個無可置疑的首要事實，開始宣說他的第一聖諦。換句話說，一切事物都是曇花一現，不具任何恆常本質，並且是苦的受者。他以下面的話來解釋「苦」（注1）：

「比丘啊，這是苦的聖諦。生是苦，老是苦，病是苦，死
是苦。被縛於怨懟的事物，無法被滿足的慾望，也是苦。總
而言之，從五蘊而來的執取都是苦。」

因此，苦包含了不完美、無常之苦、紛擾、不適、煩躁、
感知自身的不完整及精神折磨、生老病死、縛於怨憎的事物、
與所愛分離、無法滿足的慾望。再者，我們對組成身體的五個
元素的執取，也是苦因之一。簡言之，當人對與生命相連的不
同自然現象愚昧無知時，苦就因此而生。

在闡明第二聖諦（Samudaya，集諦）時，佛陀檢視並解釋
苦是如何自各種因緣生出的，包括了（注2）：

「……渴愛引生來世與後有，與歡娛貪欲相結，隨時隨地
都在尋求享受。此渴愛即感官享受的渴求、對『有』（常在）
的渴求、對『無有』（不在）的渴求。」

佛陀說明了苦的主要起因是**渴愛（Tanha）**；意即對歡娛的
渴望、對物質的渴望、對永生的渴望，以及對永滅的渴望。這
樣的渴愛，不僅涉及感官享受與財富權力，也關係到我們的想
法、觀點、概念及信仰。渴愛從無明而生，這就是說，昧於經
驗與生命的真實性，或者不能認知到事物的真實面貌。對自我
的妄念、對無我（Anatta）的蒙昧，使人緊抓著無常、易變、易
朽的事物不放。而無法滿足的慾望又造成了失望與煩惱。第二
聖諦所檢視與解釋的，正是生命問題的根源。

在闡明苦的根源之後，佛陀教導人們息滅苦的方式。苦的
息滅指的是，藉著得到真知，人完全並永久的斷絕**貪**

（Raga）、瞋（Dosha）、痴（Moha）所生染污的存在狀態。只有這樣人才終能達到**涅槃**（Nibbana）。

在生死輪迴的循環中，人的渴愛造成投胎轉世，接著不斷受苦。息滅苦的方式就是除去對存在的渴愛。佛陀解釋（注3）：

> 「涅槃是徹底斷絕貪愛：放棄它、摒斥它、遠離它、從它解脫出來。」

通往苦的止息之路，叫作「**中道**」（Magga）。它或許可稱為一種「整合治療」，是個涵義非常廣泛的詞。中道指的是藉由除去病因，以及身體與心靈的療法來治癒疾病。這個中道也叫作「八正道」。

八正道

正見：就是對於四聖諦的領悟。換句話說，就是真實無誤的了解自己。

正四維：正確的理解導致清晰的思考；也就是說不帶欲望、憤怒，或意圖傷害的思考。換句話說，這是除去貪瞋痴的思考（注4）。它是放棄感官享受、自私、憎恨與惡毒的念頭，也是避免傷害任何生命的想法。

正語：正語代表適時的、真實的、有用的言談。也就是不說謊、不造謠、不在背後中傷、不出言侮辱、不尖酸刻薄，摒棄所有可能傷人的惡語。用正面的話來說，就是謙沖自居，對他人心存溫柔的敦厚言談。

正業：即善良的、道德的、端正的行為——不殺生、不偷

竊、不淫亂。正業的全部意義，是只作那些不會造成自己與他人痛苦的行為。

正命：指的是人應該靠和平的、誠實的方式謀生，不從事使他人受苦的不當職業或交易。因此，販賣軍火武器、人口、肉類是不可以的。比如飼養將被屠宰的動物，或製造販賣酒精飲料及毒品（注5）。

正精進：過著道德生活的意向行為在於（1）努力拋下已生起的惡法，（2）不讓尚未生起的惡法生起，（3）讓尚未生起的善法滋長，（4）增進已生起的善法（注6）。簡言之，正精進是遠離與消除惡行、培養並維護善行的努力。

正念：在這個階段排除了不穩定而散亂的心，持續而專注的修行。正念的應用有四：把心念集中於身、（感）受、心、法（注7）。對這四種對象的正念，不但除去慾念，也除去了所謂的永恆快樂的與不朽靈魂的錯誤觀念（注8）。

正定：正精進與正念成就了正定，或一心禪定。專注的心念以其透澈事物的洞察力，有效的幫助我們看清事物的真實樣貌（注9）。這是讓我們脫離樂與不樂感受的階段（注10）。

因此，八正道使心念逐漸臻於完美，到達生命真實面的最高智慧與洞見。它也可被歸類為三個階段：戒（Sila，步驟三、四、五的倫理行為）、定（Samadhi，步驟六、七、八的精神發展）、慧（Panya，步驟一和二，對於事物真實性質的智慧或洞見）。

佛教倫理的特性

佛教可說是社會福祉、社會和諧、社會祥和的體現。換句

話說，佛教是一套生活的準則與方式。這代表佛教理論與佛教倫理之間，並無顯著的差別。我們所稱的佛法與戒律，主要是教育與訓練僧團成員的方法。這些教義與紀律是一套通用指南，它幫助個人與社會邁向幸福之路，並且使個人能夠達到最終目標──涅槃。就此意義而言，佛教的美德，紮根在自我負責、自我鍛鍊、自我決定與道德判斷的倫理上。

佛教倫理始於個人行為，再擴展至整個社會。道德的提昇與潔身自愛，有賴每一個人的努力。換句話說，每個人都對自己的行為負責──無論是好是壞、無論是過去、現在，或未來的面向。沒有其他的力量，無論是人是神，可以讓一個人好或壞。因此，唯有透過佛教倫理所說的「自我負責」，個人才能塑造自己的命運。

一般來說，佛教倫理強調的是心、語、意的純淨，不使自己的心念、行為、語言，傷害到任何生命。在個人與社會整體的改進上，遵奉這類德行是十分重要的。

整個佛教的倫理精神，就在這三個簡要的原則：諸惡莫作，眾善奉行，自淨其意（注 11）。這是佛陀的忠告。然而，每個人都可以自由思考，用理性去決定對錯。透過合理的思考、摒除惡行、依循道德規範、培養並清淨自己的心，人就能在此時此地，過著物質上與精神上更順遂的生活。

自主性

佛教倫理最大的一個特色，就是人的「意志」自主性的概念。就佛教倫理的準則來看，每個人都必須靠自力求取救贖。每個人在自己的道路上，都必須為道德提昇與精神頓悟奮鬥，

有所成就全靠自己努力。無論是人或神，都無法代替他做。

　　在說法時，佛陀指出有關人生痛苦快樂的三個錯誤觀念（注12）：

> 「比丘啊，有些人認為並且相信，個人感受的所有苦樂，或不苦不樂，都是他前輩子行事的結果。有些人認為並相信，這些全是造物主的傑作。還有些人以為，所有這一切既沒有道理，也沒有原因。」

　　上述的第一類人，相信他們的作為是前世所決定的，因此認為道德提昇是不可能的。第二類人則相信現世的苦樂是神的旨意，所以做錯了事，不能怪在他們身上。第三類人相信他們現在的處境沒有原因或理由，每件事都是偶然發生的。佛陀用因果法則，或是「行為」或業（karma）的教義來駁斥這些觀念。

　　根據佛教的業力說，我們的現世是前世累積的業造成的結果，而我們現在各有不同的的性格，也是由從前的業所決定的。這使佛教的業力說看來像是宿命論。但其實並不盡然，因為人可以藉著他的行為、他求解脫的意志，來塑造自己來世的命運。沒有人能干預一個人的命運，它隨著個人所作的決定，按照因果律分毫不差的反映出來。換句話說，輪迴轉世中，命運之鑰其實是掌握在我們手上的。提昇或沉淪、上天堂或下地獄、快樂或痛苦，都是我們自己行為的果報。佛教強調意志的自由，自主性是這個宗教的明顯特點（注13）。

　　業指的不是別的，而是「意向」（intention）。意向包括了心意、意志、選擇、決定，或驅策行為的能量。意向是發動與引

導人類一切行動的力量。在人類一切的創造及毀滅中，它是施為者或推動的力量。因而這是業的真正本質（注14）。佛陀如是說：

「比丘，我說意向就是業；心念一動，透過我們的身體、語言、心意就造出了業（注15）。……業的所有人，同時也是他們所造之業的繼承人；業是他們出生的子宮；業是他們的朋友、他們的歸依。他們所作的業，無論是善是惡，自己都是這些業的繼承人（注16）。」

任何事物或外在力量，都無法操作業的效應。業是因果律的中性運作，自會產生果報。善生善，惡生惡。苦與樂如非今生所造善惡業的結果，就是前輩子所造。佛教的倫理觀，如同因果循環的運作過程。

實用性

佛教倫理的另個特色是實用性。佛教認為，倫理理論與道德實踐不應有所分別。沒有實踐，理論就不完美。理論永遠要以實踐為前提（注17）。沒有實踐，理論就沒有意義。佛教倫理教導人們如何與他人相處，主要目標是幫助人們在社會中和樂共處。就終極意義來說，它是要掃除作為苦的根源的無知，獲得全然的自由或證悟。

根據佛教的看法，有許多不同種類的知識與真理。有些並非有用的，無關乎解決生命的問題。佛陀不教這類真理，也沒有興趣多作探索。他只專注於教導那些能夠帶來實際益處的真

理（注18）。在《長阿含經》中，佛陀拒絕回答形上學的問題，
如「宇宙是有限的，還是無限的？它有一個起始嗎？」他之所
以拒絕回答，是因爲「這類問題無益於解脫、無益於法。這類
問題無法解迷惑、除愛欲、成就更高知識、證悟，以及涅槃。」
（注19）佛陀教誨的唯一目的，就是息苦。佛陀相信除非透過實
踐，要達到心靈的純淨是不可能的。

普世性

佛法的另個特色是普世性。它是自然的眞理，沒有區別
的、平等的用於眾生。比方說，佛教戒律之一是戒殺生。它之
所以是普世的，是因爲它不受限於特定的人或團體，任何信
仰、種族、語言、種性、國家的人們，都能夠身體力行。卡馬
拉‧詹（Kamala Jain）觀察到：「每個宗教或社會體制，都把
此一戒律當作所有人的基本行爲信條。無論對於個人本身，或
是對於他所屬的社會都是如此。輕忽這些社會與靈性的基本原
則，就會被視爲危害自己或社會的人；成了罪人或罪犯。」

需要一提的是，佛教倫理與業的教義是相輔相成的。業即
作爲（從業的觀點來看，人的行爲是自作自受，他是自己未來
命運的唯一造作者），它強調個人潛在的完美性質，因而也強調
憑藉個人努力以臻完美。佛教不依賴任何世俗權威，拒絕採用
傳統的道德準則，它本身不帶宗教教條、階級分別或信念。

慈（Metta）的原則也顯示殺生的欲望或行爲涉及暴力，因
而是不當的。一切眾生都有幸福的權利，都不願活在憎恨，苦
難與悲哀之中，這是永恆的普世眞理。

接受的自由

　　佛陀宣說的教義與紀律是不帶強迫或威脅性質的。他只是指出善行與惡行的後果，讓每個人依據自己的體驗來檢驗、評量、分析、證明他的說法。因此，遵循佛法是個人的抉擇。從這個意義來說，佛教戒律與紀律不是神所下達的聖誡。

　　佛教倫理學「研究每個現象產生的結果，怎麼撥種，怎麼收割。」它就像物理作用一樣強大。來生雖沒有賞罰，因果律卻是存在的。佛陀說他只是指出獲致幸福，解脫與救贖的道路，但是選擇這條路與否，則取決於個人的決定。佛陀總是教導人憑藉自力來保持獨立自主，而不是把自己的尊嚴或自由意志交給別人。在《噶拉瑪經》中，佛陀對此作了以下開示（注23）：

> 「汝等勿信風說，勿信傳說，勿信臆說，
> 勿信與藏（經）之教（相合）之說，
> 勿信基於尋思者，
> 勿信基於理趣者，
> 勿信熟慮於因相者，
> 雖說是與審慮、忍許之見（相合）亦勿予信，
> （說者）雖堪能亦勿予信，
> 雖說（此）沙門是我等之師，亦勿予信之。」

　　佛陀的宗教是「來看看」的宗教，不是「來相信」的宗教。他曾問弟子舍利弗（Sariputa）說：「你相信我對你說過的那些事嗎？」舍利弗答道：「是的，我相信。」佛陀問他：

「你只是因為信我才這麼回答嗎？」舍利弗答：「不，我不是因為信仰世尊才這麼回答，而是因為我清楚的看到事情正是如此。」

在佛教看來，只有當人們謹慎的觀察分析後，確定其方法合理且有益於眾生時，才會勸告與鼓勵人們相信。佛教予人獨立判斷的空間；對佛法沒有先作了解之前，它是不會要求人們信奉的。

非暴力

非暴力可說是佛教的另一重要特色。佛教鼓勵謹言慎行、深思熟慮，以免傷害任何生命。佛教倫理是遵行無害行為。

內心的清淨

佛教倫理把清淨的內心生活看得更為重要。重點放在內心修行，而非外在行為。內心必須滌淨無知與貪欲。如果要獲得全然平靜與真正快樂，貪、嗔、痴必須被連根拔除。藉由去掉不健康的根性，控制心念來清淨內心，並在相互尊重與了解中，與他人愉快和諧的共處，這即是佛教社會倫理的基礎。

解脫煩惱

佛教的各種教義與戒律，表現出它的倫理是普遍指南，用來指出從一切染污、痛苦、與無知中解脫出來的道路。佛教實踐的主軸即是獲得內心的**解脫**（Vimuthi）。

佛教社會倫理的地位

　　宗教的精神所在，必須轉變為社會價值、理想與利益。佛教倫理關心的不是來生，而是此世與人的苦難。佛陀的主要教誨，即是要解決人類生命的問題，讓社會變得更好。實際上，佛陀想在當時各種社會、宗教、哲學的說法中，建立一個新的社會。他心繫的是改善人類生命的處境——包括物質的需求、精神的開展，以及內心的自由。

　　因此，認為佛教只關心個人救贖是錯誤的。有些人認為南傳佛教的修行生活，欠缺處理社會事務的教義，而且敦促個人離開社會，獨居寺院中，對有益於社會的事務毫無興趣（注26）。這種誤解，是不當的學習與理解佛陀教誨所導致的結果。

　　無論是在佛陀的生命中，或是在佛法中，都沒有逃避人類存在問題的想法。相反的，佛陀要人們從對自我無知的妄念中、從染污中解脫出來，清淨自心並過著正確的生活。開始時，佛陀指派了60位阿羅漢（聖者）進行傳教。他們的目的是提昇人們的操守，培養人們的靈性價值，使發展社會整體的福祉與幸福。佛陀如此開示（注27）：

> 「比丘啊，你們現在去吧，行腳是為了利益眾生、為了造福人群，這是出於對世界的、對善的、對利益、對神明與人類幸福的慈悲。」

　　當我們細心考量佛陀的整個教義，就會了解它絕對與我們的當今世界息息相關。佛陀教誨的精華，只是告訴我們此時此地該做什麼，不該做什麼。他關心的是人的苦難，以及如何除

去這些苦、如何獲致平安與幸福。他把人類放在說法的核心。正確的生活理念，即是佛教社會倫理的所在與意義。

社會倫理的基本信條是關於人類整體的。社會倫理的理念，出於創造和平與幸福社會的意圖。這也是爲什麼對於在家信徒，佛陀首先立下了五戒（Panca Sila）：一戒殺生，二戒偷盜（不與而取之），三戒邪淫，四戒妄語，五戒飲酒（注28）。

健全的社會：良好的社會成員

社會的每個成員，都有責任建立、維繫、發展社會的福祉。就佛教的理想來看，一個健全發展的社會，是平安的、和諧的、幸福的社會。這類德行必須從培養個人的行爲開始著手。佛教徒相信社會由個人集結而成，這些人性格的好壞，決定了社會的性格。佛教傾向於以善良的群眾融入社會，帶動健全社會的演進（注29）。

佛教是人所創立，爲了人類的發展而成立的。在當今世界中，如果社會要生存壯大，我們必須以佛陀所宣揚的良好品質，努力的強化社會結構。只有同時培養我們內在與外在的品質，才有可能眞正實現。這就是說，道德與靈性的發展是必要的。

個人必須用良好的思想、言語及行動加以陶冶。人們需要有人指導，如何在與人的交往中維持自己的生計。佛陀於是透過倫理實踐，來指引人類社會的發展。佛教內外兼修的發展可分爲四種：

身體的發展（Kaya Bhavana）：包括身體與物質世界的發展。這類發展使人們能獲取生命的基本需求——食物、衣服、居所、醫療，以及健康的自然環境。

社會的發展（Sila Bhavana）：包括與他人、團體、社會發展良好的關係。要做到這點，至少須要遵守五戒，以及佛陀的社會正義原則。

精神的發展（Citta Bhavana）：此為內心品質的培養，諸如愛、慈悲、同情、喜樂、平等、覺察、專注、堅強，以及完美的精神健康。禪定的修習，使人得以發展這些精神品質，並且有助於滌淨心中一切染污，以及療癒情緒與精神上的疾病。

智慧的發展（Panna Bhavana）：透過知識與智慧來培養知性。這包括了知覺、學習、獨立思考判斷，及洞察事物真實樣貌的能力。知性發展可藉由觀想禪定來達成（注30）。

要獲致外在的祥和，也就是說，與他人及自然環境和平共存，身體的與社會的發展是必要的。要實現內在的平安，精神的和知性的發展是必要的。這四種發展必須一起進行才能得到平衡。厚此薄彼可能使人陷入兩種極端之一。執著於身體與社會發展，卻忽視精神與知性發展的人，可能落入感官縱慾（Kamasukhallikanuyoga）的極端；一個執著於精神與知性發展，但卻忽視身體與社會發展的人，很可能掉入自殘（Attakilamathanuyoga）的極端。中道就是均衡發展這四個生命面向。

在人的貪婪、慾念、憎恨、不道德與妄想中，我們的社會似乎是瀕臨崩解了。不同團體、陣營、國家、種族、階級、意識型態，甚至宗教信仰的人們，相互衝突殺戮。為了毀滅對方，在新型致命武器的生產上，耗費極大的資源與能量。

每個人似乎只看見即時可得的財富與權力，不顧他們的行為對自己、對別人、對自然環境造成廣泛影響的業力效應。這是我們逐漸瓦解的根本原因，不斷的引發恐懼、懷疑、誤解、

衝突，使我們的生命籠罩於不安全感中。

我們需要重新喚起自覺。如果社會中的個人，能關切他的行動所造成的長期影響，並依據合理的社會倫理原則來修正行為，現況將會有極大的改變。

如果人們了解自己現在的作為是在造惡業，未來將會因此受苦，那麼就沒人敢做傷害他人的事了。如果這種認知被廣為接受，我們可以確定的說，社會道德就會重整，一個新社會可以在健康的環境中誕生。

對於人的本質，以及人在社會中地位的正確理解，帶來了良好行為，這是社會倫理的核心。許多偉大的思想家、哲學家、宗教領袖建立了社會倫理的規範，而佛陀正是這些最傑出的人士之一。他所倡導的行為規範和更早時期的規範，有根本上的差異。在佛陀所理解的世界中，沒有神明，也沒有無形或超自然的力量能影響個人的業或命運。

佛教倫理著重於個人的行為。如果個人是良善的，社會自然也是良善的。培養個人與改善社會，即是佛教的目標。佛陀所說的每一個法，都是普世可用的。

因為佛陀所說的業是自然律，不是神的律令或超自然法則，佛教的做法與信念就不帶強迫性的想法。佛教相信，人按照自己的偏好，自由選擇他的信念與做法。然而，佛教也提示，日子要過的平安喜樂，人應該只選擇那些能造福自己與他人的作為。傷害或毀滅自己與他人的事，則應該避免。

個人行為的純淨與靈性價值的發展，是衡量個人地位與品質的標準。佛陀從不以出生背景、社會等級、信條或是職業來區分人們。這些區隔導致社會不正義與不平等。人生而平等——高或低、高貴或卑賤、好或壞，都要以每個人的道德行為

與精神純潔而論。

為了使這個理念更為具體，佛陀建立了一個新的僧團，竭誠歡迎各方人士加入，無論他們來自何方、性別為何。這些人保存了佛陀的訊息，一代一代的傳給後世的追隨者依循。2500年來，佛教僧團（Sangha）保存了佛法。僧院在傳授佛法中扮演極為重要的角色，它使佛法成為生活的真理。

就歷史而言，很重要的一點是，佛教團體的所有領域中，男性與女性都是平等的。佛陀成立了一個平等的比丘尼團體，一直傳承至今。根據佛教史的說法，許多比丘尼達成了佛教的理想：證成阿羅漢或得到涅槃。

對社會福祉與幸福來說，特別是一般人的生活而言，佛陀指出均衡發展生活道德與物質層面的必要。然而，他比較重視道德發展，因為只有道德的人民，才能建立並維繫真正的和平幸福。

商業環境中的佛教倫理

商業（business）或「忙碌」（busy-ness），似乎和追求心靈平靜的佛教格格不入。商業的主要特性就是創造財富，這種追求常是無止境的。資本主義影響當前的商業環境至深，使人們只想到自己，以及如何獲得最大利益，卻不關心他們的社會責任。

但是，追求「最大利益」往往要犧牲別人。不負責任的企業在環境、社會、文化上所造成的損害，通常都是政府扛起修復的責任。這麼做，增加了國家公民的賦稅。今天的企業需要防範這類損害的架構。

這類架構要如何進行呢？泰國的「充足商業」（sufficiency business，注31）計畫，就是一個實例。這是從泰王普密蓬・阿杜德（Bhumibol Adulyadej）的充足經濟哲學發展出來的。在這個環境的組織中，商業和人力資源、物質資源、社會資源，與環境資源取得平衡。要達成以上目標，有九個商業經營的指導方針（注32）：

1. 使用適當的科技（最高的科技、最少的花費）。
2. 珍惜每一份資源，將資源用於刀口上。
3. 除非必要，不以科技取代人力（造成產品損失時例外）。
4. 取得可管理與控制的產能。
5. 不短視近利，不貪圖短線利益。
6. 誠實經營；不占顧客、供應商與雇員的便宜。
7. 以多樣化的產品，及／或生產的彈性來分散風險。
8. 運用店家或地方社會的資本以降低風險；避免製造無法管理的債務。
9. 以供應地方市場的產品與服務為先，其次為區域市場，然後才是世界市場。

「充足經濟」

「充足經濟」是過去30年來，國王陛下在許多場合中所演說的哲學。這種哲學為合乎生活各層面的合宜舉止，提供了指引。經過1997年的經濟危機後，國王陛下在該年12月，以及次年重述並擴展了「充足經濟」哲學。它指出經濟的復甦，將會導向一種更具適應力、更具支撐力的經濟，更能接受來自全球化與其他改變的

挑戰。

　　「充足經濟」是中間路線的哲學，它是各階層人民所遵奉的最高行為原則。它不但適用於各階層的個人、家庭、社區，也是國家均衡發展策略上的選擇，以便將現代化與全球化的力量聯合在一起，並且抵禦難免產生的衝擊與失調。「充足」代表有所節制，在所有措施中作適切的考量，且充分防護來自內部與外部的衝擊。要達到這個目標，明智審慎的應用知識極為重要。運用未受測試的理論與方法來籌畫執行，更需格外謹慎。此時，攸關緊要的是強化國家的道德素質，每個人，尤其是公務員、理論家與商人，才會把誠實與正直當成首要的依循原則。此外，要得宜應付全球化在社會經濟、環境、文化上帶來的廣泛迅速的改變，均衡的結合耐心、毅力、勤奮、智慧與謹慎，也是必要的（注33）。

　　在本計畫中，按照企業參與的意願與準備狀態，作出以下分類：

　　等級一：財物捐獻──對任何願意響應這個理念的組織來說，這是基本的等級。企業將其收益的一部分捐給慈善事業，或是其他協助社區的社會組織。

　　等級二：資源（工時）捐獻──這是中間等級。此一等級中，機構員工聯合其他企業，將部分工時投入社區服務。他們也指導等級一的企業，幫助這些組織進入次一個等級。

　　等級三：心意捐獻──這是最高等級。企業主、幹部與職員依據九個指導方針進行思考、計畫與制定策略，使企業自動

按照充足企業的理念來營運。

充足企業所遵循的是自立（Attattha）、自足（Santosa）、節制（Mattannuta），以及中道（Majjhima patipada）的佛教原則，它們也是佛教經濟的原則。佛陀鼓勵人們兼顧道德與物質生活。同樣的，企業也應均衡投資於內部與外部價值。這類機構的員工在照顧自己生計時，藉著參與服務社會的活動，也發展了道德價值。

結語

我們應該知道，佛陀當時所處的世界是毫無秩序的。沒有約束的力量，將所有不同族群凝聚於一個信仰之下，好使他們為生命中好的目標努力。缺少這類約束力，人就如同禽獸一般，彼此相互折磨傷害。有錢有勢的人以財力或權力得到自己要的，貧窮與受壓迫的人們則無法過著像人的日子。佛陀憐憫人的悲苦而提出社會倫理原則，他確信，健全社會是從道德秩序演進而來的。佛教社會倫理原則的精髓，就是幫助人們意識到自己對生命、對存在本質的無知。這些原則也使他們能決定自己的未來與命運，並且幫助他們了解這是自然律，客觀上可以證實的真理。違反了這類倫理原則，就會產生嚴重的個人、社會或全球問題——這些都是人類自作自受。但是，這些問題也能在人的身上得到解決。鑑於教化人類是唯一的解決之道，佛陀於是提出三種修行法門——戒、定、慧。這系統性的三叉修行法門，目的在於實現個人與社會的幸福、精神的超拔，以及心靈的自由。個人在道德與心靈上有所成就，社會也隨之進步。所以佛教的重點並非改造與改進社會，而是透過個人的改

善，自然使社會有所改變與進步。

這是條通往祥和幸福社會的路，社會的每一分子在互信互諒中共存，努力從貪婪、私慾、憤怒與憎恨的染污中解脫出來。處於這個社會的人們，心中培養著對一切眾生的慈（Metta）、悲（Karuna）、喜（Mudita）、捨（Upekkha）。

依循這三種修行法門，人會過著快樂的生活，沒有私慾與憎恨。在慈、悲、喜、捨的基礎上，每個人心中充滿了對自己與他人福祉的責任感。

根據上述的佛教倫理觀，我們可說人必須是正直有德的。要成為有德之人，必須具備自制、自信、自律、自省，與自救的能力。社會是由個人所組成的，而品行端正的人所組成的社會，將會是互信互諒、祥和幸福的現代社會。

注1： 《東方聖典》，卷十一，頁148。

注2： 參見同書。

注3： 參見同書，頁149。

注4： 水野弘元，《佛教的原點》。

注5： 那蘭陀長老，《覺悟之路》（Narada Maha Thera, *The Buddha and His Teachings*，新加坡佛教坐禪中心出版）。

注6： 參見同書。

注7： 沙雅多，《八正道》，頁56~58（Ledi Sayadow, *The Noble Eightfold Path*, Kandy, Buddhist Publication Society, 1985, PP.56-58.）。

注8： 那蘭陀長老，同書，頁184。

注 9 ： 參見同書。

注 10 ： 賽恩與札許，《印度宗教導論》，頁 133 ，（Harbans Singh and Lamani Joshi, *An Introduction to Indian Religion*, Delhi, Kailash Colony Market, 1973, P.133.）。

注 11 ： 《法句經》，第 183 偈。

注 12 ： 《增一阿含經》，卷一，頁 173 。

注 13 ： 達基巴納，《佛教倫理學》，頁 92 （S. Tachibana, *The Ethics of Buddhism*, New Delhi: Cosmo Publications, 1986.）。

注 14 ： 帕虞托，《善惡與超越：佛陀所說的業》，頁 6 （Bhikkhu P.A. Payutto, *Good-Evil and Beyond: Kamma in the Buddha's Teaching*, Bangkok: Buddhadhamma Foundation, 1993.）。

注 15 ： 《增一阿含經》，卷三，頁 415 。

注 16 ： 三界智尊者，《巴利佛學專有名詞》。

注 17 ： 雅扎納，《南傳佛教倫理學》，頁 57 （Vyanjana, *Theravada Buddhist Ethics*, Calcutt: Punthi Pustak, 1992.）。

注 18 ： 帕虞托，《朝向永續的科學：科學發展趨勢的佛教觀》，頁 65 （Bhikkhu P.A. Payutto, *Towards Sustainable Science: A Buddhist Look at Trends in Scientific Development*, Bangkok: Buddhadhamma Foundation, 1993.）。

注 19 ： 瓦許（譯），《如是我聞》，頁 164 （Maurice Walshe(tr.), *Thus Have I Heard*, London: Wisdom Publication, 1987.）。

注 20 ： 詹，《印度思想的五戒概念》，頁 240 （Kamala Jain, *The Concept of Pancasila in Indian Thought*, Varanasi: Parshvanath Vidhyashram Research Instition, 1983.）。

注 21 ： 米舍拉，《佛教倫理的發展》，頁 54 （G.S.P. Mishra, *Development of Buddhist Ethics*, New Delhi: Munishiram

Manoharlal Publishers Pvt. Ltd.）。

注 22 ： 納拉蘇，《佛教精髓》，頁 62（P. Lakshmi Narasu, *The Essence of Buddhism*, New Delhi: Asian Educational Services, 1993）。

注 23 ： 《增一阿含經》，卷一，頁 173。

注 24 ： 米舍拉，同書，頁 73。

注 25 ： 《南傳大藏經》，卷五，頁 220。

注 26 ： 英德，《佛教社會哲學》，頁 11（Siddhi B. Indr, *The Social Philosophy of Buddhism*, Bangkok: Mahamakut Buddhist University Press, 1973, P.11）。

注 27 ： 《東方聖典》，卷十三，頁 112。

注 28 ： 《增一阿含經》，卷三，頁 151。

注 29 ： 金恩，《涅槃的希望》（Winston L. King, *In the Hope of Nibbana*, USA: The Open Court Publishing Company, 1964）。

注 30 ： 《增一阿含經》，卷三，頁 106。

注 31 ： 參見網站，http://www.thaipat.com。

注 32 ： 《佛教經濟》作者龐塔森教授（Dr. Apichai Puntasen）編製。

注 33 ： 參見網站，http//www.chaipat.or.th/joural/dec00/eng/e_economy.html

5
印度教
重建印度的社會價值與企業

瓦斯雷卡爾
國際和平倡議中心創辦人
孟買策略前瞻小組主席

為何要在這個階段質疑印度價值結構的運作？政策更替並無不妥，這是因時制宜。結構的轉型也無大礙；就算造成些許紛亂，但總是無可避免。價值準則是深植人心的信仰。質疑價值及其實踐，也就表示有些事物必須從頭開始改變了。

乍看之下，印度表現還不錯。國民生產毛額成長率自1990年代以來已上升至6%（撇開少數不如預期的年份）。貧窮人口減少至26%。糧倉滿滿都是5800萬噸的過剩穀物。我們的民主政治讓來自下層種姓階級的女子，得以主管全國最大省府。我們在某些方面似乎已準備好要引領世界。要是聯合國安理會進行改組，印度對爭取常任理事國也當是胸有成竹。「財富雜誌500大企業」裡，有185家企業的軟體需求是由我們供應。我國作家和美麗女子拿下國際性的獎項。我們也是世界屈指可數擁有多樣化媒體的國家，寶萊塢影城（Bollywood）和好萊塢一樣名聲響亮，《印度時報》（*The Times of India*）的發行量為全球

之冠。部分企業已在全球市場成功站穩腳步，且有更多企業緊跟在後。雖然存在逆境難題，但政府和及業界的管理革新會迎刃而解。若是仍需非常手段，我們還可以檢討當前政策。

菁英人士看待印度的價值危機，總覺不值一哂。前總理甘地夫人（Indira Gandhi）嘗言，貪瀆是全球現象。當今民族主義者以美國到俄羅斯企業的商業為例，來證明甘地夫人所言非虛。美國小布希總統投入伊拉克戰爭而浪擲 1000 億美元的納稅人基金，許多人視為公然的騙行；在南韓則是總統批准現代集團（Hyundai）祕密匯款至北韓進行投資；莫三比克的卡洛斯·卡爾多索（Carlos Cardoso）因為調查銀行弊案而送命；在烏克蘭，喬治·鞏加薩（Georgy Gongadze）揭發政府罪行慘遭斷頭焚屍。在哥倫比亞，毒品網絡指揮一切。全球都出現價值危機，而全球機構制度自會處理。何必擔心印度？

更進一步觀察，其實重點並非印度在全球化的過程中表現有多糟糕；重點也不在於，多數國際指標排名中，印度排名倒數的占了三分之一（包括人類發展指標〔human development index〕，平均每人收入排名〔per-capita income ranking〕，競爭力成長指標〔growth competitiveness scale〕，和貪瀆認知指標〔corruption perception index〕）。重點亦不在於，印度僅僅吸引了 20 億到 30 億美元的外匯，遠低於鄰近中國的 500 億到 600 億。重點不在於我們的企業尚未創造任何國際性品牌。也不在於我們的運動員沒有贏得奧運金牌。癥結不在於我們在全球競爭經濟中，無法占據一席之地。

癥結在於，印度作為一個國家卻從未發揮國力。它有潛力，但從來沒有真正展現。1750 年，印度在全球製造生產占了24.5% 的產量。現在只占了 1%。明顯下跌許多。在 1947 年印度

獨立前，本土印度人得到諾貝爾文學和物理獎的殊榮。現今，定居國外的印度人，或是放棄印度籍的人，才有這般能耐。有能力移民的印度人藉著拿綠卡放棄了印度。在查謨、喀什米爾、東北部等其他人民則發起分裂運動來抗拒印度。

癥結就在於，印度真想要專注於發揮潛力嗎？蕭伯納如此寫過：「你看到事情發生了，會問『為什麼？』但我想像中的事情從未發生過，我會問『為什麼不呢？』」提出這個問題「為什麼不呢？」，可以鞏固印度未來的信心。反省單一政策無濟於事。結構的改變也不適宜。我們要的是更深入的探討。

永續成長

探索印度價值體系，基本上要具備蕭伯納「為什麼不呢？」的精神。事實上，這至為重要。因為驚鴻一瞥並不可靠。表象未必實際存在，而實際存在的往往看不到。現實交錯層疊，掩蓋了真相。意欲維持現狀的人，匆匆一瞥而錯失了完整景象。但是他們應體認這關係到切身利益，如此他們才能永續成長。

印度的著名古籍《五卷書》（*Panchtantra*）中，記載兩名村民祥吉（Shakti）和波瓦（Bhola）的故事。祥吉是精明的生意人，波瓦是個傻子。祥吉找波瓦到城裡發財。他在回程卻說服波瓦將賺來的財物藏在林子裡的罅隙中。趁波瓦睡著時，祥吉拿走所有財產，從此有錢了，波瓦則過著簡單的日子。

過了幾年，波瓦開始考慮要來改改運氣，腦子裡突然冒出當年藏在森林的寶藏。他找祥吉一起到樹林走一趟。他們一同挖開那個洞，卻發現裡頭空無一物。聰明的祥吉指控波瓦偷走財寶。他們決定請村長主持公道。村長同祥吉、波瓦，還有一

大群證人回到坑口。既然現場沒有罪證，他們依照村中的傳統，請森林之神指出誰罪犯。附近的樹中傳出聲音指認波瓦有罪。祥吉因此獲釋。

沮喪失望的波瓦決意自盡。他找了些枯葉把那棵樹圍起來。祥吉則笑看波瓦生火焚樹，準備投火自盡。突然間樹中傳來慘叫。原來祥吉的父親一直躲在樹幹洞中偽裝成森林之神，現在就要被火吞噬了。村民這才看穿祥吉一家的詭計。他們立刻將祥吉逐出村莊，並沒收他所有財產。

在《五卷書》的年代，祥吉還坐享了幾年富貴。那時大眾無知而社會結構嚴謹，因此有錢有勢者握有社會資源。今日的資訊革命讓窮人和弱者覺醒。控制市場和自由市場的辯論不復存在。而壟斷市場對公平市場的辯論方興未艾。占有市場的人還能掌控國家及司法制度並沾沾自喜，但得意不了多久。資訊革命前，市場管制已歷時半個世紀。占據掌控市場的時間定會更為短暫。國際上，恐怖分子和反全球化人士不惜做出重大犧牲。印度境內節節升高的暴力衝突正發出警訊。

利用新經濟政策來解除對市場的控管是可行的。但是要防止市場、國家、司法及其他制度遭受控制，就必須破除當前盛行的心理框架。

我們為策略前瞻小組的新近報告《重新思考印度未來（一）》（*Rethinking India's Future (1)*）進行研究時發現，原本以為是單一的印度經濟體，其實遷分為三。**商業階級經濟**的成員構成消費品、汽車、手機、信用卡市場，為數不過 500 萬戶，是印度 10 億人口的 2%。**腳踏車經濟**則由另外 15% 的人口組成，這些人位於市場外緣，購買力僅限於電視、電話、和基本家庭必須品。剩下 83% 的印度人屬於**牛車經濟**，被摒棄於市場之外。

　　爲數 2% 的菁英人口受到 98% 的邊緣人口環繞，不可能永遠太平度日。這不是不公的問題。所有西方國家幾乎都有 2%、5% 或 10% 的有錢人；不過他們形成的是邊緣，而中心地帶則由大量中產階級構成。控制市場的人是不應該操控國家、司法制度、媒體、和其他社會機構的。菁英分子占了 2% 很正常；但他們若是置身國家的核心而非外緣，不可能長治久安。

　　印度的公共論述中還未出現永續成長的議題。放眼世界，永續發展仍舊只侷限在生態辭彙。 1969 年代以前，人口成長從來不是問題。過去 40 年中，西方國家已經了解到人口成長的限制。也已著手平衡人類和自然環境關係。雖然已有世界貿易中心、西雅圖、佛羅倫斯、和布拉格的先例，但西方國家尚未明白人與人之間保持均衡的必要。印度雖然有阿薩密（Assam）、古吉拉特（Gujarat）、和喀什米爾（Kashmir）的前例，也還是沒能理解其中重點。

　　毫無疑問的，人性品質脈絡已被貪婪的力量摧毀。恐怖團體以及爲虎作倀的國家代表這股力量。然而還有另一面向──委屈難平。對籌畫委員會和企業總部的經濟學家來說，經濟就是商業；對印度貧苦大眾而言，經濟卻是生活。窮人眼中的貧窮，不是以統計數字來衡量代表，數字或許會透露改善跡象；然而貧窮，是經由他們是否有能力應付社會定義的消費支出來衡量。窮人深感窮困不只是因爲他們每天吸收熱量不到 2500 卡。他們眼見總理女兒舉辦奢華婚禮也會自傷貧苦；因爲這並非出於她的個人成就，而是來自她父親掌控了公共財政。貧窮也因此被看作是失去權力的後果。出身世家顯貴比較容易致富。生來無權無勢不管多能幹，還是不容易發達。投資改革引進，因此可樂和香水可以輕易滿足社會權貴特殊階級所需。土

地改革半途而廢，這樣有能力者才不致取代有背景的人。

我有位朋友是個優秀的跑者，是知名紐約馬拉松競賽的常客。她深信，一旦跑過中點，途中有其他跑者同行極為重要。這樣才有可能跑到終點。如果你把眾人拋在後頭，孤身在前是很寂寞的。你以為贏定了，其實無法跑完全程。奧運競賽又是另一回事。你不是一人獨跑；群眾會在旁加油。在人生馬拉松裡若能帶領他人，才能繼續下去；而不是將他人拋在後頭。

《重新思考印度未來》的內容包括我們調查的印度暴力衝突。外國資助的恐怖主義和勒索貪婪使暴力擴散，尤其是邊境地區的衝突。但是所有鬥爭的根本原因，在於對農民的剝削、對農業的忽視，造成失業和農村經濟匱乏。世家、地主、少數都會菁英壟斷造成政治空間封閉，使情況更為惡化。經濟和政治空間封閉帶來挫敗沮喪，逼使年輕人以暴力宣洩能量。怒火一旦蔓延，菁英不可能置身事外。

印度境內的衝突仍只限於部分區域。鄰近阿富汗、巴基斯坦、和尼泊爾的經驗足堪借鏡。農業壟斷控制、藉由國家部門擴張而創造的少數城市特權分子、而政治機構遭到少數掌控，都激發了暴力反抗的訴求。在阿富汗，當前軍閥和過去的塔利班政權吸引了失落青年，蓋達組織未來也會如法炮製。在巴基斯坦，神職人員利用潛在挫折感組織大批宗教極端分子。在尼泊爾，毛澤東信徒製造意識型態的極端分子。名稱不同，形式各異，但卻隱藏同樣動亂。印度不假遠求就可了解，維護核心卻忽略邊緣分子可能招致何等後果。

印度價值與全球價值

　　印度思想的基礎可回溯至4000年前，永續成長又是其中最重要的理念。所有古老經典的主題都是「**德**」（dharma）。這個詞源自梵文字母「dhr」，意為「支撐」。「德」體現了支撐實體的原則，不論是指個人、社會、或是國家。這些都是正確行為。但何謂正確的行為？《奧義書》（*Isha Upanishad*）的第一段詩節提供了解答。

> 宇宙萬物中，神無所不在，其行超然物外；
> 享受己身擁有，但不要貪圖非己所有。

　　因此，「德」就是正法，也就是透過這樣的實踐來盡義務，讓你得以享受屬於你的，但不要冀求不屬於你的事物。《奧義書》只允許不違背至高道德秩序、正義行為的收穫。因此，貪污和剝削是與德相衝突的。控制市場和排除弱者參與政治亦違反德。僅憑藉力量成功的叢林法則，是印度「德」的對立面。

　　倡言德的經典──《吠陀經》、《奧義書》、《羅摩衍那》、《摩訶波羅多》（包括《薄伽梵歌》）、《摩奴法典》──是為人熟知的印度教教義。其實它們4000年前成形時，印度教還不存在。的確，當時並沒有所謂宗教。再者，繼之而起的信仰，佛教、耆那教、祆教、回教、基督教、和錫克教，都贊同構成「德」觀念的倫理準則。只是這些宗教以不同方式來詮釋。

　　佛教提出八正道，為正知見、正思惟、正語、正業、正命、正精進、正念、正定。耆那教是立於正直信仰、正確知

識、正確行為三位一體的原則。祆教則稱之為「真神的律法」，包涵了善念、善言、及善行的準則。錫克教強調一個人要「卡爾沙」（khalsa），也就是要體現倫理、同情心、和高貴人格。

不光是印度宗教支持印度教倡言的業法和倫理戒律。其他宗教不論是否源自印度，都同意人類行為需要倫理規範。例如，神聖古蘭經中的第四章（122-24節）所述：

「信道而且行善者，我將使他們入於下臨諸河的樂園，而永居其中！」

孔子的訓示也呼應了相同精神：

「道也者，不可須臾離也；可離，非道也。是故君子戒慎乎其所不睹，恐懼乎其所不聞。莫見乎隱，莫顯乎微。故君子慎其獨也。

喜怒哀樂之未發，謂之中。發而皆中節，謂之和。中也者，天下之大本也。和也者，天下之達道也。」

除了倫理行為的概念，印度教、佛教、耆那教、錫克教、回教、基督教的教義對正義的重要性看法一致。它們提倡容忍、情誼、憐憫，並反對壓迫和奴役。

從古代宗教典籍中擷取的智慧與當今國際思維不謀而合。在 1990 年代，世界銀行（World Bank）、聯合國發展計畫（United Nations Development Programme，UNDP）、美洲發展銀行（Inter-American Development Bank）、和經濟合作暨發展組織

（OECD），掀起一波針對良善治理及公平社會的論辯。它們的理想和業法、倫理、正義的觀念多所吻合。這些多邊的組織建議透過負責透明、公平法制，使倫理品德在現代世界成爲眞實。近年來企業也趕搭這波潮流。索羅斯（George Soros）首開先例，於 1997 年 2 月《大西洋月刊》（*The Atlantic Monthly*）爲文譴責全球資本主義中的社會達爾文思想。現在商業倫理已不再是私人行爲，而是受制於行爲準則、訓練計畫、新式報告模式和媒體報導。

印度智慧和全球規範的融合日漸明顯，正是因爲這些價值準則的普世性。這是眞正的全球化。別管貿易，放下投資，更別提網際網路了。貿易、投資、和網路只將 2% 的印度人整合至國際經濟中。但價值觀的全球化則將印度大眾與全世界連結。如果印度想在全球市場中成功，具備全球性的價值準則和掌握貿易手段、投資、及通訊同樣重要，而價值準則也正體現於原有的印度教義中。

價值危機

只要是印度核心價值的善行和正義盛行於本土時，印度就能在世界成就不凡。公元前 500 年到公元 700 年間這段首次獲得詳盡記載的時代，證據顯示出這是個倫理正義的社會。在這期間，政權並非依循王朝世襲的原則。未來王位繼承者都必須具備某些美德，不可沾染某些惡習。正義是至高無上的，甚至超越統治者。既然統治資格端視德行操守，行使權力也因此大致公正、道德、公平。這個時期的印度經歷了復興盛世，造就偉大的科學發現和文學巨著。印度此時經濟繁榮，在所有人類成

就的領域中幾乎都位居世界領先地位。

第 7 世紀後，統治者日漸偏離道德信條，印度遭到外國入侵並日漸淪陷。其後的 1000 年到 1200 年中，由於印度沉浸在擺脫控制和爭取自由的議題，倫理反退居其後。 1947 年獨立後，印度社會原本可以重新尋根。然而，缺乏堅實價值基礎的印度卻極力追求經濟成長。因此，自公元 1001 年加茲尼的穆罕默德（Mohammad of Gazni）入侵後開始的墮落退步，依舊持續。

那麼，什麼是今日社會的特性呢？本地主要報紙《印度快報》在 2003 年 2 月刊登的一篇廣告宣稱：

> 「我們的生活是個騙局。貪污是我們的憲法。我們依法行事。每個行為都有算計。每次呼吸都是賄賂。千真萬確，真理只是某間陰暗辦公室裡蒙塵的檔案。每件事物都有價碼。我們理直氣壯地拋售良心。腐敗就像盲腸一般，它的確存在，但你就是沒感覺。」

腐敗本質上無所不在。不公不義隨處可見。重點不只是揭發這些騙行，因為還有更多騙局逃過檢視；不只是 2002 年底國際透明組織抽樣調查而揭露的 55 億美元弊案，這項調查並未觸及到其他更多部門。也不僅只是高等法院擱置的 2600 萬宗案件；而是地方法院堆積的案件更多。也不只是企業事務部（Ministry of Company Affairs）指出，遭到起訴的企業超過 1 萬家；而是有幾件案子可能永遠無法進入正式司法程序。也不只是印度超過 60 萬家的公司中有 25 萬家被提報拖欠債務；還因為那些尚未拖欠債務的，根本無法聲稱自己履行了其他的法律責任。不只是 2000 億美元的地下經濟占了國民生產毛額的 40%-

60%；更因為國家未來仰賴的是，不屬於國民生產毛額內的惡質社會結構。

這裡有兩點議題：利潤和接納度。違背倫理正義，至少在短期之內證明是有利可圖的。辛勤工作的農民一個月賺不到1000盧比（約合20美元）。在孟買或新德里偽造摻雜劣質食品的不肖分子，每個月至少賺百倍以上。如果農民不願意透過政府的獨營事業來販售其產品的話，他會得到懲罰。如果製造劣質食品者遭到逮捕，更高層的機關會釋放他。理論上，價值是哲學層次的問題。實際上，價值是經濟效益的問題。一個國家的特性是由其利益導向的價值所判定。人的天性是追逐利益的，他們偏好能使其賺錢得利的價值觀。印度已經負著倫理赤字，因為在今日的印度跟隨倫理和正義是無利可圖的。

背離倫理摧毀了公平競爭；誠實的人因此受制，他們的競爭對手大可以低劣手段取得勝利。甚至，以詐騙手段累積大量財富者樂於誇示財富。當他們的派對愈辦愈盛大，身上的名牌服飾愈益奢華，豪宅愈蓋愈大，口袋中的手機愈益精巧，隔壁貧民窟的少年感到焦慮。既然他無法繼承事業，他開始靠勒索敲詐賺錢。他發現他可以成名，還得到許多跟隨者。在這個文化中，男孩都夢想成為大人物，女孩則夢想成為選美皇后。

自不公平、不公義的系統中獲利最大的即為民主競爭。選舉很花錢，正好提供了募款藉口，而所募得的金錢遠超過競選所需的款項。當然啦，非法的收益就要以非法的恩惠相還。更別說是造成變相政策和結構失常了。到了1970年代，選舉法改變了，禁止企業對政黨的政治獻金，但卻替個別政客的非正式賄賂鋪路──有時是現金，有時是海外戶頭，有時是假名下的財產。有人稱之為捐款。有人稱之為快速金錢。還有人叫它保

護資金。甚至有人稱它教育基金。

除了貪污收賄之外，從政者還從政府對三分之二生產性資本、組織性雇用的控制中得利。當私人產業只占國民生產毛額的 10% 和就業機會的 2% 時，它對國家價值體系的影響有限。其結果是，它只是盲從社會的主流價值，不論有多扭曲。媒體報導尤其如此──而事實上，它是商業中能夠在影響價值系統上擔任催化作用的部分。可惜我們似乎只有相信報紙就是商品，而讀者只是消費者，只想讀到八卦、醜聞、和運動報導。

更嚴重的問題是對違背倫理的接納。當安達信的高階主管唆使詐騙，公司隨即倒閉。當印度達達金融集團（Tata Finance）的主管在印度主導一場騙局時，公司得以持續經營。安隆的總裁雷肯尼（Kenneth Lay），在調查前就已成為各界的拒絕往來戶。在印度，哈夏‧梅塔（Harshad Metha）雖然已遭定罪，卻能受邀演講和撰寫報紙專欄。當史戴普（Staple Inc）和戴比爾斯（de Beers）受消費者批評時，前者不再從遭破壞的森林中，尋找未加工原料來生產紙張，後者同意只從衝突區之外購買鑽石。在印度，消費者從未抵制過童工製造的煙火和地毯。西方國家受醜聞影響的公司股價一落千丈。在印度，它們不跌反升。2002 年時，全印度銀行員工工會（All India Bank Employees Union）公布一份拖欠債務的公司名單。數個星期過後，許多名單中的公司股份仍不受影響。孟娜‧席琳（Mona Selin）以政府信用卡購買嬰兒尿布遭到舉發時，她失去瑞典社會民主黨黨魁的頭銜。在印度，無能的政府閣員不需負責任。印度已經背負著倫理赤字，不光是因為醜聞，更因為這些罪犯仍在社會中享有他人的敬重。

倫理在 40 年前是很重要的。孩童時代我聽過最流行的故

事,即是一個窮苦學童偷了鄰居的金鍊。男孩的母親慈愛的拍拍他,因爲她總算能供應他好吃好穿的了。男孩因此愈偷愈大。隨著他熟習各類犯案訣竅,他終於學到重大搶案的技巧。在一件搶劫案中,他還殺了受害人。接著他被逮捕,判處死刑。當被問到有何遺願時,他希望見母親最後一面。然後,他咬下母親的耳朵說了:「如果當初我偷竊金鍊時,妳這樣懲罰我,今天我就不會受死了。」這故事在教訓我們,當中母親的罪孽遠大於兒子。

即使在今天,那些沒有道德的人,在廣大的 10 億人口中是少數。不幸的,那些容忍並鼓勵的人卻占了多數。這是印度面臨價值危機的原因。至於孩童時代的故事,已被地下犯罪世界大人物的英雄傳說所取代。

有些支持者從實際的角度爲違背倫理的生活方式辯護,即使他們相信也篤信印度的中心價值。印度的思想在理想和現實衝突中,陷入兩難。理想的卻不實際,反之亦然。印度的未來有賴於其建立結合理想與現實的能力。

倫理契約

幾乎所有印度智慧的精隨都寓於理想該如何因應實際。印度教中的《羅摩衍納》、《摩訶婆羅多》、《五卷書》,敘述著王公貴族和平民百姓,如何過著規範的生活——的確,這些經典主張追尋理想的積極人生是極爲重要的。印度思想中的關鍵基礎之一《薄伽梵歌》,所描寫的地點就是戰場。而非我們以爲的僧院。這部偉大史詩第一張的第一個字描述 Dharmakshetra 的所在地,道德掙扎的戰場。一人之心即爲 Dharmakshetra,無時無刻都上演善與惡的交戰。同樣的,這個世界或社會也是

Dharmakshetra，善與惡的爭戰永不歇止。在這場衝突中，中立和消極是行不通的。根據《薄伽梵歌》，人必須要有所行動。與其空想冀望世界的不完美消失，不如找出由正面和負面能量衝突所引發的歪曲，對症下藥。人必須行動，才能建立善治，勝過邪惡。因此，《薄伽梵歌》倡導爲了實現理想的實際方法。

「一個人是無法從戒絕責任得到行動帶來的自由；也無法達到完美境地，若只是純粹的揚棄。」

《吠陀經》有其一致的理念，體現於「業法」的教義中，也就是正確的行動。正義和行動的結合隱含了理想和實際的結合。只有達到這樣的結合，社會才能永續。

在微小例子中，我們看到個人、企業、義工組織、和政府部門以不同方式企圖運作倫理和公正的機構。但他們多數只在地方上有影響力。他們尚未創造全國性的新教條。高度成功的企業，完全沒有詐欺醜聞、拖欠債務、財務上的疏失，還具備強烈的社會責任感和公平的勞工紀錄，實在是少之又少。這些企業有的屬於新經濟。印度的農業和工業需要新的經濟狀態——而不是只適合資訊科技的新經濟。

在獨立不久後，印度放棄了封建制度，一度協商制訂了社會契約。但是封建心態卻未消失。仲介階級在印度政治和商業中取代封建利益，同時也延續了封建的心理架構，轉化爲坐收漁利的心態。這些中間人靠著交易控制重於創造的制度大發利市。在這種制度下，政府部門的功能扭曲。要建立一個奠基於義行和公義等核心價值之上的印度，就必需調整基礎倫理契約。這顯然十分困難，需要社會中具創造力的行動者率先改

革。在 1757 年，繼而在 1857 年，印度君王在戰場上不敵英國。1947 年，外國統治者終於離開。1960 年代時，土地改革和廢止王室內庫終結了封建制度。公職人員、政客、和生意人坐享其成的時代結束了。這並不代表政府機關和政客再也沒有發揮空間。事實上，這些廢止佃租，並與企業家（尤其是與來自農業經濟的社會事業家）搭上線的政治家和公職人員，有能力築起新倫理秩序的結構。在提升全國意識的過程中，關鍵性的創造性行動者需要扮演催化的角色。

印度的轉型是必然的，因為生命不在於適者生存。生命是在於各自的發展進步。問題在我們是要看到暴力轉型為公民社會的衝突崩毀，還是我們願意促成平和的改變。

如果我們想要和平、繁榮，而非混亂和退步，印度思想必須躍升於理想與現實的衝突之上。我們必須拒斥人生不過是一場球賽，結果視乎操作高明的普遍想法，或是人生就如一場勝者全得的摔角競賽。我們必須視人生為馬拉松。當然，這意味著印度思維需經歷改革。

如果印度人獲得遵從價值準則的主流大眾帶領，誠心誠意期望新倫理結構興起，他們的願望應能實現。困難在所難免，因為許多該做的事，在沒有做到之前，都被認為不可能。但如果人們一心一意於觀念上的解放，他們必定作得到，一如 50 年前他們能自殖民中解放出來。總要有人起帶頭作用。

大約 30 年前，我住在孟買的小型郊區，那裡惡名昭彰的是犯罪層出不窮，以及印度教、回教部落間的衝突。宗教部落的暴力在我們鎮上司空見慣。一天下午，在激烈的暴亂中，一名印度教民兵想要殺光我們的回教鄰居。因此我們將鄰居藏匿在廚房中。當憤怒的暴民得知回教徒一家人藏匿在我們屋裡，他

們打算闖進來。我那不識字的祖母挑戰暴民，要他們先殺了她，才能跨進門檻。我們全都緊張極了。但暴民反倒不知如何是好。一會兒後，他們一個接一個的向她鞠躬，然後離開了，我們的回教鄰居毫髮無傷。這個事件為當晚的暴亂畫下句點。而且，雖然過去的十年中，印度教和回教社區間存在著即為嚴重的不睦，從那時開始，我的小鎮再也沒有發生過暴亂。小鎮的倫理觀從此改變。它仍有別的問題，但部落衝突的恐怖陰影似乎消失了。

　　要安撫一座小鎮是一回事。在不尊重倫理、公義的社會結構上作出突破又是另外一回事了。既然如此，我們該怎麼辦呢？首先，我們可將2500萬的農民和農業相關業者從殘酷律法中解放出來。農業市場的改革如果能得到公家和私人合夥人的配合，以加強改革動力，那麼農村區的青年將蒙受利益。第二，我們應遊說部會首長監督地區行政首長、和部門負責人，使他們為公開的進展目標負起責任。安達拉省（Andhra Pradesh）的部長已經試過，而且奏效。第三，我們要求選舉財政法的修定，對現金的捐獻和接受者施予重罰。此外，我們要求罪犯不得參與選舉。第四，我們將組成廉潔商人、公民社會行動人士、和其他領域的聯盟，起草議員和國家立法委員的表現準則。聯盟並得公布議員的表現評量，給予適當褒貶。第五，我們將要求針對企業作倫理監督。當然，這些都會引發摩擦。但是突破本身，就是會創造摩擦。

　　如果我們著手進行這些計畫，或是類似的提案，這也僅僅是開端而已。前頭有更大的挑戰。我們做得到嗎？當有人堅持理想與現實際無法協調，我就想到童年時的那個下午。而當有人問「何必呢？」，我會想「為什麼不呢？」。

6

伊斯蘭教

伊斯蘭經濟的馬來西亞模式

法立諾博士
柏林現代東方研究中心研究員

追求「原味」：現代穆斯林的心靈與荷包交戰

伊斯蘭國家的觀光客也許很快就會發現，他們不能暢飲可口可樂（Coca-Cola）來解饞了。他們在當地喝到的反而是「在地口味」的麥加可樂（Mecca-Cola）。

出乎某些人的意料外，「麥加可樂」可不是說著玩的。一位法國突尼西亞的企業家，看出麥加可樂的市場潛力。他也認為突破美國消費文化對世界幾近霸權的掌控，有政治上的必要。2003 年稍早，這新品種可樂就在法國推出了。它有個動人心弦的標語：「別傻灌，用心喝。」這些紅白相間的瓶子剛上架，麥加可樂就接到雪片般飛來的訂單。一週之內，來自世界各個穆斯林國家的訂單就將近 50 萬瓶，最多的是巴基斯坦。

然而，麥加可樂並非第一個穆斯林推出的翻版西方速食產品——諷刺的是這個產品的靈感源自美國，而目的在挑戰美國

霸權。阿拉伯世界早有天房可樂（Qibla-Cola）；什葉派社區，也有伊朗人推出的札札可樂（Zam-Zam-Cola，Zam Zam 之意爲麥加聖泉流出的水，注1）。

麥加可樂、天房可樂、札札可樂愈來愈受歡迎，反映出我們所處時代的矛盾。一方面來說，它顯示出美國在世界的地位和形象是如何低落。爲了抗議美國的傲慢姿態和經濟文化帝國主義，人們是多麼願意去改變他們的消費習慣。但是，所有這些品牌又有一個共通點：它們分毫不差反映出自身所排斥的事物、模仿著自身所否定的事物。常言道，模仿是最好的奉承。若是如此，穆斯林企業家挑戰經濟全球化和美國文化霸權的嘗試，在我們看來，又會導出什麼樣的結論呢？

這就是霸權的曲折諷刺。因爲文化與政治霸權的特性之一，就是以最複雜精巧的方式施行征服與壓制。奠定現代政治社會學的北非哲學家伊本‧赫勒敦（Ibn Khaldun）在他的著作《歷史導論》（Muqadimmah）中提出：「當一個民族開始模仿征服他們的人時，這個民族就徹底的、眞正的被擊敗了。這是降服的確實訊號。」

不可否認的，我們現在所處的全球化世界，深嵌著美國及其消費文化在文化、政治、經濟層面所留下的刻痕。世界各地都有反全球化與反美的團體與運動，質疑抗拒著美國不斷增強的掌控。但諷刺的是，許多團體終究是在仿效複製美國的所有缺點——甚至包括造就超重消費者國度之名的垃圾食品。

今日美國所擁有的經濟勢力和影響力，既非偶然產生，也非注定如此：它是在一個沒有節制、沒有人能控制的市場力量所統轄的世界中，那些不公平、不對等的經濟操作所產生的結果。要處理這個問題，需要的是更具原創性的思考，而非只是

東施效顰：需要的是穩健的政治用心，來改變全球經濟與財務
的基本定理與常規。開發中世界至今都未能做到這點。如此看
來，穆斯林以為憑著暢飲「伊斯蘭」飲料，就打敗了那個「大
撒旦」，反倒讓我們對自己開了一個殘酷玩笑。美國霸權不會隨
著那口可樂一起消失。

　　我們的目標是探索伊斯蘭的經濟現象，以及至今伊斯蘭知
識分子，是如何試圖建構另類的經濟模式來反制西方資本主義
霸權。我們的焦點放在馬來西亞這個國家，而我們的分析，則
從 1980 年代初期開始。在那個時候，馬來西亞受到了世界伊斯
蘭政治勢力復興浪潮的強烈影響。

伊斯蘭化經濟：
1980 年代迄今的馬來西亞模式

　　穆斯林世界曾數度嘗試建構一套自己的經濟體系。自 1970
年代以降，許多穆斯林學者、經濟學家、社會學家及政治領
袖，紛紛以國家贊助、政府主導的各種伊斯蘭化計畫，來進行
試驗。

　　1979 年，巴基斯坦宣布成為伊斯蘭教國家，同年伊朗也發
生革命；1983 年，蘇丹則有尼梅里上校（Colonel Ghafar
Muhammad Nimeiri）所領導的伊斯蘭「革命」（注 2）。與此同
時，突尼西亞、利比亞與埃及，也正在進行國家推動的伊斯蘭
化方案。以此觀之，1981 年馬哈迪就任馬來西亞第四任總理
後，即著手推行國家伊斯蘭化，並不令人意外。

　　地方和國際的雙重因素，決定了馬來西亞的伊斯蘭計畫。
伊斯蘭再興的全球浪潮，表示馬來西亞這個穆斯林占多數的國

家，無法坐視其他國家「伊斯蘭化」它的政經機構而不採取行動。當時馬哈迪所領導的執政黨——**馬來民族統一機構**（United Malays National Organisation，**簡稱UMNO或巫統**）——被迫回應國內主要穆斯林反對黨的訴求：**泛馬伊斯蘭黨**（Pan-Malaysian Islamic Party，**簡稱PAS**）、馬來穆斯林的伊斯蘭非政府組織以及社運團體：例如**馬來西亞伊斯蘭青年陣線**（Malaysian Islamic Youth Movement，**簡稱ABIM**）、**馬來西亞伊斯蘭改革組織**（Malaysian Islamic Reform Organisation，**簡稱JIM**），以及堅稱唯一代表穆斯林社區的組織Darul Arqam。

1980年代時，PAS的政治論述越來越激進。一方面是國際局勢使然，另方面是新一代伊斯蘭活躍分子與烏里瑪（Ulama，伊斯蘭教國家的神學家及宗教學者）的加入所致。伊朗革命，以及齊哈克（Zia'ul Haq）在巴基斯坦實施伊斯蘭化，影響了這些人（注3）。PAS和國內其他伊斯蘭運動，要求政府廢除舊有的英式憲法，並依據古蘭經和穆斯林歷史，創造一個伊斯蘭國家與經濟制度。這表示馬國的經濟模式建立在非伊斯蘭基礎上，違背了伊斯蘭律法和儀式中的一些基本信條，而遭到伊斯蘭教徒的拒絕。當時伊斯蘭經濟學者的理念，如英裔的高斯·阿密的反西方批判，使PAS領袖的激烈言論吸引了新生代的馬來穆斯林活躍分子。PAS不妥協的意識型態，對抗馬哈迪政府政策，燃起了新生代的熱忱。

有別於其他穆斯林政權，馬哈迪所領導的馬來西亞政府，卻把伊斯蘭陣營比了下去。馬哈迪對於他所設想的伊斯蘭進程，心中已有定見。如果說PAS愈形激進的論述，是用「虔誠的穆斯林」與「異教徒」（Kafir）的二分法來表達，那麼馬哈迪的方式，就是把穆斯林分成「溫和的進步派」和「被誤導的狂

熱派」。內爾（Shanti Nair）寫道（注8）：

> 「就馬國情況來說，把伊斯蘭化焦點放在『溫和的』伊斯
> 蘭，必定比不被政府接受的、更激烈的言論要來得合適。就
> 效應來說，『溫和』與『極端』之間的衝突，其實遍布於馬
> 國的內鬥。」

巫統所說的現代與溫和的伊斯蘭，是根據一串等值鏈，把
伊斯蘭等同於它眼中一切好的部分。伊斯蘭就等於現代化、經
濟發展、物質進步、理性與自由主義（有趣的是，其他價值如
民主與人權，並不在這串等值鏈中）。同樣的，反PAS的辯證
法，則像巫統的鏡中影像一般，變成了倒反的等值鏈。巫統對
於伊斯蘭的理解，也是築於這負面的等值鏈上：PAS的伊斯蘭
被認為等於蒙昧主義、極端主義、狂熱主義、不包容、退步、
好戰。相對於這個伊斯蘭的「錯誤」版本，巫統的伊斯蘭才是
答案。國家的伊斯蘭化政策，目標是以正確的實際行動與國家
政策，為伊斯蘭的「正確」版本建立常規與制度，以反制PAS
所提倡的「錯誤」伊斯蘭。

為了達成這個目標，馬國的伊斯蘭化計畫，旨在消弭不同
伊斯蘭宗教當局間的歧異，並提出更有力的主張與承諾，超越
了PAS與其他伊斯蘭運動如ABIM的訴求。（1978年成立的國
家裁決理事會〔National Fatwa Council〕，就有效集中了宗教權
力與威信，將之交付於聯邦政府手中。）

1981年，巫統年度大會達成了一項決議：聯邦及國家伊斯
蘭會議應施行並捍衛「伊斯蘭的純淨」（注9）。到了1982年，
總理辦公室已雇用超過100名烏里瑪，而教育部更發放了約715

名烏里瑪的薪資（注10）。第四期的大馬計畫（1981－1986）明白宣告，伊斯蘭在國家發展中，從此將扮演重要角色——儘管這只是精神上的鼓舞。

1938年，**馬來西亞國際伊斯蘭大學**（Universiti Islam Antarabangsa，**簡稱UIA**）成立。其基金來自馬來西亞、沙烏地阿拉伯、巴基斯坦、孟加拉、馬爾地夫、利比亞、土耳其、埃及，以及大學的首任校長——投效巫統的前ABIM領袖安華（Anwar Ibrahim）。從1983到1989年間，吉隆坡舉辦了一系列國際會議，主題包括科技發展的伊斯蘭進路、伊斯蘭文明、伊斯蘭思想、伊斯蘭與媒體、宗教極端主義，以及伊斯蘭與科學哲學（注11）。

就在UIA落成的同年，馬來西亞伊斯蘭銀行（Bank Islam Malaysia）由政府成立（1983年7月1日，注12）。它是國內第一家依照伊斯蘭商業限制與規範，來提供一般業務服務的銀行。它不收取貸款利息，而且（至少書面上）迴避了徵收「利霸」（riba，在借款上收取固定利息）。伊斯蘭經濟學者盧比斯（Abdur Razzaq Lubis）譴責伊斯蘭銀行，因為它並未、也無法真正挑戰現存的全球金融體系。盧比斯認為，伊斯蘭銀行和其他銀行做的是同樣的事，只是以不同名目收取利息罷了。這種換湯不換藥的改變，是為了粉飾政府伊斯蘭聲譽的表面功夫，缺乏實質效果。儘管有盧比斯等伊斯蘭經濟學者的抨擊，其他伊斯蘭經濟計畫仍是依樣化葫蘆（注13）。

此後，伊斯蘭保險公司（Tafakul）與**哈基朝覲管理基金**（Lembaga Urusan Tabung Haji，**簡稱LUTH**）相繼成立。藉著創辦UIA、伊斯蘭銀行、伊斯蘭保險公司，以及LUTH，巫統儼然成了國內唯一能信守對馬來穆斯林選民承諾的政黨。

馬哈迪的努力，使他成爲公認的伊斯蘭領袖。他在 1983 年獲得「偉大領袖」獎，在此之前，只有巴基斯坦的齊哈克獲得這項榮譽（齊哈克先前曾在儀式中爲安華塗抹油膏）。也讓 PAS 很快對馬哈迪的政策有所反應。 PAS 當時的主席尤索拉瓦（Yusof Rawa）認爲，巫統政府的伊斯蘭化計畫，眞正的意圖並不是要建立一個伊斯蘭國家。它不過是替國家披上伊斯蘭外衣的精心設計，事實上卻深陷於全球的自由－資本主義經濟體系。他問道（注 14）：

> 「這些伊斯蘭計畫眞的給了我們希望？我們有天會脫離惡性的經濟循環，國家會獲得眞正的獨立？答案必然是否定的。因爲打從一開始，我們國家的獨立，就是被創造這惡性循環的超級強權撐起的全球體系所妨礙的。少數人裝作致力於伊斯蘭化，給我們的只是規模有限的計畫，這樣是無法解開全球體系的。」

國家的伊斯蘭主事當局，深陷於地方的企業文化，直接捲入了某些明顯的可疑交易，給了 PAS 抨擊這些措施是的口實。對 PAS 的伊斯蘭分子來說，不把伊斯蘭教定爲國家宗教、不把伊斯蘭律法定爲最高律法，任何伊斯蘭計畫都不可能成功。他們認爲，馬國政府的伊斯蘭化空洞無實。除非國家以立法方式來實施伊斯蘭規範，要貫徹伊斯蘭價值與規範是不可能的。

伊斯蘭經濟馬國模式：矛盾中成長

從 80 年代早期，到 90 年代末期將近 20 年之間，雖然有來

自伊斯蘭陣營的批判，馬來西亞的經濟仍在波濤起伏中經歷了巨幅的成長。

80 年代的初期及中期，馬國和其他亞洲經濟體一樣，受到世界經濟衰退的影響。但是外商直接投資（foreign direct investment，FDI）的湧入，尤其是日韓兩國的投資，卻在關鍵時刻救了馬來西亞。1985 和 86 年時，國內外的經濟分析師一致認為，馬來西亞將進入獨立以來首度的經濟衰退期。這是馬國成功從商品生產經濟轉型為工業製造經濟體後，將會發生的事。然而儘管地方工業的公共資助有增加，新的基礎結構有進步，馬國在 1980 年代中仍逐漸失去競爭優勢。這是因為印尼與泰國等鄰國擁有較廉價的勞工和生產成本。在農產方面，馬國也比不上鄰邦。（泰國在天然橡膠生產上與馬國競爭，而印尼則成為全球出口熱帶硬木的主要國家。而且，印尼也和馬國在棕櫚油產出競爭激烈。）

發生全球各地，尤其是馬國貿易夥伴的經濟衰退，使情況更是雪上加霜。種種原因造成了馬國的出超顯著下滑。1985 年，馬來西亞的國內生產總額（GDP）呈 1.1% 的負成長。在隨後的衰退期中，國家大力提倡的國營電子零件與電器製造業，受創尤深。地方的研發等級，以及得自貿易夥伴的技術轉移，在當時也是低得令人悲哀。

為了在 1985 至 1986 年的衰退中找到出路，馬來西亞積極引進更多外資，特別是日本、南韓，以及台灣。對於日韓及台灣的公司，馬國提出吸引投資的優惠計畫。許多這類公司受邀與馬國進行合作計畫，如馬來西亞製造的第一部汽車——普騰薩加（Proton Saga）。這種應變方式在短中期內得到回收，馬國的經濟很快就有了起色。國家 GDP 成長率從 1985 的 -1.1%，到

1986 的 1%、 1987 的 5%，以及 1988 的 9%。受到外商投資的
挹注， 1980 年代後半馬國製造業成長了 20%，讓國家成功脫離
經濟不景氣，並且為隨後的榮景開路。

　　必須注意的是，儘管馬國政府用伊斯蘭化包裝自己，並把
外交重點明確轉移到阿拉伯穆斯林世界，它和穆斯林世界的經
濟關係卻很薄弱。 1980 和 1990 年代，馬國的主要貿易夥伴仍是
美國（美國過去就是馬國電子產品的主要出口國），以及日、
韓、台灣等東亞經濟體。當時它最大的穆斯林貿易夥伴是巴基
斯坦，但兩國的雙邊貿易額，尚不超過馬國出口總額的 1%。
1980 和 1990 年代，馬國和沙烏地阿拉伯、伊朗、埃及、阿拉伯
聯合大公國，及波灣諸國的貿易總額，還不到它出口總額的
4%，這個模式仍然持續至今。

　　即使面對全球化高喊著穆斯林團結統一，馬國在危急時尋
求支援的對象卻不是穆斯林國家，而是西方與東亞的已開發經
濟體系。阿拉伯人、伊朗人、巴基斯坦人，也許都支持馬國的
伊斯蘭化，譽之為「穆斯林模範國家」；但是到了最後，卻是
非穆斯林國家在緊要關頭拯救了馬國經濟。

　　1988 到 1990 年間，馬來西亞的經濟有了徹底的改變。這段
期間的經濟成長率平均達 9.1%。 1990 年，失業率降低到 6%
（從 1988 年的 8.3%）。由於出口需求的增加，商業營餘也有相當
的成長，從 1985 年的 239.3 億零吉（RM，馬國貨幣單位， 1 美
元約等於 3.8 零吉）到 1990 年的 289.7 億。從 1993 到 1996 年，
來自美國、日本及歐洲的現金挹注，讓馬來西亞經濟多蒙其
利。 1985 年時，馬來西亞、印尼、菲律賓、泰國與南韓的外來
投資總額將近 200 億美元。經過 1987 年的銳減後， 1990 年的外
來投資再度走揚（ 200 億美元）， 1991 年更高達 350 億美元。

1995年估計有500億美元； 1996年達到高峰，外資共計將近700億美元。

然而，這樣的迅速成長，並不是沒有政治與經濟上的代價的。經濟由國家管理，代表國家的財經體系，和執政黨及政治菁英產生非常密切的連繫。很快的，金融界與商業界就爆出了幾個醜聞，更是削弱了馬國政府所宣稱的伊斯蘭經濟模式。1983到1984年的馬來本土金融（Bumiputera Malaysia Finance，簡稱BMF）醜聞，成為馬哈迪時代的第一宗主要財政醜聞。雖然後來更多的醜聞接踵而至（如帕華惹鋼鐵與馬明哥礦業，注16），以當時地方的標準來看，這次醜聞所造成的損失幅度與嚴重性都令人震驚。總理馬哈迪為情勢所逼，指定了一個調查委員會來偵辦這項醜聞（注17）。然而，媒體契而不捨的追查，很快就揭露出資深政府官員，以及巫統高層都涉入了BMF醜聞。在委員會公開調查結果之前， PAS與其他反對黨已先對巫統作出指控了。

馬國政府聲稱，它的經濟政策符合一般大眾的需要。這點多年來一直受到經濟分析家的質疑。哈辛（Shireen Mardziah Hashim）指出， 1970到90年間，許多指標性職業的從業人士已不再那麼貧窮了（注18）。不過她的分析也顯示， 80年代的漁民及莊園工人卻是例外，貧窮的縮減大多來自於指標性職業的流動性，而非這些職業的收入有所增加。藉由瓦解農村經濟結構，並且將農村地區的大量人口移至西岸的都市製造中心，政府的發展政策有效解決了農村貧困的問題。這個方式同時達成了兩個目標：它解除了馬來中心區域內農村的長期貧困問題，而且它也有效的瓦解了作為PAS政治基礎的農村社區。

到了1990年代中期，馬來西亞準備再度起飛。國家宣布許

多重大的基礎建設計畫，旨在使馬國變成一個新型工業國。1997年，國家首度公開了**多媒體超級走廊（Multimedia Supercorridor，簡稱MSC）**的宏大計畫。總理更以兩個月時間親訪世界各國，宣傳它的理念。這個計畫是在一個規畫區域內，建造世界第一個全部電子化的工作與生活環境，作為實驗的測試平台。此一龐大的發展計畫包括：建設新的「無紙」（paper-free）電子首都太子城（Putrajaya）、新吉隆坡機場（KLIA），以及新的網路資訊城（Cyberjaya）。MSC計畫得到國外的多國企業如IBM、Netscape、索尼的正式投資與支持。但由於馬國政府採用了一套新規定，也招致爭議。為了爭取國外投資者，馬國政府通過了「保障法案」（bill of guarantees），其優惠措施包括了：（1）提供世界級的基礎建設援助。（2）不限制外國（非馬來西亞人）員工的雇用。（3）MSC廠商的所有權，不受國內所有權規定的管制。（4）MSC廠商引進的外資不受限制。（5）在網路法與保護法的執行上，保障區域的領導權。（6）確保網際網路不受檢查。（7）保障資金流動的自由。這個提案使MSC成為一個半自動的、擁有自己一套法規的「國家」，引起了馬國社會各界的關切。有人認為這樣的條款，代表政府正式接受雙重標準，預告了馬來西亞內部「兩國」狀態的來臨（注19）。

　　這些所謂的超級計畫（mega-project）很快就受到國內伊斯蘭反對黨的檢驗。他們認為，與其說這些計畫有公共價值，還不如說，它們是為了馬國政商菁英的野心而設計的。PAS領袖與伊斯蘭經濟學者質疑這類計畫的構想，並要求政府證明其形式內容有多「伊斯蘭」。（政府的反應是順水推舟，並藉著建造更多大型清真寺，來進一步強化它的伊斯蘭化計畫。如吉隆坡

的新國家清眞寺、新首都太子城的大清眞寺。）

在 1997 到 1998 年的財經危機中，執政的巫統內部分裂，導致財政部長（也是副總理）安華的下台，馬國政治建制的基礎受到動搖。1997 至 1999 年間，下台的前任副總理安華所領導的改革運動，蔓延到了全國。他呼籲政府掃除黑金，並揭發執政黨中任用親信與腐化的問題。安華很快就遭到逮捕拘禁，被控濫用職權與性行爲不檢（此一審判過程，使國家司法的獨立性遭受質疑）。然而，改革的呼聲卻未因此沉默。批評者指出，政府對腐化與裙帶關係問題的處理方式，最多只能說是表面功夫，而且政府所進行的多項調查，擺明了又慢又沒效率（注20）。

1997 到 1998 年後的經濟衰退，導致國家陷入極度混亂的政治危機中。很明顯的，馬來西亞在 1980 到 1990 年代的成長，是由步調不一和矛盾的經濟發展計畫撐起來的。而所謂伊斯蘭經濟體，更是深陷於全球市場運作。而且馬來西亞的經濟，很大程度是受到無法控制的外在變數擺布。儘管馬國經濟體系可用節制與掌控內的「伊斯蘭價值」加以調和，但國家當時許多經濟活動，顯然是以貨幣與股票價格的投機操作來維持。而且它的迅速發展，是沒有節制的信用膨脹吹出來的。地方與國際銀行的放款方式，就像錢從樹上長出來一樣。吉隆坡證交所（KLSE）成了亞洲第三大證交所，經濟主事者應把它視爲經濟瀕臨過熱危機的警訊。許多經濟活動成爲投機操作，被國內外湧入、看似源源不絕的錢潮炒作起來（注21）。

1997 年的危機顯示，馬國經濟已陷入自冷戰結束後所發展的全球財經體系。這是個每日交易值約達 1.5 兆美金的全球體系（比德國年度生產總值還多），而且貨幣的投機操作也是家常便

飯。同時，它也是一個透過國際媒體（大多是西方媒體）運作來維繫的體系，其中充滿了如公眾意見與市場情緒等無法掌控的可變因素。更糟的是，馬國媒體在處理國外報告與錯誤訊息時缺乏效率，且又無法取得民眾信賴。馬國人民從這次危機學到的教訓是：像他們這種小型開發中國家，是無法和造成經濟不穩定的貨幣投機者，和懷有敵意的國際媒體的結合力量匹敵。

對於伊斯蘭反對黨來說，這個危機證明了他們一再主張的重點：在經濟伊斯蘭化的討論之外，這個國家基本上仍是資本主義國家，全球資本主義體系的一部分，也暴露出它內部的弱點與矛盾。

追尋屬於伊斯蘭的經濟體系：
批判迄今的伊斯蘭經濟模式

1999年選後，PAS的伊斯蘭分子一獲得政權後，就宣稱要掀開巫統的經濟失當措施，並根據《古蘭經》與《聖訓》所示的伊斯蘭原則，採行另一套經濟體系。

然而，經過一段時間以後，PAS的這套伊斯蘭模式，看來就像他們所譴責的統治機構一樣膚淺而無效。PAS的首要措施，是廢除東方高速公路的通行費、禁止「不道德」的經營場所與服務，如男女共用的理容院、理髮沙龍等；關閉未領執照的酒吧與賭場。PAS的伊斯蘭分子，看來就像政府控制的媒體，所一向指控的狹隘保守分子的縮影。

這並不是說，伊斯蘭分子完全缺乏清晰理念與批判思考。過去幾年來（1999年到2003年），PAS始終直纓其鋒，揭發馬

國政府的經濟措施與管理不當。 2003 年 5 月，PAS 的國會議員穆薩（Husam Musa）在題名為《官方文件： BN 聯合政府已背叛人民信任》的書中，公開過去 20 年來政府金融活動的黨團審查記錄（注22）。這份冗長的文件中，也記錄了政府在某些簽約對象或承辦公司完成營建計畫以前，竟已付清了全部費用。

　　伊斯蘭陣營向來大力抨擊政府政策倒車與自相矛盾。 2003 年 3 到 5 月間，PAS 揭發巫統國會議員曼索（Tengku Adnan Tengku Mansor），與彭亨州開發企業（簡稱 PASDEC）的子公司，在允許經營賭博電玩的觀光勝地握有股份。 PAS 隨即抨擊政府的伊斯蘭正當性，以及伊斯蘭化的計畫。這是個重大的爭議，因為馬國的穆斯林是不准賭博的，而該國也僅有一處合法賭場：雲頂高原遊樂區（Genting Highlands Resort）。更糟的是，PAS 指出，PASDEC 的大股東國家哈吉基金（National Hajj Fund），也間接涉入觀光區賭博電玩的運作（注23）。

　　政府想以鮮明的伊斯蘭機構與經濟體系建立聲譽，這類醜聞是一點忙也幫不上。然而，指控這一切的 PAS，又做了什麼來發展自己的另一套經濟模式？

　　世界上有許多伊斯蘭運動、組織及黨派，都無法處理此中問題。資本主義邏輯以剝削行為與最大利益為指針，形塑並引領著全球經濟體系。伊斯蘭的意識型態與經濟學者，仍未能理清這些做法在自身社會所造成的負面效應。馬來西亞的 PAS 也不是唯一未能處理資本主義導致權力差異與階級結構的黨派。納斯（Syed Vali Reza Nasr）研究巴基斯坦伊斯蘭黨的著作中主張，儘管伊斯蘭黨自 1941 年就存在，也一樣未能挑戰主導這個國家的經濟秩序（注24）：

「伊斯蘭黨所宣說的伊斯蘭革命，不是群眾的求戰的吶喊，而是想要取得國家政權的菁英運動。因此，伊斯蘭黨採用了迂腐的、文謅謅的風格，忽略了平民關心的主題。**它甚至還繼續認同私有財產權，而不去質疑巴基斯坦現存的經濟結構**……簡言之，伊斯蘭黨未能把意識型態的伊斯蘭復興主義，轉為伊斯蘭復興的社會運動。它未能在伊斯蘭的旗幟下，動員群眾作持續的集體行動。」

對未能策略性巧妙運用伊斯蘭慣有論述，進行社會動員與政經改革，重要伊斯蘭學者詹德拉（Chandra Muzaffar）作了以下評論（注25）：

「（今天）許多伊斯蘭運動，希望藉著長久來指導他們、激勵他們去尋求正義、追求進步的觀點，來了解當今的世界…這個觀點本身並沒有問題。真正的問題，是大多數的伊斯蘭運動，把《古蘭經》、《聖訓》，與穆斯林歷史的原則、價值、律法用（或誤用）於當今世界。正因為如此，他們處理今日穆斯林所面對的社會變遷的基本問題的能力，才會令人懷疑。」

如我們所見，許多國家推行的伊斯蘭化計畫之所以失敗，是因為這些龐大方案多半不徹底，也不具革命性改變。在國家發展主義的菁英的手中，伊斯蘭論述只是便利的意識型態，用來合理化多是耗費巨大的、反效果的、少有社會價值的發展方案。國家對伊斯蘭的操弄——在馬來西亞的例子中，是用它來創造苦幹、勤奮、進取的韋伯式論述——只導致了國家與伊斯

蘭反對陣營之間的伊斯蘭化競爭，它讓一般穆斯林大眾有更高的期待，卻鮮見改變的成效。

　　與此相關的，是伊斯蘭思想家顯然無法運用現代社會科學（政治經濟學、政治社會學、政治學）的知性與意識型態工具，去了解這類剝削與分化技倆從何而來。對於管控國家經濟以保護一般公民消費者，以及剛起步的地方經濟，他們也提不出具體措施。對全球化進行嚴肅討論的國際集會中、在示威與會議中，伊斯蘭成員顯然經常缺席，讓人以為他們對這些全球發展不感興趣。實際上，整個穆斯林世界都屬於開發中的第三世界國家，而全球穆斯林大眾正是全球化帶來的不公與混亂的主要受害者。

　　是否有辦法脫離這意識型態與政治陷阱？伊斯蘭教徒必須去做的第一件事，就是從他們對歷史，以及伊斯蘭歷史真實性的論述中走出來，才能面對當前的現實。如同詹德拉所說的，許多穆斯林國家，把政策與政治抱負寄託於過去的典範，一直阻礙扭曲了政治經濟的形式與內容。它產生了零星的個別措施，但這些措施無法處理資本主義問題的根本原因（注26）：

　　「這些國家的部分伊斯蘭菁英階級困在思考框架中，以致無法從實用與動態的角度來了解經濟轉型的挑戰。這多少解釋了他們為何經常企圖直接執行《古蘭經》的訓示，禁止利霸（利息）就是一個例子。然而，他們卻沒有先改善當今經濟結構中潛伏的剝削問題，因為以《古蘭經》的觀點來看，利霸最令人厭惡的一點，就是它的剝削性質。正因為無法準確的抓到禁令與勸誡背後的原理，今天的伊斯蘭國家繼續處於明顯的社會經濟不平等的地位——除了消除利霸和實施天

課（Zakat，扶弱濟貧）的措施之外。」

現在最迫切需要的，就是把伊斯蘭的普世倫理價值，連同全球資本主義的弊病與矛盾，作一貫的、系統的、徹底的分析。只有當保守的、作為伊斯蘭知識與學問監護者的烏里瑪，學習與財經商政及社會領域的學者專家合作，才有可能實現。

簡單的說，創造先進的伊斯蘭思想學派以遏止全球資本進展，至今的成效仍然讓人悲哀失望。當世界媒體持續以未言明的方式，抹黑伊斯蘭與穆斯林信念之時，當我們收到更多恐怖和狂熱分子（從賓拉登到塔利班領袖奧瑪爾）的穆斯林負面形象之時，穆斯林世界需要的是一個重大的突破以及成功典範，作為伊斯蘭進步與活力的反例。在它成為事實以前，對許多人來說，替代的伊斯蘭經濟體系依舊是個白日夢。當伊斯蘭陣營找尋著屬於自己的伊斯蘭模式時，他們所喝的麥加可樂依然是「原味」的摹本，是當今伊斯蘭經濟淪為仿效者的證詞。

注1：這些動作並非伊斯蘭世界的專利。前東德就有等同可口可樂的產品——維他可樂（Vita-Cola）。維他可樂至今仍有銷售，但奇怪的是其銷售範圍僅限於曾受共黨統治的德國地區，如柏林。

注2：1983年9月8日，尼梅里上校發動蘇丹的伊斯蘭革命。蘇丹的國家憲法後來被改成伊斯蘭憲法。

注3：我們已在其他地方討論過PAS自1980年代起更為激進的論述，可參見〈血、汗、聖戰：1980年代迄今的PAS激進論述〉（Blood, Sweat and Jihad: The Radicalisation of the

Discourse of the Pan-Malaysian Islamic Party （PAS）from the 1980s to the Present ），2003 年 8 月《東南亞研究中心期刊》（*Journal of the Centre for Southeast Asian Studies* (CSEA), Singapore, Vol. 25. no. 2）。

注 4： 高斯・阿密生於 1932 年的印度德里，是英裔伊斯蘭學者與經濟學家並成立伊斯蘭基金會（Islamic Foundation），此機構一開始就和巴基斯坦伊斯蘭黨（Jama'at-e Islami），以及其伊斯蘭組織網絡關係密切。透過基金會的運作與他的教學活動，阿密得到了極多在西方、尤其是在英國唸書的穆斯林學生的追隨。

注 8： 內爾，《馬來西亞外交政策中的伊斯蘭》，頁 91（Shanti Nair, *Islam in Malaysian Foreign Policy*, Routledge and ISEAS, London, 1997, P.91.）。

注 9： 參見同書，頁 36。

注 10： 參見同書，頁 112。

注 11： 參見同書，頁 115。

注 12： 馬來西亞伊斯蘭銀行計畫早一年宣布於 1982 年 7 月 6 日。

注 13： 見盧比斯（Abdur Razzaq Lubis, *Tidak Islamnya Bank Islam*, PAID Network, Georgetown, Penang, 1985）。

注 14： 見賈發爾，頁 52-53（Kamaruddin Jaffar, *Memperingati Yusof Rawa*, Pan Malaysian Islamic Party(PAS), 2000）。

注 15： 《聖訓》為僅次於《古蘭經》的伊斯蘭教經典，來源為穆罕默德及門下弟子言行的綜合記錄，與儒家的《倫語》類似。《聖訓》主要是穆罕默德傳教過程的記事，以及對伊斯蘭信仰、宗教制度和社會制度的闡述等。

注 16： 馬明哥礦業公司（Maminco）是馬國政府維持全球錫市價

格穩定的機構。馬來西亞是當時的世界主要產錫國。馬國
政府希望有一個維持價格穩定的機制,以防市場投機客的
操作,造成全球錫價大幅波動。馬明哥的設立,原本是為
幫助提高全球金屬交易的錫價,卻於 1981 到 1982 年間,開
始在世界市場投機操作。不過,1982 年時,倫敦金屬交易
改變了標準運作程序,並在交易商未能履約時,允許他們
以罰款來取代庫存損失。此舉造成世界錫價的急劇貶值,
馬明哥因而積存了大量的無用錫礦。即使在錫價驟降後,
馬國政府仍拒絕承認,它是投機操作錫價的幕後黑手。直
到 1986 年,馬哈迪才公開承認(在巫統年度大會上)1981
到 82 年間,政府是馬明哥幕後的錫礦「秘密買主」。
(Teik, 1995, P.214.)。

注 17: 總理於 1984 年 1 月 11 日特地指派了 BMF 調查委員會。

注 18: 哈辛,《馬來西亞:收入差距與貧窮》(Shireen Mardziah
Hashim, *Income Inequality and Poverty in Malaysia*, Rowman
and Littlefield Fublishers, Oxford, 1998)。

注 19: 法立諾,〈網路天堂:網路資訊城。多媒體超級走廊之旅〉
(Farish A. Noor, "Cyber-Paradise: Cyberjaya. Odyssey to
Multimedia Supper Corridor"),1997 年 7 月《國際衝擊》
(*Impact International*, Vol.27, No.7.)。

注 20: 最令人惱怒的事情之一,是對帕華惹鋼鐵交易的調查缺乏
進展。帕華惹是國家的主要鋼鐵生產公司。資金被轉入國
外不知名公司,而投標又給了資深經理友人所開的公司。
帕華惹最後終於倒閉,先前的調查顯示出一連串經營上的
錯誤,以及公然濫用職權的情形。

注 21: 90 年代時,馬國和東南亞國協其他國家,股市與金融業在

經濟發展中的地位是不可否認的。90年代中期，國外記者就注意到，由於向銀行貸款容易，即使是吉隆坡的街頭小販與計程車司機，也都在買賣股票。稍早時，國際貨幣基金（IMF）高層曾警告馬國政府須有堅定立場，尤其在管控國內銀行業方面。1996年 IMF 和馬國政府進行商談，IMF 提出「審慎監管馬國商業銀行及其他金融機構，以使金融更為自由化」。IMF 和國外投資者關心的，是確保馬國金融管理與借貸服務更高的透明度及信賴度。看來這些關切並未被注意，面臨危機時，國內貸款已達到國內生產毛額的160%，使國家經濟更無力防範貨幣衝擊。然而必須指出的是，馬國的大型銀行與金融機構，並非在已燒過頭的經濟火上加油的唯一禍首：加速90年代瘋狂錢潮流動的方面，外國銀行的角色也不能被忽略。根據 IMF 的估計，到1996年底，歐、日、美國銀行的貸款總額，分別高達3180億美元、2600億美元，以及460億美元。這些貸款多數流入經濟迅速發展的東協，包括馬來西亞在內。

注22：2003年5月26日，今日大馬網站（Malaysiakini.com, BPR Patut Jadikan Lapuran Audit Atas Siasatan.）。

注23：2003年5月22日，今日大馬網站（Malaysiakini.com, PAS MP: Umno bigwig second largest shareholder in 'slot machine' resort）。

注24：納斯，《伊斯蘭的革命先鋒：巴基斯坦伊斯蘭黨》，頁222（Syed Vali Reza Nasr, *The Vanguard of the Islamic Revolution: The Jama'ati Islami of Pakistan*, I. B. Tauris, London, 1994）。

注25：詹德拉，《權利、宗教與改革：以靈性與道德轉變提昇人的尊嚴》，頁204（Chandra Muzaffar, *Islamic Movements and*

Social Change, in Rights, Religion and Reform: Enhancing Human Dignity Through Spiritual and Moral Transformation, Routledge Curzon, London, 2002）。

注 26： 參見同書，頁 206。

第三部

應用

企業倫理這種行為模式，擴及許多不同經濟行為的領域。我們大可這麼說，倫理（或是對倫理的需求）是所有經濟理論與實務的基礎，也是我們鼓吹採行**全面倫理管理**（Total Ethical Management，TEM）的重要原因。TEM架構中的整體經濟價值鏈，可望從各個層面確立企業長期生存、永續經營與繁榮興盛。敗德經營行為可能見於跨國企業在印尼偏遠地方設立的血汗工廠、可能見於合約供應商，也可能見於員工個人非法牟利，這些行為都會引發重大企業危機。比方說，成衣、製鞋、玩具、運動用品和某些電子器材常會設立血汗工廠；因為其生產製造只需簡單技術，手藝普通的工人就足以應付（注1）。

如果亞洲企業希望持續復甦，就得矯正企業管理鏈多數環節的品德缺失。所有策略的價值創造，都來自具體推論與行動，因此我們要解決的問題非常實際：企業應該有何不同做法？最終會導出何種全面倫理管理的方式？

企業內部可以採取更高的倫理標準──如何對待生產線工人？員工獲得的機會是否均等？是否堅守最高品質標準，並與周遭環境保持互動？你如何對待股東？企業經營實務可以不透明嗎？企業漸漸體認，自己不只無法自外於週遭環境，更是環

境的一部分。歸根究柢，企業倫理講的是個人和公司之間的信任與關係。我們認為，企業倫理應該於以下領域確實執行。

勞工

企業的勞資關係應該採行高品德標準。這是全面倫理管理的必要條件之一。雖然工作環境改善，而且目前全球幾乎都採用員工傷病和退休後的雇用保障及勞工保護，但執行上仍有一些黑洞存在。由於純粹曼徹斯特式的資本主義（Manchester-capitalism）追求投資者財務投資組合的效益極大化，導致勞資關係常處於敵對狀態。為了克服勞資雙方沿襲已久的分歧，我們應將工會視為企業的社會夥伴。此外，企業首重吸收並留住優秀人才，因此企業應思考如何對員工充分授權（empower）。每位員工都應能維持生計並獲得個人成長。心靈充實的員工比較會有優異表現。

領導統御

倫理價值鏈的下一步是領導統御。真正的領導人嚴守最高倫理行為標準。在上位者力行正直誠信，倡言價值準則。這樣的領導統御可以激勵員工效忠公司並貢獻優異績效。員工會以自己服務的公司為傲，並對其中文化和價值準則產生認同。

管理

道德原則常是涉及法律層面的問題。領導人必須讓整個組

織確實體認、保存奉行這些原則。單只作爲品德領導的模範並不夠。倫理價值鏈接下來的重要步驟，就是企業品德的執行和管理。這應包含記錄價值準則；擬定政策和程序，將行爲導向理想的價值；接著要以這些政策和程序訓練所有人員。

媒體

媒體是全面倫理管理中極其重要的一部分，但和本篇的其他應用模式或有相異。從最基本的層次來說，媒體做爲公眾的守門人，揭發企業、政治和其他活動領域中的悖德行爲。的確，這也是中國《財經》雜誌和「今日大馬」（malaysiakini）等網站日益壯大且影響日深的原因。各界人士的德業品行受到媒體經常關注；而媒體藉著對相關事件的持平報導，告知大眾並認同積極正面的趨勢。最後，在品德規範的實踐上，媒體樹立的示範廣爲人知。其實，媒體這個行業實踐品德規範與否，會立即明顯地影響到讀者群、發行量和影響力。

公共關係

現代的公共關係分兩個階段演變。第一個階段時，企業需要特定活動（例如透過廣告或事件）以便擴展或打造公共形象。第二個階段大體可視爲「企業溝通」，運用更有策略的手法，實際塑造這個公共形象。這些手法可能包括更廣泛且饒富意義的措施，例如結盟、行銷、與政府發展關係等。在企業內部則有公關職員或企業溝通幹部，作爲公眾獲得公司訊息的主要管道。不論是在公司內部還是外部的代理人，他們的挑戰

是，不論公司利益歸屬都要清楚呈現實際狀況，而且必定以透明可靠的方式告知大眾。

區域關係

企業不只要與緊鄰的經營環境互動，也必須找出自己在總體經濟和地區脈絡中的定位及互動方式。例如，形成區域性集團的構想，不只是政府和國際組織的工作，企業也必須有所貢獻——連結社會上各個利益關係人（stakeholder）之間的隔閡。

不管在亞洲或其他區域，發展中的公司都難以達成所需的倫理行為水準，無法在唇齒相依的世界中扮演積極角色。許多亞洲公司即使曉得應該實施公平的勞工雇用辦法和領導模式，完整的倫理價值鏈還是沒有建立。高倫理標準應該應用於企業進行經濟活動的所有領域。

許多亞洲公司在緊鄰自身的環境採行高倫理標準，卻沒有援引相同標準對待社區或國家之外的利益關係人。舉例來說，日本企業素以悉心照拂員工聞名，並衍生出終身雇用制（注2）。但是日本企業的外國子公司，卻採行較低的道德標準。例如 1980 年代末，不少日本製造商在印尼和馬來西亞與勞工發生衝突，因為公司以安全為由，禁止組裝線女工穿著傳統回教服裝。日本有句諺語說：「出門在外不必顧臉面。」

這種出了名的二分法就是日文中的 uchi（圈內）與 soto（圈外）。圈內人和圈外人採行的規則並不相同。因此，對某個對象抱持的態度，視其位於圈內或圈外而有所區隔。家庭是這種行為方式的基本模型。傳統日本社會中，家是最小的「圈內」單位；再上去則是大家庭、村、縣、國。中國也是如此，「家」

是基本的社會團體，最大的群體叫「國家」。

亞洲企業如要充分理解這些名詞的涵義，必須擴大利益關係人的範圍。目前「優良經營實務」常只狹義採行於公司內部圈子（例如直接客戶和大客戶），以及法律的規定（例如政府或股市資料申報、投資人簡報）。這種短線、利己的投機做法，對21世紀已經不足，而且西方已經開始感受到反撲力量。亞洲有必要迅速調整。對相關的跡象掉以輕心的企業，將自嚐惡果。

如果要實現更為嚴格的品德計畫，企業應該把狹義的利益關係人觀念，擴及一般大眾、整體社會，以及全球社區。這裡所指並非大作廣告讓大眾接受某種形象，而是指展開全方位努力，放眼更廣泛的社區利益，來評估營運行為並規劃未來發展。上述所有層面要付諸實行，企業首先得檢視自身品德架構，然後展開全方位轉型任務。這個先內省再外發的程序，要輔以倫理原則為基礎的行動。第四部將論及轉型的課題。

注1： 近年來，雇用血汗工廠勞工的公司，受到的壓力愈形沉重。例如運動用品製造商耐吉在印尼雇用勞工的做法屢遭抨擊。耐吉終於提高印尼和東南亞其他地方勞工的最低雇用年齡，並且要求所有工廠符合美國室內空氣品質規定。

注2： 終身雇用和依年資升遷的辦法，在日本仍相當普遍，但是這種做法正轉為改採英美式升遷制度，尤其是在所謂的泡沫經濟結束（1993年）和亞洲金融危機爆發（1997年）之後。

7
區域關係
道德與亞洲情勢的演變

蘇萬迪
印尼貿易工業部長

 本章目的是，找出亞洲企業有哪些層面可對全球社會的倫理發展作出貢獻。就此脈絡而論，我希望點出基於個體相互信任來經營企業的亞洲價值。在亞洲，不論企業大小，人際關係及信任是長期培養出來的。做生意和交朋友密不可分。

除了信任的要素，我還要強調，就算政府沒有推動，很多亞洲企業也已發展出自己的道德標準。然而，國際社區面對的嚴重問題在於，企業品德和全力追求利潤能否相容並存。我相信，要是企業只重視創造利潤，倫理可能幾無立足之地。

就印尼來說，由於近來勞動成本升高促使部分企業決定遷移，造成問題接踵而至。這不是合乎倫理的企業經營。企業若是生產力不彰，該做的是投入時間資源，找出問題所在並且改善整體績效。

由廣義的概念來定義企業倫理十分要緊。特別是私營公司，不論規模大小，都應該為員工的社經福利竭盡所能。儘管

追求利潤對私營企業依舊十分重要，但是對發展人力資源、提升創新能力、支援各項活動等方面的相關成本，應該有所準備，尤其是一國產業的重量級企業更應如此。

同時，政府維護私人部門的信心也十分重要。一般來說，法治及良善治理應獲尊重並實施。針對開發中國家的特殊情況，政府應極力獎勵資源最適分配，並助長績效取向的環境。這在開發中國家常是極度欠缺。

最重要的是，政府首要目標是創造經濟成長的條件，讓企業有餘力承擔社會福利責任，以便貢獻於廣義的社會義務。

西方國家的經濟發展水準高，是以企業有能力，也有意願為員工提供社經福利。這些企業能藉投資來提高生產力和發展人力資源。在開發中國家，達成類似目標的唯一手段，只有創造足夠經濟成長，讓企業不只創造利潤，也能承擔上述更為廣泛的社會與福利目標。

印尼不只名列開發中國家，且在亞洲危機中受創至深，1997 年到 1998 年的經濟成長率為負值。在此同時，我們也著手建立亞洲最大的民主政體。印尼新政府致力將印尼重建為順暢運作的民主國家，竭力恢復政治安定並推動經濟改革。自 1997 年中爆發金融與政治危機以降的數年窘境之後，印尼的經濟已有溫和成長，整體國力開始重拾動力。2003 年經濟成長估計在 3.5% 到 4% 之間。雖然成長率轉為正值，卻只能夠勉強履行債務，更別說是建立社會及福利架構。

為了創造這種社會架構，關鍵就是外國對開發中國家開放市場。雖然**杜哈宣言**（Doha Declaration）立意崇高地為開發中國家權益另起磋商會議，後續談判卻遠不及原來預期。未能履行貿易談判的承諾，也可視為欠缺倫理道德的商業行為。

引言

　　下文將著眼區域層面的印尼企業品德問題，也從國際層面探討全球化的影響。我分三個層面逐步討論品德問題；因為國家、區域和國際層面的作為若無相互協調，倫理道德就不可能在社會中灌輸落實。

　　的確，全球化經濟已經敲開了印尼所有市場；不單從經濟和貿易的觀點來看是如此，而且它也施加了本身的標準，至少影響到我們的社會和倫理行為。這件事本身，既帶來機會，也可能製造危險。就印尼來說，要推廣提倡企業倫理，需要我們去確認社會中有哪些東西是好的，必須好好把握，不要喪失。在此同時，我們必須開放門戶，接受來自區域和國際的影響，引進良好全球倫理實務。

　　有許多方法可以定義企業品德的內涵。最近西方的企業醜聞告訴我們，只有透過公平、透明、誠實的會計準則，才能確保企業倫理。因此，只要維護會計準則，必要時有效執行法律，將可鼓勵良好的企業倫理。

　　企業的品德還不只是會計和法律標準與實務的問題，它還涵蓋更廣的範疇。我不認為企業、社會和道德責任應該分離。企業倫理意識不是因為有效控制而生，而應該從社會自然而然產生；社會是我們創造的，我們應該對它有所貢獻。

　　私人機構符合倫理的良好企業實務，不只是誠信經營的問題而已，也代表一家公司如何對待它雇用的員工。重視企業倫理的公司會對員工負起責任；致力發展人力資源；激起員工熱情；訂定公平的工資水準；根據績效制定升遷政策，以發掘頭角崢嶸的人才。這些做法對績效取向的環境有貢獻。

　　從政府的觀點來說，我贊成制定堅實的法律和會計標準。但是這些標準，本身並不能促進企業品德。恰恰相反，它們往往是爲了處理企業品德淪喪的爛攤子而設計的。

　　在印尼社會提倡倫理，最好是透過改善教育和社會服務，確保資源分配最適，以及透過經濟成長，確保人民生活富足來達成目標。政府制定的政策，應該創造一個基礎，讓民間部門能夠依循這些方向，推行企業倫理。

　　身爲印尼的貿易工業部長，我也必須強調，這些目標在大多數西方社會大體上已經視爲理所當然，但開發中國家必須能從全球化經濟充分受益，才有可能達成這些目標，尤其是已開發國家應該對它們大幅開放進入市場的大門。

印尼企業倫理的演進

　　在印尼經濟持續成長的期間，讓世界銀行等機構視爲典範。我們的成長率令人刮目相看，被視爲即將成爲新亞洲小虎的經濟體。

　　那時候，西方國家日益感到憂慮，亞洲很快就會超越已開發國家的經濟。一般相信，亞洲人工作比西方人勤奮，而且對公司比較忠誠。這被視爲取得成功的絕佳組合。亞洲國家能夠成功，也有人認爲部分原因在於家族企業眾多。家族企業能快速決策，不必像大企業那樣經過冗長討論。家族企業也有如家長那般對待員工，有助於培養勤奮工作的企業倫理。

　　這並不是說所有的西方人都相信亞洲出現奇蹟。談到這一點，我想起歐盟的聯合研究中心主任懷康特‧艾提安‧戴維儂（Viscount Etienne Davignon）曾質疑日本奇蹟，認爲那不過反映

出企業主和來往銀行的關係融洽過了頭了。

　　經濟危機爆發之後，亞洲奇蹟的真相，殘酷地攤在眼前。印尼經濟奇蹟大多倚賴外來投資、低廉的勞工成本、豐饒的原物料。數量龐大的家族企業並沒有投資於公司的未來競爭力，許多公司反而被銀行業者說服，從事投機及投資於非核心資產。此外，銀行和企業之間的融洽關係，也被認為和形同經濟崩潰的現象脫離不了關係。印尼貨幣暴跌時，龐大的工業部門現在可說已經技術性破產。

　　許多觀察家認為，這次經濟危機的成因，源自於長期靠關係的傳統亞洲企業倫理發生崩毀。印尼本身以及和印尼往來的外國人都缺乏企業品德意識，導致經濟危機遠為惡化。就前者來說，印尼許多家族企業只顧賺取短期利潤，不思擬定長期策略。至於外在世界，國際銀行迅速通過印尼公司的貸款案，鼓勵它們進行非核心資產（尤其是不動產）的投機行為。只重短期利潤並把投資轉向非核心資產這種致命的組合，影響許多亞洲公司，不只是印尼而已。

　　隨著亞洲的危機愈演愈烈，亞洲社會中的工業網迫切需要更詳細地加以檢視。基於信任關係的緊密合作，造成狼狽為奸、貪汙腐化、任人唯親等種種危險。所以說，我們急切需要重新檢討印尼工業的結構，尤其是它所依據的倫理。

西方企業倫理的模式

　　那時候，亞洲經濟崩毀的部分原因，在於企業缺乏責任感和透明化，家族企業更是如此。印尼主管當局花了好幾個月的時間，才統計出民間部門的舉債金額。

　　因此，有人敦促家族企業採行西方企業結構。他們認為，專業人士管理加上透過股票公開發行，對股東負起責任，可以改善企業經營實務的透明誠實。這並不是說所有家族企業都沒有採取企業化的經營方法，但許多家族企業的確如此。

　　雖然西方的企業經營哲學模式在印尼日益生根，企業結構是不是培養可行的企業倫理的最好手段，近來的發展卻投下陰影。例如，企業執行長濫權無度，以及西方許多公司強調保衛股價和支撐股價的做法，似乎令他們分心未能專注經營企業的基本面，而且在經濟衰退期間，只注重創造利潤或者降低虧損。結果，我們看到了美國安隆垮台。而多年之前的歐洲麥斯威爾（Maxwell）企業帝國瓦解。此外，經濟衰退期間，也看不到企業倫理的影子。西方企業顯然輕言裁員，讓財報數字保持「淨收益」，卻無視於這種措施的惡果是由社會承擔。

　　這些失敗和做法不應遮蓋了殼牌（Shell）、卜內門化學（ICI）、聯合利華等無數西方公司備受讚譽的事實。這些公司採行廣泛的社會政策，也願意吸納成本，去改善它們所雇用的員工和經營環境的社會福利與經濟福利。

　　總的來說，對於全力發展西式企業架構，做為印尼優良企業倫理的基礎，我的態度相當保留。實施法治、採用合理公平的會計準則、管制證券的交易，都是得自西方、用於保護企業倫理的寶貴特質與經驗。但我相信，不妨善用亞洲的社會和道德責任，去發展亞洲的企業倫理，進而推廣到國際上。

企業品德──亞洲經驗

　　亞洲一些家族企業已經採行優良悠久的企業倫理。就印尼

而言，社會內部發展出來的文化環境形塑企業行為。特別是重視和諧與宗教，也反映在管理階層的寬容。企業管理階層尊重各種信仰的宗教節日和個人祈禱時間。世界上也許找不到像印尼這樣，以同樣的方式尊重所有宗教的國家。

擔任現職之前，我曾經服務於私人機構。為免落人口實，我不打算舉印尼公司為例，改以亞洲地區的其他公司來說明。泰國的暹邏水泥公司（Siam Cement Group）是 1913 年成立的家族公司。雖然它的核心業務是水泥，卻已多角化經營，透過子公司和合作經營，生產灰泥板、塑膠等產品。暹邏水泥在印尼設有許多子公司。這家公司採行的倫理規範，依據四大原則：

恪遵公平原則

根據該公司的資料，這包含：

- 以適當和公平的價格，供應高品質的產品與服務。
- 給付員工的薪資及福利，應該向業內的領導廠商看齊。
- 努力追求業務的成長和穩定，為股東賺取良好的長期報酬。
- 公平對待顧客、供應商、其他人等所有往來對象。

相信人的價值

這家公司認定員工是它最寶貴的資產。資方和管理階層強調，公司能夠成長和繁榮，員工居功厥偉。他們進一步凸顯績效取向的環境，強調雇用高素質的員工，並且鼓勵他們和公司一起成長。資方和管理階層也重視對待員工的方式，認為應該讓他們覺得工作有保障，而且全力投入所指派的任務，滿懷信心地執行這些任務。

關懷社會責任

這家公司強調，它對「置身其中的國家社會懷有堅定不移的責任並以此經營。暹邏水泥公司將國家利益置於本身的經濟利得之上」。我也相信致力實現國家利益十分的重要。

追求卓越

這家公司強調創新的重要性：永遠有更好的做事方式。它努力透過資源的運用，追求改善，期望有更好表現。

這家公司可以做為亞洲優良實務的最佳表率。西方的商業社會效法這種公司，也能有很好的表現。雖然對這家公司來說，利潤仍然重要，它也關心員工的福利，以及本身的聲譽。

我知道，這家公司面對亞洲危機時，已經調整組織結構。雖然這項行動包括有限度裁員，該公司仍然堅守原則，並證明經得起最惡劣的亞洲危機的衝擊，而且顯得更為堅強。

類似的例子還有不少，如印度的達達集團也已發展出本身的企業倫理。這些公司的人力資源發展被認為格外重要，而且它們積極為國家整體的社會福利做出貢獻。

上面兩個例子中，單單利潤或者壓榨廉價勞工，不是這些公司的經營目標。為了在它們所經營的國家中參與強化社會網，因此產生的額外成本，它們欣然承擔下來。所以說，它們是採行和定義企業倫理的良好典範。

提升印尼的企業道德

印尼的工業發展是最近才有的事，而過去可能已經存在的

企業倫理，本質上屬於自動自發性質。這並不是說它們沒有以某種形式存在，但通常取決於公司和相關的個人。

在對經濟成長實施「統制經濟」（dirigisme）政策的時代，印尼政府刻意在石油、水泥、鋼鐵和化學等部門扶植一些著名的國有企業。這些企業享有近乎獨占市場的利益，但也被寄予期望——透過創造就業、人力資源發展、教育訓練、醫療保健和保險，對國家的整體社會目標有所貢獻，並有助於印尼工業化。這套制度運作得相當好，但是一段時間下來，可能也導致若干公司支配某些行業，無效率的現象隨之而至。

亞洲危機發生之後，人們建議應該擴大經濟的工業基礎，間接促成了發展企業倫理的指導準則誕生。尤其是，反托拉斯法應運而生，以鼓勵印尼市場的競爭。在此同時，進口關稅大幅調降，因而提高競爭程度。此外，各方也都在努力加強法治的觀念。為了控制和消除貪汙腐化，許多組織陸續設立。

我認為這些機制對印尼很重要，但它們本身不足以鼓勵過去定義的企業倫理。整體而言，它們的作用是提供一套架構，讓印尼企業在架構內運作，但其本質並不能灌輸社會責任感，而我要強調的是，社會責任才是發展整體企業倫理的關鍵。

值此關鍵時刻，我覺得應該轉向印尼政府扮演的角色。政府當然應該努力促進和執行一些制度，例如實施有效的競爭政策，但我相信，這些制度的效能會愈發接近全球通行的解決方案。不過，正如我說過的，發展企業倫理的關鍵，是鼓勵民間部門承擔多種社會責任。在這方面，印尼政府當然可以採用多種方式去推動這個過程。

促進資源適當分配

如果不干預經濟的話，那就應該盡最大的可能，鼓勵資源做最妥善的分配。印尼政府必須促進資源分配最大化。目前迫切需要進行的工作，包括提升一般教育水準，但是培養特殊技能尤其攸關印尼工業在全球經濟中的競爭力。

民間機構有許多方法可資利用，特別是透過競爭法，實施公平和透明的規定。廢除印尼經濟中，造成無效率現象的各種排外特許和企業獨占，這個過程已經處於先進的階段。1999年3月，我們頒行「反獨占及不公平企業競爭法」。這是經濟法的一種工具，用於保護小型企業和合作組織的利益，也保護消費者；消費者是印尼經濟活動的基礎。另一個主要目標，是禁止對競爭施以垂直限制，也禁止任何交易或合約允許寡占、獨占、聯合壟斷並固定價格、操縱市場，以及供應商協議分瓜市場的行為。這個法律體現了「市場行為原則」，而不是市場結構。根據該法，企業的行為如果濫用支配地位，可能會遭受調查。

至於政府，公共部門的薪水需要調高。個人和家庭應該能靠薪水維持合理的生活水準。我們努力建立倫理標準的時候，必須提供讓它們在社會內部發展的基礎。

推動重視績效的環境

鼓勵印尼整個社會發展著重績效的環境，對我們來說很重要。我們應該有一套體系，能夠確認社會中具備頂尖能力的要素，不管那是在公共部門，還是在民間機構。

社會安全網

鼓勵品德標準的同時，也需要發展一張社會安全網，提供每個人基本的醫療保健服務和教育機會。

生活素質

生活素質很重要。尤其是實施各項計畫和專案改善主要都市的交通擁塞，特別是在雅加達，而且要進一步管制環境。

民間機構

應該鼓勵印尼民間機構參與協助國家建設的倫理社會網絡。整體而言，多年來這部分相當欠缺。公共部門和民間部門之間缺乏信任。但是政府若能促使資源的分配最大化並改善社會基礎設施，則有助於拉近隔閡。政府應該善用稅收。同時印尼的民間部門應該認清：在這個過程提出貢獻、實施教育訓練計畫、設立海外研習獎學金、提供基本的醫療保健和社會保障設施、確定公司本身建立績效取向的環境，至為重要。

至於外商直接投資（FDI），只把印尼看成廉價勞工的資源，或者比較生產力水準的一個統計數字，是不夠的。企業應該有長遠的承諾，致力發展社會網和國家整體福利。除了努力從我們擁有的相對優勢中賺取最大的利潤，也應該對員工實施負責任的社會和福利政策。

單單因為勞工成本升高，或者生產力水準下降，就從印尼外移（如近來所見現象）是不合倫理的做法，因為我們應該考

116 台北木柵郵局第240號信箱

天下遠見出版公司 收

http://www.bookzone.com.tw

地　址　(郵遞區號)　　　市/縣　　　鄉/鎮/市區　　　路/街　　　段　　巷　　弄　　號　　樓/室

姓　名

電　話　住宅(　　)　　　公司(　　)

傳　真　(　　)

◎如果您願意不定期收到天下遠見提供的資訊，請填寫下列資料寄回。（免貼郵票）

1. 您的電子郵件信箱：_____

2. 您所購買的書名：_____

3. 您的性別： □男　□女

4. 您的職業： □1. 學生　□2. 軍公教　□3. 服務　□4. 金融　□5. 製造　□6. 資訊　□7. 傳播　□8. 自由業
　　　　　　　□9. 農漁牧　□10. 家管　□11. 退休　□12. 其他

5. 您從何處得知本書消息？（可複選）
　□1. 書店　□2. 網路　□3. 書訊天下　□4. 報紙　□5. 雜誌　□6. 廣播　□7. 電視　□8. 他人推薦　□9. 其他

6. 您通常以何種方式購書？（可複選）
　□1. 書店購買　□2. 網路購書　□3. 傳真訂購　□4. 郵局劃撥　□5. 其他

7. 您覺得本書價格　□1. 偏高　□2. 合理　□3. 偏低

8. 您對本書的評價（請填代號 1. 非常滿意 2. 滿意 3. 普通 4. 不滿意 5. 非常不滿意）
　書名____　內容____　封面設計____　版面編排____　文／譯筆____

9. 讀完本書後您覺得　□1. 很有收穫　□2. 有收穫　□3. 收穫不多　□4. 沒收穫

10. 您會推薦本書給朋友嗎？　□1. 會　□2. 不會　□3. 沒意見

您的書號：_____

您的生日：西元_____年____月____日

慮企業員工的生計問題。如果企業關切這個國家的社會福利，就不會發生這種事情。

這些提案的目標都是強化並助長倫理標準生根發展。可是當基礎設施付之闕如，而人民生活普遍窮困，很難激勵社會與倫理行為萌芽並支撐企業倫理。

創造倫理環境

近來在西方，問題層出不窮，顯示維護企業品德相當困難，但是開發中國家的問題遠為尖銳嚴重。開發中國家的人民生活普遍貧困，寄望其企業倫理發揚苗壯，未免不切實際。在印尼，就算是中產階級也難平衡收支問題。年輕的大學畢業生初進職場的月薪，約為 80 到 100 美元。企業求才往往吸引數百，甚至數千名受過高等教育的印尼人爭相應徵。薪資水準普遍偏低，生活費用卻持續升高。

問題在於如何促使民間機構欣欣向榮，提升企業的能力，足以提供員工更合適的待遇。談到這一點，我們不免想問，為什麼在兩位數的經濟成長期間，印尼企業未能增進國家的繁榮？印尼許多行業眼界短淺，未能將資源投資於未來。直到今天，著眼搶占未來領先地位的印尼公司幾稀。印尼企業鮮少投資研究發展，依舊不夠重視行銷。印尼經濟中，許多行業仍持續競相產銷廉價產品。舉例來說，雖然紡織業在國際上仍生機勃發，許多印尼行業卻繼續在價值相對低落的市場區塊競爭。不少印尼公司生產的成品，利潤很低。製鞋是印尼工業的另一個例子：竭盡全力只能平衡勞動成本，根本無力創造資金，貢獻於社會福利網。

　　全球化經濟釋出的競爭，使得這個狀況更為惡化。原物料比較不具優勢的印尼工業不得不設法將勞工成本壓到最低，才能在國際上維持競爭力。同時，關稅降低也使得國內市場的競爭加劇。因此，印尼工業正承受激烈的競爭壓力。

　　要促進財富創造，我們可以採行多項措施。某些特定的例子中，印尼政府可以鼓勵加強研究發展，或者改善某些行業的行銷技巧，或者鼓勵投資有附加價值的產業。其他的例子中，我們或可鼓勵投資於單純依賴廉價勞工成本之外較具優勢的產業。發展我們本身的農漁業資源就是個明白例子。木工和家具，以及造紙及紙漿業也很重要。

　　若無國際社區的全面承諾，這些計畫不可能成功。各國市場對印尼產品若不全面開放，印尼不可能創造出建立有效社會福利體系，並支撐社會優良企業倫理所需的資產。

　　印尼對外國廠商日益開放市場。市場那隻看不見的手，顯然已改善印尼經濟的效率。然而這個過程也可能減低這個國家創造收入以擔負社會需求的能力。複合型企業和國有企業的地位正受到挑戰，滿足員工社會福利的能力，也遭到更大威脅。

　　雖然大體來看，開放印尼市場是全球化過程中不可扭轉的趨勢，但是我們必須清楚強調，光是強化法律和會計準則，印尼的優質企業品德不會應運而生。只有創造財富，才能支撐鞏固倫理。印尼的民間部門不能只考慮利潤，或者只想要維持勞工成本優勢，也應該扛起責任，參與改善社會和福利條件。要做到這一點，必須有能力創造所需的收入。進入外國市場的管道保持暢通，也因此顯得格外重要；缺少海外市場通路，就不能提供印尼需要的財富，建立有利的社會福利環境。

區域主義

從西方而來、強化法治的努力，加上諸如印尼實施競爭政策之類的措施，在亞洲許多國家一再看到，尤其是亞洲危機爆發之後，尋求國際貨幣基金（International Monetary Fund ， IMF）援助時，更是如此。外來投資對這個地區的繁榮十分重要，所以我們經常被提醒：法治、健全的企業治理、優良經營實務，是吸引外來投資的先決條件。但是這些努力無助於解決企業倫理的問題。有鑑於此，我相信亞洲地區務必對廣義的企業倫理有共同的理解，尤其是必須了解需要哪些努力，才能創造企業倫理繁榮茁壯的環境。

廣義的企業倫理包含參與一國社會與福利的發展，所以必須考慮以下的需求：

吸引外來投資

東南亞國協（ASEAN）許多國家的經濟狀況非常類似。我們強調勞工成本較低、生產力較高，或者提供各種租稅優惠措施，競相爭取外來投資。就政府的層級來說，我們的做法不是特別合乎倫理，因為我們低估了勞動人口的價值，也因為提供優惠而減低稅基。這樣吸引外資的方式並不完全合乎倫理。

雖然有必要吸引外商直接投資（FDI），我建議這個地區應該採取共同的 FDI 標準，讓企業確實了解：為它們營運所在國家的社會及經濟福利作出貢獻，是很重要的一件事。我們應該借重暹邏水泥和達達集團等公司的經驗，也許進而採用它們的 FDI 標準。這也有助於鼓勵 FDI 不只視一國為廉價勞工成本的生

產基地，可以從中賺取最高的利潤，更且將自己看成合作夥伴，必須對它們的所在國家有所貢獻。

雖然有人可能說，這種方法不利於吸引外來投資，我卻不以為然。ASEAN 地區能提供許多東西。相當高比率的 FDI，目的是利用這個地區的資源，或者開拓成長潛力仍大的市場。這個地區不是沒有它的力量，但是我們必須善用這些力量，去改善各國的社會福利。

我也相信 FDI 應該歡迎這種提案，因為一國的政治安定和經濟穩定，終將取決於人民的福利和社會狀況。對人民負責的政府，將備受好評。相對的，我們必須努力改善企業經營實務的透明度，並且恪遵法治。

鼓勵國內投資以支持理想

私人機構的責任不限於外商投資。但願見到在區域性的層級自動自發引進倫理規範。雖然不可能所有公司都採行如暹邏水泥等企業的標準，但值得把它們當做目標，努力去達成。

談到國內投資，我們應該考慮有哪些方法，可以協助企業提升在全球經濟中的競爭力。其中可能包括在工業的層級，強化規模更大的區域性提案。

區域層級的行為準則

我完全支持在區域的層級，而且主要是在東協自由貿易區（AFTA）內部，將企業的行為準則機制化。舉例來說，和嚴守公平性、相信個人價值、關懷社會責任、追求卓越有關的指導

原則，應該在我們各自的民間部門發展出來。

最重要的是，我們應該從西方公司汲取教訓，尤其是股票公開上市公司承受巨大的壓力，必須藉創造利潤和派發股利以支撐股票的價格。雖然西方使用的方法，是加強執行會計準則，但是我們應該鼓勵股東和投資銀行家，瞭解根據企業扮演的社會和福祉角色去評估它們，是很重要的一件事。

區域研究發展及科技移轉提案

雖然創造財富有助於引進倫理標準，亞洲地區長久以來卻被視為全球經濟中基本原料和商品的供應地，或者廉價的生產基地。印尼公司經常接單後，根據買主要求的規格和設計去生產。買主告訴它們，去哪裡尋找原物料，而且它們甚至可能不知道產品的最終目的地是何處。

我並不反對這種工業實務，因為那是全球經濟唇齒相依的一環。但是這些實務無益於維持長期的經濟進步。因此我們有必要增強一些提案，如匯集區域性的研究發展資源。此外，我們也需要提高產品的價值，例如往流通鏈和行銷鏈推進。舉例來說，我們應該更樂於分享和發展海外的貿易商，以利打進外國市場。單單因為這個地區的勞工便宜，而把它視為生產基地，是不合倫理道德的。我們必須努力扭轉這個過程。

區域層級的共同立場

這個地區採取共同的立場，是日益重要的一件事。世界貿易組織（World Trade Organization，WTO）的會員國必須了

解，貿易談判應該符合倫理道德標準。尤其是杜哈宣言揭櫫的開發中國家利益，必須尊重，並且全力執行。西方經濟體對於市場通路採取重商方法，依然極力保護農業等敏感部門，將無法促使全球經濟的財富公平分配。這種情況下，期望全球的企業倫理標準大幅往前邁進，不啻痴人說夢。

全球方案

● 開發中國家亟需打開市場通路

我們也需要以國際視野考量企業倫理標準。強化法治或會計實務，並不能解決全球層級的議題。以亞洲來說，有必要確保開發中國家能夠充分享受全球化的利益。正如我之前強調的，應該鼓勵企業將眼光放遠，不是只看短期利潤，並且關懷員工和其所在國家的社會與福利渴望。印尼需要依靠財富的創造，才能做到這一點。所以全球經濟應該為印尼的產品暢通市場通路。

印尼已經選擇走上參與全球經濟的道路。印尼市場本身的利益，日益開放給外部世界分享。西方工業已經進入印尼製造業的大部分重要產業，成品也繼續流入印尼市場的敏感及非敏感產業。有鑑於此，我們也必須確保產品的海外市場通路。外國市場如果繼續樹立壁壘保護本身的農產品，將把開發中世界擁有相對優勢的產業阻擋在外。只對缺乏競爭力的開發中國家產品開放市場通路，是不合倫理的行為。用這種方法進行貿易談判是不道德的，應該改弦更張。

● 工作條件採行國際標準

我完全支持採行基本的國際標準，用以管理合適的工作條件。雖然國際勞工組織（International Labor Organization ， ILO）扮演關鍵性的角色，但把勞動標準納入WTO的架構，卻令人深感憂慮，因為那似乎是為了消除開發中世界憑藉勞工成本較低而享有的競爭優勢。

談到勞工的問題，我希望見到ILO繼續發展行為準則，並為國際企業界所採用。我們必須體認：企業倫理包含社會與經濟層面的考量，不只是法令管制的問題。有必要深入了解。

● 倫理標準

我們應該也可以期待發展一套國際標準制度，認可和凸顯跨國企業的優良實務，以及隨之而來可能擁有的行銷優勢。這將有助於促進企業界的倫理標準。在這方面，暹邏水泥的倫理規範是個好例子。

● 國際放款管制

銀行界似乎沒有從過去學到教訓。雖然放款仍是工業成長的寶貴燃料，銀行卻也必須適切評估放款和投資的風險。在某種程度內，東南亞國協的危機，可說是源於銀行業者有勇無謀的行為，只急著鼓勵企業接受貸款，走出核心業務，進行多角化經營。金融業者應該在金融部門，協助奠定倫理基礎。

結語

　　企業倫理的發展，有賴於我們日常服務與營運的團體。一味重視利潤，結果沖淡了倫理標準。因此，把利潤的追求和其他目標連結起來十分重要。所謂其他的目標，包括貢獻於公司經營所在的國家社會網，以及貢獻於員工的社會與經濟福利。

　　無數公司採行的政策，不是只求利潤的最大化。亞洲一些公司，雖然政府並未推動，卻已有本身的倫理規範，我稱它們爲模範企業。但是，倫理的發展，取決於經濟的成長和繁榮。印尼雖有一些模範企業，究屬鳳毛麟角。

　　開發中國家的一大問題，是缺乏財富的創造，以支持政府和民間部門層級的社會與福利的發展。資源分配的最大化及鼓勵績效取向的環境，也各有相關的問題存在。

　　全球經濟的競爭日趨激烈，更加凸顯開發中國家面臨的問題。這種環境無助於倫理標準的普及，原因很簡單：它們根本無力採行倫理標準。

　　倫理不只是公司如何營運的問題：它也涉及政府在經濟和貿易關係的行爲。全球經濟中，各國政府所作的承諾應該加以尊重並且執行。就這一點來說，杜哈宣言主張爲開發中國家舉行貿易談判，卻尚未實現。相形之下，已開發國家繼續保護經濟中的敏感部門，同時利用貿易體系，撬開其他市場的經濟大門。這種方法不合倫理，並且反映過去的重商態度。

　　在區域層級，亞洲國家應該團結起來，在貿易談判上採取共同立場。我們也應該鼓勵更合倫理的方法，以吸引外商直接投資。我們應該鼓勵民間部門更廣泛地採行倫理規範。社會價值應該廣爲散播，並鼓勵企業員工攜手實現共同的目標。

　　國際層級方面，ILO 等國際組織扮演的角色應予強化。但是自動遵守倫理標準也應受到鼓勵。採行標準的公司應獲適當認證。這些倫理標準也應涵蓋金融公司和銀行，因為亞洲危機的發生，就算非因它們而起，也是因它們而惡化的。

　　最後，我要指出，許多傳統家族公司展現的「亞洲價值」，對範圍更廣的現代企業指出倫理標準發展之路。這類公司關心員工的福利，不只代表經營企業的一種人道精神，也是厚植長期實力的最佳公式。結合這種方法和現代的管理制度，包括投資於未來的發展，確實提供了一套實用可行的模式。我們也看得很清楚，這種價值需要政府貢獻它的力量，創造利於這種價值滋長的環境。不過，要創造一個以負責和倫理政策為基礎的社會，成功的前提是已開發國家願意提供合乎倫理的企業經營環境。區域內各國攜手合作，才有可能說服已開發國家相信，基於倫理價值，發展永續型社區，則人人同受其利。

8
勞工
企業品德與勞工

林文興
新加坡總理公署部長兼全國職工總會秘書長

21 世紀初始，就籠罩在 1990 年代企業貪欲無度的陰影中。達康公司泡沫破滅、安隆和世界通訊公司爆發企業醜聞，以及由非政府組織領導的反全球化運動，在在發人深省並質疑，盛行一時的割喉式資本主義是否允當。

我們能不能找到道德層次更高，或形式更為長久的資本主義？這方面的爭論持續不輟。工會在其中扮演引領方向的重要角色。要建立「倫理資本主義」，工會可以貢獻一己之力。

倫理資本主義的本質，不是壓榨剝削或者對立排斥，而是攜手合作和同心協力，共同致力於創造可以公平分享的財富，不是只讓少數得天獨厚的人累聚錢財。

倫理資本主義和狗咬狗的割喉式資本主義世界不同，特徵在於一種共同的價值感。商業交易不再著眼於壓榨剝削，而是以信任和基於價值的法令規定來做為潤滑劑。

不是只有講授倫理的老師和牧師才需要接觸倫理。倫理在

商場上有其實務利益。講信重義可以降低交易成本。它們能夠創造正向外部性（positive externality），為市場上所有的人同享。基於價值而訂定的適當法律，也是企業倫理的要素。若干經濟學家認為，不良的企業治理法規有它的成本——反映在股價的折價上。

層出不窮的企業詐欺頻頻打擊投資人，他們要求制定更嚴格，更好的法律。勞工則希望法律保護他們的權益，不能為了股東利益而犧牲他們。

倫理資本主義的基本架構，是根據共同的價值而生的一種觀點，目的不在形成對立抗衡的關係。**企業效力的對象是利益關係人（stakeholder），而非只為股東（shareholder）服務。**利益關係人包括員工、顧客、商業夥伴和社區。

在這個架構中，工會的主張是，根據勞工的附加價值生產力和貢獻，與勞工公平分享企業利潤。

倫理資本主義並非被閹割的資本主義形式。它十分穩健紮實，匯集所有利益關係人的力量，共同因應全球化的挑戰，例如國家之內和各國之間所得分配不均日益擴大的現象。

利益關係人

首先來說明利益關係人的重要性，這有助於明瞭企業存在的真正目的。

我們過度沉迷於1980年代和1990年代的流行觀點，以為股東要承擔風險，所以他們的利益必須優先於一切。結果，我們忘記了這種看法背離歷史。

數千年來，人們篤信企業不只要對股東負責。「利益關係

人」理論的前身，自古以來就和我們同在。在古希臘，人們期望企業服務於社區。到了中世紀，好企業家必須心誠行正。「居高位者品格更應高尚」（noblesse oblige；指統治者對被統治者負有的責任）的理念和孔子的仁治觀念，點明了歐洲貴族和中國領導人負有社會責任的觀點。英國有幾家企業奉行理念相同的貴格會（Quaker）教義倫理。

到了20世紀，企業應該廣泛負起責任的論調於1930年代再度興起。契斯特・巴納德（Chester I. Barnard）在《高階主管的職能》（*The Functions of the Executive*）一書表示，企業應該為社會服務。他並且提出這樣的觀點：**企業是達成更大目的之手段，企業本身並非目的。** 1953年，霍華德・鮑恩（Howard Bowen）領先時潮的巨著《企業家的社會責任》（*Social Responsibilities of the Businessman*），明白表示企業是「社會公僕」，以及「**股東的利益（狹義）不是管理階層的唯一責任**」。換句話說，企業存在的目的是服務社會，不是服務股東。

這並沒有否定企業營利的權利。正如學校以教育孩童的方式服務社會、國會負責頒訂法律、政治家權衡考量各種不同的利益，企業則以產銷商品和服務以賺取利潤的方式服務社會。營利潤滑了我們的經濟；它是交易的工具，企業用它來支付勞工，勞工進而支付學校以教育他們的子女，而且勞工和企業都要納稅，造福社會。少了企業，就沒有商務；少了商務，就沒有利潤；少了利潤，就沒有工資；少了工資，就只有奴工，而不是能夠自由流動的勞工。

因此，企業賺取利潤，才能服務社會。但是利潤是手段，不是目的。日本企業導師松下幸之助在《松下幸之助管理技巧》（*Not for Bread Alone*）一書中這麼說：

「有些人認爲企業的目的是爲了賺取利潤。要執行適當的企業活動，利潤的確不可或缺……但是，利潤本身不是企業的終極目標。更爲基本的要務，是經由企業的管理，改善人的生活。只有爲了把這個基本的使命做得更好，利潤才變得重要和必要。」

我們只要調整眼光，就會豁然開朗。企業賺取利潤，是爲提供社會更好的服務。利潤是手段，不是目的。

全球化力量與新加坡對策

在全球化的浪潮襲擊之下，各國市場紛紛開放，金融科技、資訊和勞工快速流動，結果導致資本主義的貪欲無度放大百倍之多。今天極少社會能夠自絕於全球商務市場之外，但是也許有不少社會但願如此。商品的快速流動、金融和資訊的互動，已使國與國之間的疆界千瘡百孔，各國決定本身經濟和人民命運的能力因此大打折扣。最近嚴重急性呼吸道症候群（SARS）快速蔓延的事實告訴我們，廣州發生的事情，迅速影響全球各地，從香港、北京、河內和新加坡，到多倫多與台北，無一倖免。

全球化和國際貿易與投資的興起，從基本上改變了勞雇關係，並給工會帶來新的挑戰。

哈佛大學的經濟學家丹尼・羅德里克（Dani Rodrik）在《過度全球化？》（*Has Globalization gone too far？*）一書指出，全球化已經使得勞力需求更具彈性，各國經濟中的勞工更容易被外國勞工取代。這種現象擴大了**技能溢酬（skill premium）**，

並且壓低底層勞工的工資，也擴大不同技能層次間的所得差距。在此同時，同種技能內部的所得不均也因此擴大。經濟學家估計，1980年代中學輟學生和其他勞工間的工資差距，有10%到20%是貿易造成的。

資本流動性提高的同時，勞工（尤其是低工資勞工）卻文風不動。勞工相對於雇主的談判力量因此降低，進而侵蝕勞工要求公平分享企業利潤的能力。研究工資不均的經濟學家認為，工會化力量下降，這個因素很重要。有一項研究估計，美國工資不均升高，約有五分之一是工會化力量式微造成的。西歐的工會力量一直較強，政策環境較支持工會發展，低技術性勞工的工資並沒有大跌，付出的代價卻是失業率升高。

低技術性勞工的需求彈性增加的同時，高技術性勞工的供給也是，結果壓低了前者的工資，推高後者的工資。不同勞工群體的所得不均因而擴大。

雇主能代換勞工、移動資本、遷移到成本低廉的國家，導致勞工的波動性升高。勞工更可能失去工作和面臨工資下降。

這種不安全感，提高廣化和深化社會安全網的需求。羅德里克指出，國際貿易開放程度和承受外部風險最高的國家，政府的支出水準也最高，因為這些政府必須設法提供各種措施減輕國際經濟力量。他列舉數字表示，整個1980年代，貿易相對於國內生產總額（GDP）比率低的美國和日本，政府支出占GDP的比率也低至10%到20%。與盧森堡、比利時、荷蘭等貿易依存度高的小國（貿易相對於GDP的比率在100%到200%）政府支出高達40%到50%，形成鮮明對比。

這一點和其他許多實證研究一樣，新加坡也與眾不同。我們的貿易依存度很高，2002年貿易相對於GDP的比率達

278.63%；但是依據經濟合作暨發展組織的標準，新加坡的政府支出比率並不高，只占GDP的17%。新加坡也許沒辦法一直保持好運道，因為全球化擴大了所得分配不均，政府有必要採取所得移轉、補貼和其他救濟措施。在此同時，政府透過稅收挹注這種移轉的能力也告減弱。政府對流動性高的資本課稅的能力降低，更多的稅賦勢必從資本移轉到勞工身上。羅德里克觀察到，1970年到1991年間，法國、德國、美國和英國的勞工所得稅率從約27%升高到35%。新加坡的企業所得稅趨勢向下，稅賦從所得直接課稅移轉到間接稅。比方說，2002會計年度，新加坡估計211億1000萬元的稅收中，31.7%來自企業所得稅，只有18.6%來自個人所得稅。其餘49.7%來自法定機構的提繳、資產稅、車輛稅、關稅與貨物稅、貨物服務稅、各項規費、博彩稅、印花稅和雜項收入。

工作波動性升高，以及社會安全網深化和廣化的需求增加，勞工運動對這兩股驅動力量，有什麼樣的反應？

新加坡採用的方法，不是對抗全球化，而是順勢而為。舉例說明，我不著眼於保護就業，而是努力提高就業的能力（employability）。我們將推動社會安全網的深化，但所用的方法不是增加更多的福利，因為這只會加重企業和政府的成本負擔。我們提倡調整福利結構，幫助勞工因應工作的波動。我們認為，全球化和更深的經濟整合，對新加坡是不可避免之事，也是勞工提高生活水準的良機。

新加坡勞工運動的因應方式，是基於1965年獨立以來堅持的部分價值準則。

其中最主要的價值準則，是工作尊嚴和自力更生的重要。在新加坡，有工作能力卻接受別人的施捨，是一件有損人格的

事。福利救助的對象,僅限於貧民和缺乏工作能力的人。

在需要救助的時候,社群會慨然伸出援手。自力更生和社群內部互助的強大傳統,自殖民時代即已培養並延續至今。

我們也重視教育和技能的學習。教育目的側重於培養經濟中富有創意和生產力的勞工,同時讓孩童充分發揮潛能。

傾聽勞工的聲音,是另一個基本價值準則。獨立之後,新加坡揚棄勞資對立的盎格魯撒克遜工會傳統,建立起三邊架構。 1972 年,全國工資審議會建立最高層級的三邊工資談判制度。 1959 年以來,每一次大選都獲勝的人民行動黨(People's Action Party , PAP),創始會員包括工運人士。自創黨之初,PAP 就帶有親工會的色彩,並且協助成立**全國職工總會**(National Trades Union Congress , NTUC)。

這些基本價值帶領著新加坡勞工運動因應全球化挑戰。

形成共識

我們的因應方式,是建立勞工和政府間同心協力的關係,不是彼此對立。這並不表示這麼一來,雙方就沒有相左的看法,而是說,不同的看法會經由合作和共識加以調和。

這與新加坡社會尋求共識的社會公有政體規範若合符節。人民期望政府領導人以德治國,他們也普遍充分信賴當權者。工會不是站在反對政府的立場,而是在與政府同心協力的架構內,為勞工的權益發聲,並且致力實現經濟發展和凝聚社會向心力的共同目標。

NTUC 相信,要促進勞工的權益,最好的方法是繼續與 PAP 政府建立共生關係,並且維持同心協力的關係。 PAP 的國會議

員被派往工會擔任顧問或執行秘書，好讓政治人物瞭解勞工關切的事務。但是這種派任必須取得工會的同意。事實上，那是由工會提出建議而派任的。NTUC的秘書長也是內閣部長，以確保勞工的觀點能夠反映到最高的決策層級。這種特別的安排，需要通過兩個獨立的選舉過程——由工會選爲秘書長，並且代表某個選區當上國會議員。

工會和政黨密切結合，並不是新加坡獨有的產物。在英國，英國職工總會（British Trade Union Congress）和工黨密切聯繫。在美國，美國職工總會（AFL-CIO）和民主黨往來甚密。但是美英兩國都不像新加坡發展得那麼深遠。

依據合作架構，工會與政府共同探討用什麼方法最能幫助勞工因應職場上的變遷。我們先問一個基本問題：在全球化的世界中，面對勞動市場的基本變化，勞工和雇主需要什麼？

彈性是這裡面的關鍵，不論企業，還是雇員，都須如此。企業需要保持彈性，以因應景氣循環的變動；把製程外包；修正調整產品。勞工需要保持彈性，以因應勞力需求的變化。這表示他們需要去適應變遷中的工作條件、接受暫時性的工作安排、學習新的技能。爲了創造這種富有彈性的勞動力，就得從根本改變勞動市場的機制。

就業相關福利的可攜性

爲確保高流動性的勞工得到穩健堅實的社會安全網的支持，就業福利必須具有可攜性（portability），不再侷限於某一雇主。尤其是退休、醫療和失業給付的設計，應該有助於勞工的流動。新加坡的強制退休儲蓄計畫中央公積金（Central

Provident Fund），勞工和雇主都必須提存，已經具有可攜性，個人帳戶的資金不套牢於特定雇主。但是醫療福利大致上仍與雇主緊密結合；勞方強烈主張訂定獎勵措施，鼓勵雇主改採可攜式福利。政府在最近的預算中，對於採用可攜式醫療保健福利的企業，增加稅賦優惠。新加坡並沒有提供失業給付，因為30年來，勞動市場一直相當緊俏。隨著經濟結構的轉變，居民失業人數緩緩攀升。勞方相信，新加坡可以引進某種儲蓄計畫，協助勞工度過失業期，並已展開遊說行動。

年平均值	居民失業人數 *	居民失業率（%）
1998	54300	3.5
1999	61000	3.8
2000	59600	3.7
2001	62800	3.8
2002	82400	4.9

* 年平均值資料取自未經季節性因素調整的數字。

彈性組織架構：完整的會員資格

工會的組織結構必須與時俱進，才能滿足勞動人口流動和提高彈性後的需求。工會的核心成員，不能只是大型工業組織的員工，還必須觸及專業和管理階層的廣大勞工群，以及最需要保護的臨時工、低工資和低技術性勞工。

工會也許不應該再依公司別或行業別組織中央工會，而必須設法建立員工組織或專業社團網，允許勞工加入成為會員；這些組織或社團，必須能夠代表不同職涯階段的員工。專業團

體已經慢慢成形，提供集體談判的力量。紐約的今日職場（Working Today）有約9萬3000名個人會員和社團參加，包括各行各業的白領勞工，如新聞記者、翻譯工作者、美術編輯。他們一年繳交25美元的會費，享受依團體優惠費率計價的醫療保險、法律顧問，以及各項折扣。

如果工會不能滿足新勞動人口的需求，其重要性必然減退。新加坡在工會的組織結構上做了兩大變動，確保工會在變遷中的勞動市場仍是勞工權益的主要代言人。第一，我們希望對勞工提供完整的可攜式會員資格。這麼一來，加入工會的勞工，便是終身會員，不管雇主是否更換。在美國，退出工會的人數，是工會會員的兩倍左右，因為工會會員離開原來的工作，重新加入某個工會之前，便喪失了會員資格。提供完整的終身會員資格，有助於維持工會和擴大會員基礎。

我們採取的另一項行動，是推廣稱做「一般分會」的會員類別，目標針對一些企業（例如規模比較小的組織）中，工會無權與雇主進行集體談判的員工。一般分會會員享有傳統工會會員的所有福利，包括投訴管理，但不包含集體談判。由於雇用合約日趨個人化，我們也開始增加對一般分會會員的服務，包括針對個人雇用合約提供諮商和法律顧問服務。

工會會員組織方式的改變，需要修法來配合。包括新加坡在內的許多國家，勞動法是在終身就業和變動步調緩慢的時期頒訂實施的。那時企業組織的規模大且多屬製造業，而且經理人和員工涇渭分明。因此，在新加坡，無記名投票必須至少有半數再加一位的員工支持，才能於職場成立工會。製造業的企業雇主不多且規模大，各自雇用數千或數萬名員工，所以這種制度運作得很好。但在小公司中，能夠談判的員工人數不多，

無記名投票變得相當麻煩。

我們找不到一體適用的好方法來同時滿足各不同勞動群體的需求。比方說，專業人士和經理人也許是依專業別或過去的手工業行會別，去組織工會，匯集資源和風險。另一方面，臨時工可能喜歡結合起來，成立勞工協調會（labor council），進行集體談判或者改善就業條件，如美國加州聖荷西的南灣中央勞工協調會（South Bay Central Labor Council）。低技術性勞工需要基本的就業保障和技能訓練，才不致掉進低工資陷阱中。儘管勞工團體各不相同，有些需求卻是普遍性的：工會必須加強或者提供勞動市場的中介服務，例如工作媒合和搜尋、提供訓練、勞工與雇主間的爭議調解，以及建立機制，加強為勞工代言。

工會能不能在21世紀的社會中繼續發揮效能，很大一部分取決於它們如何回應新勞動人口的需求，以及能否和政府、社區團體結成夥伴關係，在上面所述的各個領域中，滿足勞工的需求。成功的勞工運動，特色是建立夥伴關係和形成共識，不是相互叫陣和對立抗衡。

增進就業能力

要達到真正的彈性，勞工必須重新學習技能（re-skill）和重新整備（re-tool），以因應勞力需求的變化。技能訓練和終身學習缺之不可。在促進或提供技能訓練方面，工會扮演著特殊的角色，因為在傳統的自由市場經濟中，訓練服務的提供出現協調上的問題。彼得‧霍爾（Peter A. Hall）和大衛‧索斯凱士（David Soskice）在他們所著《資本主義的變異》（*Varieties of*

Capitalism）一書中，分析了這個現象。這裡面的問題可以彙總如下：由於沒人保證其他的雇主不會把剛訓練好的員工挖走，因此給了雇主反誘因，不肯投資訓練員工。員工也缺乏誘因，不肯預先投資，學習和某公司或行業有關的特定技能，因為沒人保證他們一定會到該公司或該行業工作。如此一來，企業最需要的個別產業特定技能，投資反而不足。

美國、英國和新加坡這些自由主義市場經濟，問題格外嚴重。在這些經濟體，訓練服務的提供，主要是留給就業市場去執行，這和協調性的市場經濟形成鮮明的對比。後者以中央職業訓練體系，確保從學校到職場的轉移，銜接得密不透風，例如德國就是這麼做的。但是我們依然找不到一套令人滿意的模式，能夠因應步調加快的變遷。自由主義市場經濟的技術性技能投資通常不足，因為在缺乏就業保證的情形下，不能給學生誘因，願意花好幾年的時間去學習技術性技能。相反的，年輕人有很高的動機，希望藉大學教育的高學歷，在就業市場領先群倫；因此大學學歷的工資溢酬很高。難怪工資不均和職業教育的多寡有關係：美國、加拿大、愛爾蘭和英國等國家，工資不均程度最高，而這些國家的年輕人接受專上職業訓練的比率最低，不及比利時、荷蘭、德國等國家。比、荷、德的工資差距較小，職業訓練比率較高。

新加坡的勞動市場帶有自由主義市場經濟的許多色彩。畢業生的工資溢酬很高，但近年來由於我們努力改善技職教育，差距正在縮短。2001年的薪資調查顯示，大學畢業生相較於技職畢業生的溢酬是62%，每個月約550美元。勞工偏好投資於學習範圍較廣的高等教育，比較不喜歡接受技術性訓練。

為了矯正教育訓練內在的市場失調，新加坡提供大量的補

助，誘導勞工接受成長性行業的訓練。低技術性勞工的訓練除了得到高額補助，還有補償工時的津貼。新加坡已經開辦多種訓練課程，其一稱做**技能提升計劃（Skills Redevelopment Programme，SRP）**。自 1998 年以來，經過五年，到 2003 年 2月底，總計有 1830 家公司參與 SRP 的訓練，動用 11 萬 4114 座SRP 訓練場所。NTUC 的目標，是與各工業夥伴形成更緊密的合作關係，從這個過程中確認訓練需求，並且確定各行各業的訓練藍圖。工業夥伴包括雇主團體、工會和訓練供應商。NTUC 希望今年能有 2 萬到 3 萬處的訓練場所。政府總共提供6730 萬美元的資金，到 2003 年 2 月已經支出 2870 萬美元。

政府不只補助低技術性勞工，也依**人力轉換計畫**（Manpower Conversion Programme）補助專業人士。這項計畫旨在訓練運籌、社會服務、資訊通訊和電子學習等成長產業的從業人員。工會為會員的 NTUC「教育訓練基金」募集超過2000 萬美元。

一所旨在促進終身學習而新設的法定機構，帶頭協助勞工接受再教育訓練。工會將繼續提倡，以富有創意的計畫促進勞工教育訓練。例如，我們考慮創設個人技能訓練帳戶，讓勞工有錢接受教育訓練。我們支持的另一項措施，是利用稅法促進終身學習，並對提供重新學習技能課程的私人機構，提撥對等基金。工會主張，訓練和再訓練應與創造就業緊密結合。

工會是社會夥伴

工會必須重新思考本身在全球化世界的運作方式，不能將自己塑造成資方反對者和勞方捍衛者。只有和資方、國家營造

良好關係，對勞工的幫助最大。同心協力是新加坡NTUC三邊架構的基礎。NTUC的目標和世界上所有的工會相同：持續不斷提升勞工的技能、生產力、實質工資，以保護和增進勞工的權益。我們採取同心協力的方法來實現勞工的利益。就新加坡的社會政治環境而言，這正是最有效的方法。

新加坡的工會視本身為社會夥伴，致力於創造財富，而不只是分享財富。因此，工資談判是基於務實地評估總體經濟和景氣循環。只有在企業能獲利的前提下，它們才會在新加坡從事財富創造的活動。如有需要，工會支持抑制工資，甚至降低工資，以保護就業機會。例如1985年和1988年的經濟衰退期間，工會曾經支持降低工資，以重振新加坡的工資競爭力。

新加坡的工會把勞工史上的教訓牢記心裡。其他地方的工會經常見到它們的重要性每下愈況、邊緣化，以及被排除於社會對話之外。工會領袖對於所謂的勞工權益，觀點狹隘，有時見樹不見林，而且一味強硬地追求戰術上的利益，卻在更重要的戰役中敗下陣來。約翰・李維士（John L. Lewis，1880-1969）1943年領導煤炭工人組成的美國聯合礦工工會（United Mine Workers of America）展開罷工，抗議二次世界大戰期間的工資凍結。羅斯福總統呼籲勞工共體時艱，為了國家的利益而取消罷工。李維士卻對他1930年代支持的羅斯福總統的呼籲置之不理。他說：「美國總統拿薪水照顧國家的利益，我領薪水照顧礦工的利益。」彼得・杜拉克（Peter Drucker）在《杜拉克談未來企業》（*Post-Capitalist Society*）中指出，戰爭經濟得靠煤炭做為燃料，國家不能一天不生產煤炭。李維士贏了罷工，輿論卻大加撻伐，造成煤炭工人的罷工反成了勞工濫權無度的代名詞。這次勝利付出極大代價，美國工會運動卻自此式微。

在英國，由於立場強硬的工會干擾到企業的正常營運，首相柴契爾夫人（Margaret Thatcher）只好調整管理國家、雇主和工會關係的機制環境，從而減低工會的影響和組織力量。

英美勞工與政府彼此對立的關係，並不是唯一的模式。勞工和政府合力保護就業機會的社會契約，是包括義大利和瑞典在內，歐洲政治地貌上的一大特色。荷蘭的工會曾在兩次經濟危機期間，調降工資，以拯救就業：一次是在 1982 年，25 家製造業公司破產，30 萬人失去工作，另一次則是在 1993 年。

在新加坡，我們相信勞工的第一要務是取得謀生技能。勞工必須先有工作，工會才能幫助他們配合勞工生產力的成長，獲得實質工資的成長。新加坡的勞工和其他地方的勞工，競相爭取國際資本、貿易和就業機會。工資成本必須具有國際競爭力。許多已開發國家中，工會試著爭取維生工資或最低工資，以保護勞工的權益。但是以相同的生產力水準來說，已開發國家的維生工資可能是開發中國家的好幾倍。這是全球製造業和服務業的就業機會移轉到開發中國家的根本原因。已開發國家的一些工會，主張開發中國家應該實施更嚴格的勞工實務和提高工資，抗拒這股全球性的就業移轉趨勢。

然而在新加坡，我們不認為這個方法正確。每個國家都會根據自身經濟發展水準，慢慢演進和改善勞工實務。已開發國家曾有這樣的經驗。霍布斯（Hobbes）有句名言形容工業化後的英國，生活「惡劣齷齪、粗野殘酷、短缺不足」。要是當時的英國被迫遵循今天的工運人士希望加諸開發中國家的勞工標準，那麼英國工業化的效果是否還是那麼好，大有疑問。

新加坡的工會相信：如果工資必須維持競爭力，那麼經濟體中的生活費用應該符合勞工的購買力。工會並不主張政府應

該補貼所得，或者立法訂定最低工資或維生工資。相反的，工
會主張的政府補貼，是將基本生活費用壓低到能夠負擔的水
準。因此，新加坡政府大量補貼國民住宅，現在已有約有90%
的人民住進國民住宅。教育屬義務性質，而且幾乎全額補貼。
醫療保健方面，政府對基本醫療保健服務供應商大量直接補
助，並且實施強制醫療保健儲蓄（Medisave）、選擇性個人保險
（Medishield）、貧病救助（Medifund）。

新加坡的工會力量仍強，會員參與率從1990年代中期成長
為2002年的19.2%，而且工會在三邊關係中仍舊是效能十足的
談判夥伴。我們認為，勞工分享企業的利潤固然重要，但不是
靠強硬的談判立場去取得，而是必須設法做大所有人同享的利
潤大餅。

深化並拓寬安全網

新的安全網必須建立，因應全球化帶給勞工的沉重壓力。
全球化改變雇用關係的速度，快於政府改革安全網以因應變遷
的速度。政府能做的事情只有那麼多，尤其是因為課稅的能力
受到更多的限制，預算難免捉襟見肘。個人、家庭、社區應該
盡一己之力，儲蓄收入的一部分，以應失業時期之需。

我們不應該將深化安全網的所有壓力都加諸於政府，而必
須體認：在變動的工作環境中，建立安全網是共同的責任。我
們不能以為花更多的錢，就可以解決這個問題，而應該用策略
性的眼光，把心力集中在將有實益的領域。

其中關鍵在於建立一個支援性的基礎設施，讓勞工能夠從
某個工作順利移轉到另一個工作。就社會福利來說，這表示醫

療保健福利和退休福利應該具有可攜性，而不是侷限於特定的雇主。這也表示，應該實施儲蓄計畫，協助遭到裁撤或失去工作的勞工度過失業的難關。新加坡的工會繼續主張推動變革。

此外，工會也能減低勞工更換工作時面臨的摩擦。如果勞工能從一個工作順利轉換到另一個工作，將有實質的經濟利益可得。據估計，獨立包工要花大約四分之一的時間尋找和爭取下一件專案機會。工會組織可以利用它們的雇主網和勞工網，在事求人和人求事之間搭起一座橋樑。

除了協助尋找工作機會，工會也可以把獨立包工組織起來並代表他們進行談判。為確保勞工能夠順利更換工作，工會應該創造工作機會，並且減少歧視性的實務，以防勞工無法重回職場。比方說，我們已與雇主、主管機關合作，減少歧視年紀較大的勞工、婦女，以及在某些社會中，歧視青少年。

社會水平儀

新加坡的工會對平抑物價上揚居功厥偉。工會透過它的合作社網絡，協助勞工以便宜的價格購買產品，省下金錢用於保險、住宅、超級市場、兒童看護、保健與牙齒治療等方面。我們也供應平價的娛樂設施給勞工使用，包括高爾夫場。

我們的每家合作社都訂有品質標準，並以平價供應商品。我們的連鎖超級市場全國職工總會平價合作社（ NTUC Fairprice ）設於新加坡各個角落。它供應的新鮮雜貨，相較於成本低廉的傳統市場，價格具有競爭力。在經濟前景不明，或者有囤積居奇的疑慮時，平價合作社有穩定基本必需品價格的作用。比方說，經濟艱困時期，平價合作社會自行吸收重要基本必需品的

貨物服務稅（消費稅），協助家庭度過難關。碰到因為危機而產生供不應求狀況，它會以維持價格的方式，安定消費者，同時防止其他超市藉機牟利。

我們的合作社有助於改善因所得分配不均擴大而產生的不滿，並且降低社會排除（social exclusion）的風險。我們相信，為改善勞工生活水準而採取的這些措施，和爭取最低工資相比，是因應工資不均更具意義的做法。合作社可以反制贏家通吃的市場競爭。處於現今全球只重股東價值最大化的環境，合作社透過利害關係人價值的最大化，扮演十分重要的角色。

倫理資本主義

展望未來，國際性草根組織反全球化的聲浪有可能日益高漲，尤其是如果喪德敗行繼續橫行無阻的話。對於不問高階主管的績效，卻支付高得叫人咋舌的薪酬，勞工極為不滿。對於企業欺三瞞四的詐騙行為、理該緊守門戶的稽核人員放縱濫權，投資人憤怒不已。草根組織正在集結反全球化的勢力。

比較有效的因應方式並非參與反全球化的運動，而是推動變革，消除全球化帶來過分妄為的現象。這需要我們提出富有創意的解決方案，並且重新思考傳統的關係。就新加坡的勞工運動來說，我們相信解決方法在於協助勞工因應全球化的現實，並提倡更公平、更為永續長存的資本主義。

9
領導統御
企業在社會以身作則

阿亞拉二世

阿亞拉公司總裁兼執行長

亞洲當前的企業公民意識（corporate citizenship）和企業社會責任（corporate social responsibility，CSR）的議題充滿矛盾。而客觀環境是，政府資源在許多方面都不能滿足社會發展的需求；因此傳統上私人企業對社會改善和公眾福祉也有貢獻。同時，倫理規範並不像西方國家界定得那麼清楚，有時企業甚至沒有負起基本納稅義務。因此，就算週遭普遍貧窮，而私人機構對經濟成就和社會進步實不可或缺，企業行為卻是有的高度利他，有的卻對社會完全漠然。

　　企業公民意識──自覺企業是社區的一員，有其伴隨而來的權利與責任──在亞洲的演進方式和西方不同。

　　在歐洲和美國，這是戰後大企業的力量和影響日增，經過兩方激辯後產生的觀念。主張企業應是負責公民的一方，認為私人公司對社會負有利潤動機以外的責任；企業必須為更廣泛的社群服務，不是只為股東效力；企業應該抱持開明的自利觀

點，因為協助解決社會問題，才能為自己創造更好的經營環境。主張自由放任的一方，則堅稱企業的唯一使命，是生產產品和服務以求獲利，因為在這麼做的同時，企業已經對社會做出最大的貢獻，所以已經負起社會責任。但是經過數十年的爭辯，主張擴大參與的一方占了上風。本來不願承認自己的組織負有社會責任的企業領導人，愈來愈能夠接受企業公民的觀念。

亞洲地區並沒有產生這方面的清楚辯論。企業應該對社會負起責任，並對社會的進步和國家的發展做出實質貢獻的觀念，長久以來一直是傳統的一部分，而且社會也對企業抱持這種期望。我們的世界中，很少聽到企業領導人或經濟學家公開表示應該追求最高的利潤。產生這種現象的關鍵原因，在於大部分亞洲社會，尤其是日本社會中，企業和社會之間的關係似乎遠比西方緊密。大部分亞洲的文化，在某方面都反映這種合作精神，只是實行上可能不盡理想。比方說，日本公司和社會非常緊密地交織在一起──緊密到有人認為兩者幾乎是同義詞，而且，企業要想獲利，就必須造福整體日本社會（注1）。

政府同樣在亞洲企業的日常營運扮演重要的角色，因為不少亞洲大公司為國有或者政府持有部分股份。這種情況中，企業當然被視為社會追求進步的重要一環。即使在90年代國營企業民營化的熱潮中，企業與社會相繫的方式依然不變。

20世紀末和21世紀初，新的國際經營環境形成，把亞洲和西方這些不同的傳統拉近。在全球各地掀起「企業新經營方式」的相同力量，也助長人們對企業公民意識產生全新關注。

全球化是其中一股重要力量，對於企業與社會關係的改變影響最大。在新全球經濟中，跨國經營的公司，遭遇的障礙微

乎其微,而且不管我們住在世界上哪個角落,跨國企業對我們生活的影響都更甚於以往。因此,私人機構的行為,必須面對新的挑戰和要求。企業再次自問:它們代表的基本價值為何。

　　企業態度出現明顯變化是來自兩大基本情勢發展:一、今天的企業經營環境更為透明,很難逃避人們的檢視;二、企業必須對更大範圍的利益關係人負起責任。

　　置身全球經濟的跨國公司(multinational company)發現,在它們經營業務的國家,營運實務如與其他地方不同,很容易遭到市場的嚴厲反彈。幾個著名的企業品牌,因為在開發中國家製造產品時雇用童工,以及採用其他令人不敢苟同的做法,而遭到國際嚴厲的譴責。同樣的,本地公司因為來自跨國公司的競爭加劇,面臨類似的挑戰。除了承受壓力,必須依循國際標準,企業也發現社會責任成了社會輿論的新指標。

　　環境保護運動是刺激企業公民議題躍上檯面的同等重要力量。環保運動早在全球化之前數十年即已展開。30年來,環保人士一直極力主張企業應該對環境保育負起更大責任。經由消費者和法律施壓,這個理念在1990年代終於開花結果,並產生深遠影響:地球高峰會議在巴西里約召開,全世界接受永續發展的原則。許多公司現在承認,環保責任已經成為它們的經營計畫和營運活動的策略議題。由於政府、民間部門和一般公民體認到,他們都負有保護環境的倫理責任,所以環保實務和永續原則現在是企業公民運動中非常顯眼的一個特色。

　　人權和童工問題等其他因素,有助於推進這股運動。幾家知名全球公司在生產作業上侵犯人權和雇用童工,凸顯企業界必須注意職場的工作環境,而且不只要留意本身營運的範疇做法,還得兼顧供應鏈。富裕的第一世界國家和開發中國家工作

條件的巨大差距，顯示這方面的挑戰不容輕忽。全球投入工作的孩童約有一半在南亞和東南亞。這些地方因貧窮而充斥童工。

這些全部要素和議題，為部分觀察家所謂當代企業公民新典範奠定了基礎。

全新典範

顧名思義，企業公民和社會中的個人公民類似。公民做為廣大社群的一員，有其權利和責任；企業做為社會中營運的一員，也有它的權利與責任。雖然企業的權利有法律明確規範，企業的責任卻未經明確界定或認定。因此多年來，負責的企業公民的定義引起多方討論。

從最基本的層次來說，企業公民理論認為，企業身為社會的一員，必須履行若干經濟、法律、環境和社會責任。它的首要責任，是財務和經濟必須存續，而且必須依據企業組織章程和條款進行營運。它負有法律責任，必須在法律規定範圍內運作，而且應該繳納合理的稅賦給政府。它負有環境責任，必須確保營運和產品不致傷害環境。它負有社會責任，應對業務經營所處社群的提升和發展作出貢獻。

回顧以往，企業面對公民意識的挑戰，起初的反應傾向從簡：只要遵守法律、按時納稅，以及盡己之力協助經濟成長，社會自然而然就會進步，如此便是負責任的企業公民。

企業組織後來對公民意識的挑戰，因應行動是參與公益慈善活動，積極協助改善社會各個部門的福祉，並且協助公共教育和其他必要的公共服務的發展。與此有關的是公共關係，企

業藉此提升公司的形象和商譽。世界上以企業創辦人之名設立各種基金會並對公益慈善活動貢獻良多，便是最佳例證。

　　企業公民的新觀點把這個觀念帶到全新的層次，以更為主動並具策略的方法，例如公司與利益關係人的連繫，以及增進社會整體的生活素質。這種新的模式十分清楚明白地將社會層面整合到企業的策略與規畫。許多人覺得，對於社會責任，企業必須採取這種一清二楚的做法，因為企業經營大大得力於新的國際經營環境。由於每個國家都採行市場經濟，所以企業（不管是國內公司、跨國公司，還是真正的全球性企業）應該領導推動社會發展方案，致力保護環境，並且建立健全的區域和全球社群。

　　這種新的企業公民模式，本質上抱持的信念是，處於日益全球化的環境中，企業參與全球事務的角色和範疇大於以往，而且，許多主要經濟體中，政府發現它們扮演的角色正在急劇轉型。此外，我們看得愈來愈清楚：社會不斷進步，以及社會和企業高度互信與互助，企業才能欣欣向榮。因此得出的結論是，企業公民不只參與公益慈善活動，也不應該只遊走於社會邊緣。企業公民意識必須是一種心念思維、一種哲學，被視為企業策略規劃不可或缺的一部分。

　　這種新思維的要素之一，是相信獲利能力和價值共享未必相互牴觸，而負起社會責任是個雙贏的局面。企業在社會中行善，業務也會經營得不錯的觀念，其實已經存在一段時間。早在 1950 年代，早期的倡導者就揭櫫「為善常富」的經營哲學，並且相信企業只貢獻於公益慈善活動，還不足以證明一家公司是好企業公民。這吻合現代的想法：負責任的公民在思考企業策略和經營業務時，總是牢記社會需求。今天，仍然有人認為

一切由「利」出發，但是依我之見，企業一定要和社會合作，其理至明，而且愈早開始愈好。

由於企業在社會中扮演的角色日重，以及政府功能逐漸從供應轉為協助和管理，人們對企業公民身分的興趣更加濃厚。在此同時，美國發生大規模的會計醜聞，歐洲企業經營失敗層出不窮，在在激起民眾對這個問題的重視。當今企業面對的挑戰是，證明它是推動社會進步的負責夥伴。

亞洲經驗

80年代末和90年代上半的亞洲經濟奇蹟期間，亞洲企業日益重視如何成為負責任的企業公民。許多亞洲公司因為經營成功，更有能力及意願負起更吃重的社會責任。但是1997年亞洲爆發金融危機和日本深陷經濟遲滯導致這個趨勢戛然而止，因為大部分公司的注意力轉移到經營存續問題。由於裙帶資本主義被指為造成危機的禍首之一，因此近年來的注意焦點多放在企業治理以及如何經營企業，社會責任的問題反遭冷落。

因此，在私人機構眼中，企業公民意識大體仍是個別企業的自由選擇，沒有蔚為風潮，菲律賓更是如此。對某些企業而言，負責任的企業公民意識是種策略承諾，為經營成功的要件。但在其他企業眼裡，公民意識之於經營不過是可有可無。

亞洲各地的企業公民和企業社會責任模範，是以身作則的公司。它們真心誠意奉獻於國家的繁榮進步和改善國家的生活品質。這些公司也展現了創新而有意義的經營範例。

同樣的，早在企業公民意識和企業社會責任成為西方的常見用語之前，亞洲許多歷史悠久和備受敬重的公司，已經體認

到社會參與是良好企業經營實務。它們捐錢給各類社會機構和專案，以改善社會的生活品質。它們清楚了解——更健康、教育程度更高、更具生產力的人民，能使業務欣欣向榮。

在菲律賓等開發中國家，這個議題幾無爭辯餘地。解決社會的苦痛絕對少不了私人機構。我們眼前充斥貧困現象，消除貧窮已是刻不容緩。由於失業偏高，企業應該一馬當先，設法解決這個問題。而且，良好公共政策和良好治理是解決這些問題的基礎，所以我們不能輕忽公共政策的制定和執行。

有兩個組織能夠反映亞洲對企業公民意識的覺醒。其一是日本的**經濟團體聯合會（經團聯）**，另一是**菲律賓企業支持社會進步組織（Philippine Business for Social Progress，PBSP）**。

經團聯是日本最大也是最古老的企業組織，對日本政治經濟影響深遠，也是推廣企業公民觀念的主力。在 1991 年 4 月，它訂定了全球環境規約（Global Environmental Charter），1991 年 9 月，幾家證券公司爆發醜聞之後，經團聯訂定了**企業良好行為規約（Charter for Good Corporate Behavior）**，其中的七大原則如下所述：

1. 努力提供對社會有用的優異產品和服務。
2. 致力於讓員工過舒適和豐富的生活，而且尊重他們生而為人的尊嚴。
3. 執行企業活動時，納入環境保護。
4. 努力透過公益慈善和其他的活動，對社會有所貢獻。
5. 努力藉由經營活動，改善社群的社會福利。
6. 不可違背社會規範，包括不與破壞社會秩序和安全的組織往來。

7. 經由公共關係活動和公開聽證，與消費者溝通，並且堅守企業行為應符合社會規範的原則。

日本是世界最大經濟體之一，很多公司在世界各國經營業務，所以經團聯十分在意日本企業的經營必須依循國際公認的行為規範。這份規約的主要對象是資深高階主管和經理人，他們必須「檢討並約束自己的行為，並且運用領導能力，維持所屬公司的高倫理標準……不只必須遵守法律，也應該將社會良心帶到他們的工作上。」（注2）

PBSP在菲律賓的行事正反映出類似精神。PBSP是個基金會，菲律賓許多知名公司加入會員，貢獻己力。它的使命是「透過策略性的貢獻，改善菲律賓窮人的生活品質；促進企業部門投入社會發展大業；將資源善用於具建設性的計畫，邁向自力更生和社會發展。」（注3）其承諾聲明如下：

「第一：民間企業發揮創意和效率，運用資本、土地和勞工，創造就業機會，擴大社會的經濟潛力，並且改善國民的生活品質。

「第二：任何國家最寶貴的資源是人。民間企業更高的目的，是建立社會和經濟條件，促進人的發展和社群的福祉。

「第三：民間企業的成長和蓬勃發展，必須立基於良好的經濟和社會狀況中。

「第四：民間企業必須致力推動社會獨特潛能，善盡對社會的責任。它應該更深入參與社會發展，貢獻於國家整體福祉。

「第五：民間企業在財務和技術上有能力積極參與社會的發展。就科技和管理能力來說，民間企業可以在我們凋敝的

社區中，協助提供社會發展的整體方法。

「第六：民間企業和社會的其他部門結合力量，分攤對國家社群必須履行的義務與責任。企業的終極目標，是協助在菲律賓創造並維持有尊嚴的家園。」

PBSP反映了企業參與解決國民生活問題的悠久傳統。1986年和2001年菲律賓兩次政治大動盪，兩位總統被人民力量趕下台。當時菲律賓企業和企業領導人，與社會及政治改革派人士並肩高舉改革大旗。

民間部門參與社會問題的解決，部分原因和我們密切接觸西方企業實務有關。這也受我國公民社會非常活躍的強烈影響。非政府組織往往和民間基金會攜手合作，投身於地方性社區，協助解決急迫的問題。

阿亞拉集團所做的事情

以我們的阿亞拉基金會（Ayala Foundation）為例，我們嘗試專注於推動我們認為能改善國民生活的部分議題與領域，包括：透過針對兒童和青少年的草根發展活動，消滅貧窮（以教育和資訊通訊科技做為促進社會發展的工具）；環境保育；文化發展。我們想做的每一件事，都吻合我們組織明白揭示的基本價值。以我的立場，不宜評斷我們做得成功與否，或者是否足為他人楷模。但我敢指出，我們已盡全力，並希望對最大多數菲律賓人的生活產生正面的影響。

由於資源有限，我們判斷該如何和何時可以發揮最大影響時，是以幾項重要的認知為標準：

● 青少年占菲律賓人口的比率很高，他們是國家的未來，
  必須好好培養。

● 菲律賓人天生就有豐富創造力，而且我們相信他們是世
  界上最有才華的人民之一。多年來，我們的教育品質是
  一大競爭優勢，可惜近來每下愈況。我們的一些大學和
  高等學習機構仍具競爭力，也仍是世界一流院校，但它
  們多屬私立學校，絕大多數人念不起。數十年來，菲律
  賓公立學校體系的投資不足（尤其是小學）因此下層社
  會菲律賓兒童的才能與潛力並沒有得到適當的開發。

● 資訊科技是個強大工具，可做為社會發展流動的平台。

　　阿亞拉基金會依據這些標準，與地方夥伴、國際夥伴及非
政府組織，共同推動重要的創新計畫。

　　2000年，阿亞拉展開它的**公立小學教育卓越中心**（Center
of Excellence in Public Elementary Education，CENTEX）計
畫。這項計畫的目的，是協助貧窮家庭的優秀孩童獲得應有的
教育品質。藉由一些兒童早期教育專家的協助，我們設立兩所
CENTEX學校──其一位於馬尼拉的貧窮都市社區，另一所位
於某個省份。這是透過教育文化體育部，與國家政府、相關地
方政府單位共同推動的計畫。阿亞拉基金會領導推行這項專
案，參與課程設計、提供現代化科技設施、協助訓練教師、督
導孩童的成長及全方位發展。

　　自1999年以來，我們每年執行的另一項計畫，叫做阿亞拉
年輕領袖大會（Ayala Young Leaders' Congress，AYLC）。我們
覺得，領導能力需要及早發掘和培養。每一年，我們從全菲律
賓的公私立學校選出約70名學生，請他們一起參加為期三天的

大會，讓他們有機會和同儕互動交流，並且學習政府、企業、媒體、藝術界傑出領導人的風範。我們相信，這是把社會承諾和**僕人領導**（servant leadership）觀念，灌輸給菲律賓的未來領袖，並形成他們之間緊密關係的理想方式。

阿亞拉基金會最近也推展幾項方案，將資訊科技的潛力用在青少年的發展上。我們推動「青少年科技」（Youth Tech）專案，協助提供電腦實驗室和網路連線給公立學校；iLink 和電腦俱樂部會所（Computer Clubhouse）等計畫，則和三菱公司、英特爾（Intel）等企業合作，提供資訊科技、網際網路設施與訓練給經濟貧困地區的輟學青少年。

阿亞拉集團也參加政府的貧窮紓困計畫（Kalahi）。阿亞拉公司、全球電信（Globe Telecom）、菲律賓群島銀行（Bank of the Philippine Islands）、阿亞拉土地（Ayala Land）、馬尼拉水公司（Manila Water）、阿亞拉基金會等機構整合資源，協助改善馬尼拉都會區貧窮社區的居民生活。這些組織共同提供循環生活基金、裝設免費供水系統、興建一座汙水處理廠、捐贈書籍、設立一處「青少年科技」實驗室，並且訓練居民使用網際網路和區域性網路。

這些只是阿亞拉支持的許多重要計畫中的一些例子。我們十分重視自己的企業公民責任。我們打算繼續支持這些方案，並期盼找來更多的夥伴和贊助人，在全國各地推動類似的計畫。我們相信，一個企業組織要想長久生存，不能只著眼賺取最多的短期利潤，以及建立有利的企業形象。阿亞拉集團不管是和政府機關、非政府組織，或者其他的企業夥伴合作，總是試著與更廣大的社群建立及培養互信關係。我們體認到，我們往來的對象超越了股東、員工、供應商、顧客的範疇。

　　為了達成這個目標，我們鼓勵旗下所有公司，將社會發展議題納入它們的經營計畫。我們也設立阿亞拉企業俱樂部，成員為來自阿亞拉各不同公司的經理人。他們帶頭參與所住社區的各項活動，以及地方政府的援助計畫。員工熱烈響應支持和參與各項公民活動，令我們感動不已。其中許多人也自行積極參與社區服務工作。

　　我相信，開發中國家的民間部門應該分攤促進社會發展的重任，因為政府機構可能缺乏充分的資源或能力，沒辦法滿足社會所需。菲律賓和亞洲地區許多大公司現在都接受這個觀念，不少企業執行長將之列為經營要務也令人大感振奮。

另一種企業領導方式

　　就某種意義來說，負責任的企業公民其實是以另一種方式展現領導力。大致來說，企業是以盈餘、市場占有率、資產負債表上面的資源或者其他的財務量數，來衡量經營是否成功。企業公民意識則引進另一個構面，藉它來衡量我們在社會中的領導力。由於社會的需求不勝枚舉，所以能夠採用的領導形式不計其數，只受限於想像力和願意投入多少。

　　泰國企業鄉村發展（Thai Business Initiative in Rural Development，T-Bird）是個好例子（注4）。T-Bird旨在鼓勵曼谷的外來勞工回流家鄉省份和社區服務。泰國企業和跨國公司透過這項計畫認養各個鄉村，提供行銷技術知識、財務資源、訓練給鄉村社區，以促進就業的創造。其中前景最為看好的一項計畫，是全球最大製鞋廠芭達（Bata）推動的。芭達在泰國汶里藍府（Buri Ram）認養一座村莊，協助建立四座合作

工廠，雇用140個人，每天生產8000件鞋幫。四分之三的工人從都會區回流家鄉省份。

另外一個例子是聯合利華在印度北方省（Uttar Pradesh）執行的計畫（注5）。聯合利華的子公司印度利華（Hindustan Lever）在這個省設立的一座乳品工廠面臨虧損，原因是農民太窮養不起牛，就算養得起也照顧得不好。於是印度利華公司決定跨出一大步——投資開發那個鄉村社區。公司提供無息貸款給農民，幫助他們飼養照顧牛隻，改善牛奶的質量。該公司擬定五年計畫，努力改善社區居民和動物的健康。短短幾年內，乳品工廠獲利不少，並將利潤再投資於社區。這項發展計畫現在涵蓋北方省的400座村落。

這只是今天亞洲開發中國家的企業，參與社會發展的兩個例子。每個國家都有不少企業眼光宏大，並且帶來深遠的影響。它們是值得仿效的榜樣，但不表示它們推行的計畫，可以全盤移植用到其他的環境。企業可以推動的社會發展計畫，並沒有一成不變的公式可循。而且，亞洲的需求十分龐大，可以採行的社會發展計畫既廣且雜。值得效法的是推動這些社會發展計畫背後投入的決心和社會良心。

邁向世界標準

北美、歐洲和亞洲三大洲是以歐洲的企業公民與社會責任標準發展得最為進步，並且率先採行創新辦法。美國已經開始發展本身的公民表現監督及評估系統。亞洲正開始迎頭趕上。社會責任（social accountability）標準和社會稽核（social auditing）的發展，是企業公民意識正加速改善的正面訊息。

　　近年來，**社會責任8000（SA8000）**等國際標準陸續出現。SA8000提供一套準繩，監督和評估企業在人權、勞工權益、健康與安全等重要社會議題上的表現，而且適用於國際上所有商業機構。就像ISO 9000建立起品質管制保證的標準，SA8000也能評估企業和組織在核心社會問題上是否符合標準（注6）。

　　與社會責任標準的發展相輔相成的是社會稽核日益流行。社會稽核被用於衡量企業在公民意識領域的表現。由於以環境稽核（environmental auditing）做為量數，評估企業在環境保護上的表現，實施得相當成功，歐洲企業於90年代末也發展出社會稽核。它的目的是用來評估一個組織相對於它的目標以及它的利益關係人，所造成的社會衝擊與倫理行為。透過社會稽核，企業能在社會檢視下取得正當性；關心社會並提高獲利能力；掌握充分的資訊做出決策，改善管理階層的績效；把公司的成績告知利害關係人。今天規模最大的會計事務所與顧問公司正致力發展社會稽核體系正是明證，顯示社會責任日趨成熟。

　　除了這兩個制定標準的計畫，其他的組織也努力建立社會與環境永續性指標和報告。衡量一家公司的經營成敗時，負責任的企業行為顯然是日益重要的尺度，而受全球化的影響，西方國家的這種趨勢，也愈發激起亞洲的關注。跨國公司將營運活動遷移到這個地區時，經營行為如與其他地方不同，勢必招致抨擊。同樣的，亞洲本地公司正承受壓力，必須向國際標準看齊，協助改善生活品質和社會關切的事務。我個人相信，未來幾年，亞洲在這方面將開始突飛猛進，尤其在目前的經濟挑戰中，社會壓力勢必繼續增強。

　　總之，負責任的企業公民意識，其實是價值準則的問題
——公司、領導人和員工遵循的價值準則。不管是在已開發國
家，還是在開發中國家，企業和個人的價值準則都將引領個人
經營企業。面對高道德行為和追求企業「實利」兩者，企業必
須做出合乎倫理的選擇。雖然企業未善盡社會責任或許逃得了
一時，但我相信長期而言，終將傷害企業自身和國家。相形之
下，行事作為合乎倫理和對社會負責的公司，或許犧牲了一些
企業利益，但究屬短期之痛。舉例來說，阿亞拉是菲律賓歷史
最悠久的企業，所以我們繼承了一個獨特傳統，必須為長久的
將來而經營。負責的公司必須堅持追求長期成功，在經營上應
該像是跑馬拉松，而不是參加短距離衝刺賽。

　　展望未來，我對亞洲企業公民意識的前景深懷信心，因為
參與社會事務是亞洲私人企業的傳統之一。而且，最近危機發
生後，人們開始重視企業倫理價值以及社會責任。亞洲企業向
來是活力十足的經濟動力，也是關懷社會的機構。追求最高的
利潤、增進股東的持股價值、貢獻於社會進步等目標，長期而
言必將交織成一體，互不衝突。

注1：鈴木秀行（音譯），《日本公司之企業責任及環保管理》
　　　（Hideyuki Suzuki, *Corporate Responsibility and Environmental
　　　Management in Japanese Business*, 1996）。

注2：萊比錫格等著，《企業公民》（McIntosh, Leipziger, Jones &
　　　Coleman, *Corporate Citizenship*, Pitman Publishing, London,
　　　1998）。

注3： 摘自「菲律賓企業與社會進步章程」（Charter of the Philippine Business for Social Progress, http://www.pbsp.org.ph）。

注4： 萊比錫格，〈加拿大企業創新：貝塔鞋業提倡發展〉，經濟優先事項委員會研究報告（Leipziger, Deborah, "Canadian Companies on the Cutting Edge: Bata Promotes Development", Research report, 1996, New York, Council on Economic Priorities）。

注5：《企業公民》，頁216-217。

注6： SA8000，經濟優先事項協會認證機構（Council on Economic Priorities Accreditation Agency）1997年8月紐約。

10
管理
新日本企業文化

真正嘉奈
東京自由新聞工作者
與日本 Neoteny 公司創辦人兼執行長伊藤穰一
日本 Monex 公司總裁兼執行長松本大對談

1980年代，用日本人的方式經營企業似乎是成功保證。國際社區嘆服日本強大的經濟力量，而這可由它的股市扶搖直上略見一斑。這樣的讚譽導致某些人心生恐慌，覺得應該「抑制」日本經濟體系的成長。但是到了1990年，日本的泡沫經濟破滅，經濟優勢的華麗門面崩毀。自此之後，日本一直深陷泥沼，面臨來自內外部的壓力，要求它急劇改變經營模式。可是經過十餘年，這個國家仍未脫離經濟衰退。

同時，聰明有衝勁的日本年輕人，已經闖出邁向成功的新道路。其中最引人注目的是變動快速的資訊科技世界。這些「創業家」給日本企業的地貌帶來哪些觀念？而在全球企業醜聞頻傳之後，日本企業學到了哪些教訓？

在一向強調從眾和傳統的日本，上市線上證券公司 Monex 的總裁兼執行長松本大，以及創業投資公司 Neoteny 的創辦人兼

執行長伊藤穰一，正是日本新一代企業家的代表。在由大型企業主宰的市場中，他們是本身命運的主人。松本原來在投資銀行做事，卻搖身變為日本第一批電子證券商的執行長。伊藤沒念完大學就出來創立無數網路公司，現在更是日本政府的科技顧問。新聞媒體推崇他們是「明日之星」和「下一代的全球領袖」。但是他們也體認到，自己和他人的未來成功，將取決於日本最後流行的是哪一種企業經營方式。

松本首先指出，日本企業一面倒的強大勢力是個問題。「看到這一陣子日本企業發生的醜聞，不管是銀行還是東京電力公司，我敢說，每個人對此一定很不以為然。但是沒人能對抗企業。即使貴為董事也沒辦法否絕一件案子。所以我覺得，個人倫理和企業倫理之間存在巨大鴻溝。」

松本此言並不令人意外。不久之前，松本的職場動向一直被視為「特立獨行」。從著名的東京大學法律系（畢業生多半進入政府機關或日本知名企業）畢業後，松本進入所羅門兄弟公司當債券交易員，然後跳槽到高盛公司，最後以三十之齡，成為該公司有史以來最年輕的日本合夥人。1999年，據稱松本放棄高盛優渥的認股權，自創網際網路經紀公司 Monex。

伊藤穰一的事業軌跡，在一向強調從眾的日本也屬異類。自芝加哥大學輟學後，伊藤創立許多企業，包括 Eccosys（日本第一家網路製作公司）、數位車場（Digital Garage，網路行銷和解決方案供應商）、PSINet Japan（日本第一家商業網際網路服務供應商）、Infoseek Japan（日本最大的搜尋入口網站之一）。現在他全力運用自身的雙文化背景，以 Neoteny 做為日本和美國的橋樑。Neoteny 是家創投公司，營運重心置於個人通訊和促成技術。伊藤對日本企業文化的看法，反映他的雙文化背景。他

特別強調歷史情境和角色定義的重要性。「即使社長（總裁）或者董事的名稱相同，」他說，「意思卻大相逕庭。比方說，大部分日本企業的社長實際上是所屬工會的主席。從美國人的觀點來看，這實在相當荒謬，但是站在日本公司的立場而言，由於社長代表員工的利益，所以一點也不奇怪。」

對於企業責任的看法不同，也可能是因為日本和其他國家對公司的利益關係人的定位不同。「在美國，」松本說，「這很清楚，基本上是指股東。在日本，則是指社會、員工、客戶和股東。而且，股東的位階往往低於其他的利益關係人。我們可以拿國內生產總額（GDP）和股票上市公司的合計市值來比較。美國的GDP約為12兆美元，股票合計市值等於這個數字。但在日本，GDP是500兆日圓，股票市值則為250兆日圓，只及GDP的一半。日本的GDP占全球的13%，但是日本企業的股票市值只占全球的8%。因此企業的實質價值相對於市值有一段差距。主因可能在於企業如何看待股東。」

伊藤也表示，企業對股東所設的優先順序，可能造成問題。「當股東、顧客、員工都是同一人，並且都只告訴你去做同一件事，那麼行事作為要合乎倫理很容易。但是如果股東告訴你一件事，合夥人告訴你另一件事，政府又告訴你另一件事，社會也告訴你另一件事，那你會陷入道德和倫理的兩難。我認為，日本正在經歷的重要事情，就是不同社會部門的利益關係人分離。舉例來說，外國資金正流入日本市場；在全球化觸角伸展之際，抱持不同倫理價值的人口逐漸老化；日本的資源分配有必要從製造業移轉到服務業。我們應該解決每次變動所帶來的衝突──我認為，解決這個問題很重要。」

對松本來說，在他創設Monex時，解決利益關係人的問題

的確十分重要。「許多日本公司的股票緊緊握在其他公司手中。一般來說，每家公司有60%或70%的股票被其他公司持有。依照這種持股結構，你不必煩惱股東的權益問題，因為每家公司都相互持有股票。我們1999年創立的Monex，索尼公司出資50%，我自己出資50%。後來，股份比率改成我占51%，索尼占49%。這種大公司和個人合作創立事業的情形在日本很少見。目前我們擁有22萬名以上的客戶，每個人都透過網路進行交易。我們也有2萬3000名股東，98%以上屬個人。股東人數相當多。連東京證券交易所的第一類股票，許多公司的股東人數也不足5000名。」松本表示，這種持股結構也阻礙日本公司正視企業治理的問題。他舉最近一家日本公司發生的醜聞為例：「在雪印乳業生產的牛奶爆發大宗醜聞之後半年或一年，子公司雪印食品的牛肉也爆發醜聞。當時這兩家公司的股票都公開上市，現在雪印食品已經下市。他們根本沒有治理或管制可言。人們不禁想問，為什麼會發生這種事，以及股東到底在做什麼事。事實真相是，雪印食品有80%的股份為雪印乳業持有，16%為農林中央金庫（Norin Chukin）持有，只有4%流通在外。所以這是企業治理在日本行不通的最大問題。我們必須解開或化解這種持股結構。」

伊藤也在日本企業的其他領域發現類似的問題，包括在他自己的創投業。「在日本，負責管理他人金錢的人，做的工作往往屬終身職，投資賺錢並沒有獎金，因此毫無激勵作用。因此，我們投資美國的時候，每當一家公司的價值下跌，我們會很快調低它的帳面價值，以反映事實，並且管理投資人的期望，務求透明化。但在日本，沒人想到要調低價值。事實上，負責人經常告訴我們，只有在負責人調到另一個單位，接班人

上任後，才把價值調低。」

　　日本的這種企業行爲經常爲人詬病，一般認爲是這個國家缺乏書面商業規則，依賴**內隱知識**（tacit knowledge）的結果。比方說，松本發現日本企業選任董事的做法「非常、非常奇怪」。「很多時候，」他說，「董事早在五年或十年前就已決定。董事應該由股東來決定。提前好幾年決定這種事情，只會降低一家公司的營運機能和效率，而且我認爲，這對來自海外或甚至來自日本內部的人，構成很大進入障礙。」

　　但是伊藤認爲內隱知識帶來的心照不宣有其好處，例如在汽車公司就是如此。「某種程度內，心照不宣有其道理，因爲效率比較高。如果一直用同一批工程師，不經溝通就可心領神會，所以溝通的效率比較高。人際脈絡一旦開放，那種效率就會下滑，於是你只好建立起溝通程序。」伊藤也相信，缺乏透明性是日本通行的企業經營實務下的產物。「日本個人之間互欠很多人情債，而且互相幫忙是日本十分重要的做生意方式。我想，亞洲其他地方也是如此。問題出在人們沒錢，商業交易都是彼此幫忙完成的。這些人情並沒有形諸文字。因此你欠很多人的人情，他們也欠你人情。這些人情沒有顯現在企業的資產負債表上，但它們會影響公司的治理。其他的文化中，或多或少也有這種情形，日本卻十分普遍。」

　　不過伊藤承認，情況正在慢慢改變。「日本許多公司開始使用資訊科技進行採購和降低成本。許多心照不宣的關係因此曝光，使得人和人之間更難做人情。他們發現，銷售電動工具的人會給買電動工具的人回扣。每件建設工程完工時，建築工人常把所有的電動工具混進水泥中，因此日本許多建築物的牆壁裡都有電動工具。當建築業開始檢查每一樣東西的流向和支

付的價格，他們質疑爲什麼工具消失不見。經濟景氣轉爲下滑後，人們不得不將注意力放到撙節成本，再也經不起浪費。當你開始抑制浪費，你會發現日本的許多倫理和經營實務根本無法通過檢驗和透明化。這將逼得日本不得不變。」

變，正是伊藤和松本期盼的。伊藤曾經建議推動「批發革命」，促使日本成爲運轉順暢的民主政體，松本則主張建立更透明和更民主的市場。但他們也知道，這些變革不會輕易或迅速達成。松本認爲，日本企業無法解決無效率現象，是因爲它們對國家經濟問題的看法不同。「日本就像一座湖。湖底有破敗建築物和瓦斯管的殘骸。但是表面上十分平靜，即使你丟一顆石頭到水裡，可能產生漣漪，但是兩分鐘後，一切復歸平靜。我們必須打光到水底，或者等到水面下降，才看得到湖底有什麼東西。有些人看了表面說，日本很好，很美，很安詳，一切都在控制之中。其他人則說，看看湖底，就知道日本的問題很大。兩種觀察其實都沒錯。在經濟情勢繼續惡劣的情況下，水面會下降，人們會開始設法改變一些事情。」可是松本警告不要操之過急：「日本很大。我們的 GDP 將近全球的 20%。我們經不起激變。日本的體系只能接受十分緩慢的變革。而且，我想，我們的這些感覺，到處都有。仔細傾聽整個狀況，你會發現我們就要到達某個門檻或者山峰。一旦到達山峰，事情就會改變。」

伊藤也見到日本想變，但要變成什麼樣子，還不清楚。「我同意日本正試著度過難關，看清楚問題到底出在哪裡。但是舉例來說，我並不曉得日本是不是正邁向全球化。我想，日本需要成爲全球社區的一員。打開日本的市場，和從日本內部，由日本人建立日本民主體制，是非常不同的課題。日本人還不

能接受他們必須改變基本倫理和跨越文化去思考的觀念。」但是不管什麼樣的改變才理想，伊藤堅信，對日本而言，變革本身是個迫切的問題。「亞洲其他國家比我們年輕得多。它們的成本低廉許多。我們缺乏真正強大的服務部門。人口逐漸老化。而且我們的生活費用昂貴。但是我們在銀行裡面仍有現金，所以這就像是已經退休的運動員，在銀行存了200萬美元，完全沒有再學任何東西的念頭。他還是認為自己很受歡迎，還是以為自己很有錢，還是覺得也許自己應該重操舊業。但是事實上，他永遠贏不了韓國人、台灣人或中國人。」

松本認為，日本人的思考方式必須改變，並提出應慎防日本孤立主義。「人說北韓是侵略成性的孤立主義者，我則認為日本是溫和的孤立主義者。在今天的世界裡當個封閉的國家，很糟糕。這很冒險也很怪異，對日本和全球經濟的成長都不好。我們不接受多樣性和多元價值。這深植於教育，或許我們根本只是個同質性的國家。」

也許有人寄望網際網路（也是伊藤和松本的業務少不了的一塊）能改變這一切。但是伊藤認為，這個期望在許多方面都未能實現。「資訊科技是公司結構重整的工具，能夠促使公司的營運更見效率。因此，如果公司無意調整結構、改變治理，或走向透明化，那麼資訊科技一點幫助也沒有。大部分日本公司買了龐大的資訊科技系統，流程卻一如以往。這些系統無法增加價值，因此到目前在日本產生的衝擊，遠低於原先預期。」

如果網際網路科技對日本企業治理的確沒有太大影響，那麼對這個國家企業文化的意涵為何？經營目的當然在於獲利。資本主義因為自利和貪婪而茁壯。企業倫理終能與市場經濟攜手共存嗎？松本和伊藤相信這是可行的。「商業是指和人做生

意，」松本語氣堅定。「因此，如果你是想攫取暴利的壞人，或許能夠暫時得逞，但沒辦法永遠得利。到頭來，經商得看如何從客戶手中獲利。所以我認為，長期而言，賺錢和倫理會合而為一。它們道理相同，因為我們是和人做生意。」

「如果你所做所為是有價值的，並為社會創造價值，」伊藤說，「經營模式是根據那個價值決定你獲得的報酬。因此，如果你從『我要怎麼創造出加值的服務並獲得報酬，而我該怎樣有效率地辦到？』的角度來理解經營，這對一間公司來說是正當的倫理。我想，舊式做法是『我很重要，就算沒有增加任何價值，我也該分一杯羹。』」但是伊藤也相信，倫理經營的正確模式當然不只如此。「我們需要開始思考如何發展社會倫理。基本上，你的一生中，總有不少事情和錢搭上關係，例如你的家庭和文化。二次世界大戰後在日本，當你無法養活自己，錢就成了許多文化關心的首要目標。一旦有了夠多的錢，你就會開始花時間在倫理或精神層面等其他事物，但它們和企業經營搭不上邊。」

這可能正是難題所在：企業治理不是只談企業經營是否合乎倫理，而是必須探討其下的支撐要素——人、社會、國家、世界——對一般倫理持有什麼認知，並且取得共識。

11
媒體
中國媒體機會無窮

胡舒立
北京《財經》雜誌主編

 本文將綜觀近年來不論深度廣度都擴展迅速的中國新聞媒體。事實上，中國媒體業轉型，和中國經濟的變移亦步亦趨，因此兩者都是當代的大事。當然了，對於參與「發展競賽」的我來說，這既叫人振奮，又充滿挑戰性。

　　談這件事需要按部就班。首先將回顧這一行的歷史發展脈絡。接著談談我直接參與的《財經》雜誌的組織發展背景，以及在中國報導金融新聞遭遇的倫理問題和其他矛盾難題。最後，我要檢討最近發生的事件，如嚴重急性呼吸道症候群（SARS），這些事件對新聞業的發展形成特殊挑戰。接下來，我們才能從倫理和更廣泛的層面去展望將來。

歷史脈絡

　　1980年代，報紙和雜誌的數量相當有限，而且全為政府所

有並控制。隨著經濟和社會的大變動，新聞記者使出渾身解數，試圖扮演忠實的守門人，盡可能報導事實真相。但是中國遠比現在孤立於世界之外，難怪新聞記者無法充分理解獨立的新聞媒體應該如何運作。

1990年代，媒體業發生重大變化。由政府或共產黨資助的官方報紙單一系統，很快加進數以千計的半官方或試刊型報紙和雜誌。其中許多是專門探討和中國經濟轉型有關的問題，以及隨之而來的社會變遷。

但即使是1990年代初的半官方商業報紙，也受限於編務預算，不可能在新聞政策上完全保持編採獨立。當時根本缺乏足夠資金來支應新聞調查報導。和報導官方新聞比起來，調查採訪需要的資源多得多。報紙無力提撥預算，讓記者前往新聞發生地點採訪。記者常只能依賴新聞來源資助差旅費用，所以不可能保持客觀獨立的超然立場。

隨著中國的股票市場成長，以及金融的改革，金融新聞報導顯然將是邁向「真正的新聞專業」，最經得起考驗的一條道路。20年來，中國的商業題材和政治題材不一樣，總是飽受爭議，而經濟的轉型，卻提供最豐富的新聞素材，足以對世界產生很大的影響。顯然這個領域十分開闊，容易進行獨立和調查採訪，而這正是官方的新聞組織付之闕如的。

1998年初，我有機會創立一家高品質的財經新聞雜誌，而且編採預算以當時的水準來看，可說非常之高。更重要的是，投資人同意由編輯群和我完全控制編務，所以這份出版品的管理階層和編務單位採分離制度。這種區隔，在世界其他地方似乎相當平常，對中國的新聞雜誌來說，卻屬創舉。《財經》就這樣誕生了。那時它是月刊，比我以前的服務媒體小得多，但

我們很高興能有這個機會，而且對未來的前景振奮不已。

　　中國走向市場經濟，創造出一個環境，需要以全新的開放態度和責任來處理財經新聞。從我們開始工作的第一天起，《財經》就有必要在新聞的蒐集和報導的過程中，力求透明化和負責任。這個過程幫助我們提升本身的新聞公正性，成為市場的獨立守門人。

報導新聞，與眾不同

　　1998 年 4 月，我們的第一篇封面文章，針對股票在證券交易所掛牌的不動產公司瓊民源做了全面的第一手報導。這家公司是市場上的一匹黑馬，雖然名不見經傳，股價還一度急漲四倍。但是到了 1997 年，卻因為虛報盈餘而被迫暫停交易。一些內部人早在暫停交易之前就已獲得風聲。等到他們事跡敗露，股票已在市場上脫手。違法行為遭揭發時，股價當然已經重跌，約有 5 萬名小額投資散戶手抱遠低於原始價值的股票，慘遭套牢。

　　和市場上其他許多內部人或關係人交易一樣，沒人敢報導這件事。我們決定打破這種加諸自身的沉默，為讀者呈現完整的故事，標題很簡單：〈誰為瓊民源負責〉。這是我們的第一期雜誌，沒有進行新調查，只是把每個人都知道的事情形諸文字並公諸大眾。報導引起了巨大迴響。隨後這本雜誌雖遭查禁，但已賣出 5 萬本。

　　自第一期起，《財經》就時時以滿足大眾知的權利為念。金融業使用的語言和表現出來的行為，一般大眾可能感到非常混淆，因此我們賦予自己特別的使命，務求以清晰完整的語

彙，解釋市場上的所有活動。五年來，我們針對市場重大事件，發表權威報導。當中最引人注目的，是2000年10月的封面文章：〈基金黑幕〉。

這篇文章是根據上海證交所一位幹部的分析片段寫成，揭露中國投資基金管理公司在證券市場上進行非法和異常的交易。這是第一次有嚴肅的雜誌批評基金管理部門，以及拐彎抹角抨擊股票市場。不用說，許多人大為震怒：報導中提到的十家公司，在媒體上攻擊我們，甚至揚言要控告我們。

不過，基金管理的故事是《財經》的分水嶺，對中國整體新聞業來說也是如此，因為政府完全放手，既不批評我們的內容，也不查禁我們的報導。自此之後，中國的財經媒體更願意冒險批判市場和違法濫權者，因而提供一種人民監督的力量。我們揭露了價格操縱者的行徑，以及虛報盈餘的案件。2001年8月〈銀廣廈陷阱〉的報導張貼到網路上之後十個小時，主管當局暫停銀廣廈股票的交易，並且在一個星期內展開調查。這篇報導揭露該公司假造人民幣7億元盈餘的手法。美國爆發安隆公司醜聞案時，中國媒體稱之為「美國的銀廣廈」。

資本市場中異常和貪瀆行為的報導倫理，是可以辯論的，而且主要是和既得利益者交手。他們抨擊我們不關心新興市場的發展。但我始終相信，確保市場的透明（不管是參與者的行為，還是他們使用語彙的透明）是財經媒體的責任。我們無意和任何特定的團體「作對」，只是主張民眾有知的權利。我們相信，做為市場上的第三種聲音，我們扮演的角色是讓所有的參與者——特別是無法優先接觸政府或取得資訊的人——得到更好的資訊。中國要發展為複雜的市場經濟體，公平的競爭環境至關緊要，而財經媒體在這方面有其發揮的餘地。

發展媒體產業

《財經》雜誌的成功，有助於更多人體認到中國的財經新聞需求有其成長機會和各種可能性。簡言之，人民和企業終於覺醒，知道我們也能有眞正的新聞專業報導。自 2000 年以來，更多的獨立報紙和雜誌上市，中國媒體業的競爭，達到前所未見的水準。

雖然報導商業新聞和金融新聞的電子媒體與印刷媒體欣欣向榮，但受限於目前市場發展程度，它們的觸角還是相當有限。印刷媒體的狀況比較複雜一點。印刷媒體仍是千百萬都市人的主要新聞來源。

在中國，新聞取向的報紙和雜誌分爲三大類。第一類是官方報紙，如《人民日報》和《工人日報》，用於宣傳，政府官員和黨幹部經常研讀。第二類可稱之爲官方小報，如《北京晚報》和其他的晚報或地方性報紙，投合一般大眾閱讀興趣並擔負一部分的宣傳責任。第三類印刷新聞以商業報的形式出現，主要報導金融和商業消息。

近年來，前兩類報紙和雜誌以更多的篇幅，報導經濟和金融資訊。但是印刷媒體最叫人注目的事，是 1998 年以來，許多新的出版品開始專門報導金融和商業新聞。除了《財經》，市場上也出現了《21 世紀經濟報道》、《經濟觀察報》、《新財富》、《財經時報》等刊物。它們的特色，在於新的觀念和現代化、搶眼的版面編排。面對這種新的競爭，《中國證券報》和《證券時報》等老牌金融與商業報紙必須改頭換面，才能維持既有地位。雖然讀者群正在擴增，卻依然相當有限，因此所有新聞出版品都在爭奪讀者群。競爭十分激烈。

　　同樣的，新聞網站也給金融新聞相當大的篇幅。和傳統的媒體比起來，新聞網站的優勢，在於提供一座平台，擁有潛力，能夠統一相當分歧的媒體。以最具影響力的新聞網站新浪網（www.sina.com）為例。除了每天發表新華社和其他國內外通訊社的數千則新聞，它也開闢特別的專欄，如〈財經雜誌封面秀〉、〈財經報紙每日重要新聞〉、〈國際財經報紙重要新聞〉，不只蒐集和凸顯財經新聞，也包含財經媒體的報導內容。基本上，他們等於在報導媒體。一般觀察家比較1998年和目前的狀況，會發現市場已有長足的進展，投入建立金融和商業媒體的資源十分龐大。

　　但是我們不應該以為今天的市場已經夠好。隨著市場的繁榮壯大，新的問題已經浮現，而且有些老問題依舊存在。

　　愈來愈多媒體供應的資訊大增，過程中難免發生錯誤。例如，有些新聞的報導方式不正確、報導內容不實，或者引用的消息來源錯誤或模糊不清。如果說，過去的問題在於幾乎無人敢發表尖銳的文章，今天的問題可能在於踰越分際的人太多了。如果說，以前缺少選擇，那麼現在的問題可能是在這麼多的選擇中，如何找出可靠、準確和真實的新聞來源。今天的讀者必須培養更具批判和更謹慎的閱讀能力，能夠區辨何者為真、何者為非。

　　最後，中國需要發展獨立、權威、專業的媒體，扮演類似於美國《華爾街日報》和英國《金融時報》的角色。市場已經從一個樣，走向各異其趣，選擇多不勝數。整個行業仍必須經歷一番淘汰整併，真正站得住的領導者終將勝出。

　　這在中國不是容易走的過程，因為目前國家管理出版和發行的制度多所限制。這是計畫型經濟留下的老東西。中國的報

紙和雜誌必須取得出版和發行許可。許可是以中華人民共和國新聞出版總署發給的獨特國際標準刊號（ISSN）表示。只有政府單位或機關才有資格擁有 ISSN，而如果新聞報導方向不符國家的新聞傳播政策，許可可能遭取消。

此外，自 1990 年代中期以來，有些熱門報紙除了透過訂閱，也可以經由郵局或書報攤銷售。但是內容嚴肅的全國性日報，仍然只能經由郵政通路訂閱和發行。這種中央化管制導致新的商業取向印刷媒體很難成長。此外，書報攤的出版品充斥，已經造成市場高度切割。因此，要整合中國的新聞市場，還有一段漫漫長路。

春殤

時序進入 2003 年春。如果《財經》的五年經驗，讓我們對中國的經濟和媒體最近的轉型了解頗多，那麼中國爆發 SARS 的處理方式，也讓我們對於中國媒體在這個緊急關頭的表現，以及將來能夠走向何處了解不少。SARS 可以視為媒體業發展的轉捩點和風向標。

2003 年 4 月初起，SARS 引起《財經》在內的國內外媒體高度關注。我們很早就開始報導這件事，投入無數時間和心力，追蹤疫情動向。

我們從 2 月中開始報導。那時，SARS 剛在廣東爆發，起初被稱做「非典型肺炎」，大多只有當地的區域性新聞媒體報導。

廣東爆發 SARS 令我們措手不及。雖然《財經》屬商業雜誌，而 SARS 在技術上屬衛生議題，我們還是感受到這件醫療危機的威力和重大。處於這個複雜經濟中，我們見到這種流行

病可能對經濟和社會造成既深且遠的衝擊。我們有責任進行追蹤報導。

因此，2月20日，我們的雙刊號以大篇幅的分析，完整報導廣東的SARS疫情，題為〈廣州之疫碰撞國家防疫體系〉。我們的報導直接點出中國的防疫體系出現漏洞。這些漏洞因為SARS疫情爆發，而更為明顯的浮現出來。我們希望對全國發出警訊。

在2月之後，廣東的SARS疫情沉寂下來，我們和其他人一樣，以為這件事已經結束。但是到了3月底，我們的香港特派記者曹海麗，卻發現自己置身的城市人人戴口罩。

雖然海麗的報導令我們吃驚，我們從日內瓦世界衛生組織（World Health Organization，WHO）的網站，證實了SARS仍持續蔓延。3月26日，廣東政府報告迄2月底有792例SARS。我們決定，注意力應該再拉回到中國的SARS。我們的記者立即分頭採訪衛生部、北京衛生局、廣東衛生局、WHO官員等。那時，WHO的專家小組已經抵達北京。

有人質疑我們應否報導疫情，因為當時的疫情規模層次仍低。但是我們相信，這是重大新聞，讀者應該瞭解情勢的發展，因為它對脆弱的國家衛生體系可能造成巨大衝擊。我們對中國與世界的SARS做了一系列的報導和分析，並在4月5日一期製作了十頁的特別報導。我們的報導送出印刷之後幾分鐘，衛生部長張文康在國家電視台發表有關中國疫情的談話。我們將雜誌從印刷機撤回，更新數字。

這件事揭開了一連串事件的序幕。4月間，SARS蔓延到北京和其他地方，疫情於月底達到高峰。隨著疫情擴散，相關新聞報導也多了起來。《財經》的做法證明是對的。4月初，我

們精簡 SARS 的報導，把不同的內容集結成封面故事，刊於 4 月 20 日當期，題爲〈危險來自何方〉。

4 月 20 日是中國管理 SARS 疫情的緊要關頭。張文康和北京市長孟學農遭到撤職，而他們幾天前才宣布疫情獲得控制。取得疫情資訊更爲容易，有助於我們發表深入的報導。

《財經》非常重視完整的深度調查，以及詳盡說明狀況。我們特別把重點放在城市和中西部染病的外來民工。例如，我們想找出低下階層因應 SARS 的方式，以及面對疫情蔓延，他們可以如何保護自身。裡面有一部分是新聞，有一部分屬公共服務。

有了新的重點，我們在 5 月 5 日的當期發表另一系列文章，題爲〈SARS 西侵〉，並且探討山西、四川和中西部的公共衛生體系。同一期內，也有〈農民工在 SARS 陰影中〉，以及討論疫情衝擊經濟的其他幾篇報導。我們的報導揭露了政府在 SARS 因應策略上的一大問題：所謂「外弛內張」政策根本行不通，而且低下階層可能是最大的受害人。

在我們報導中西部疫情的同時，愈來愈明顯的是，讀者不只需要 SARS 的新資訊，也想要省思中國如何應對這種疾病的崛起和感染。爲了完整呈現 SARS，我們決定在疫情持續期間，增印週刊雜誌。

我們印行了四期的特刊。十位編輯和記者全力投入編採具體的插曲、重大事件，以及進行現場調查，試著拼湊準確和完整的危機畫面。在〈了解醫院中的感染〉、〈民工在城市〉、〈國際與國內疫區〉等文章中，我們盡最大的努力挖掘眞相。

最近我看了美國某報紙的一篇文章，批評中國媒體報導 SARS 時只知「愛國」。雖然我不是研究新聞傳播的專家，卻必

須對這種簡化的指控據理力爭。我認為，中國的新聞記者已經排除萬難，竭盡所能報導此次危機——他們發掘真相、汲取過往教訓，並向民眾提出警告。他們負起新聞記者的責任，不能只貼上愛國分子的標籤。國家的榮耀是一回事，但是新聞記者扮演的角色，不是那麼容易動搖的。雖然對於SARS，的確有官方和非官方的觀點存在，許多中國記者確實是以公正無私的態度去報導這件事，而且我相信《財經》是其中之一。我們盡了最大的努力。

現在，我們處於後SARS時期，《財經》已經結束增印週刊，把注意焦點拉回一般的商業和金融新聞。SARS帶來了不可扭轉的改變，而就中國的媒體改革而言，還有一段長路要走，才能符合國際標準，以及本身的市場經濟要求。中國的記者和編輯是開發中市場的一員，追求可行經營模式的同時，也不得不時時檢視自己的新聞報導倫理。在市場發展的早期，逆勢而為並不簡單；我們所做的決定，可能導致我們財務破產。市場已經更上一層樓，但是真理和倫理仍然需要接受考驗。從這一行的這個發展階段脫穎而出的媒體組織能獲得極大迴響，而這也相對提高了倫理標竿。

我認為，應該持續密切觀察中國的新聞媒體。新一代的中國新聞記者教育程度高，懂得獨立思考，也充分了解媒體的國際舞台。他們品行高尚，面對日漸開放的新聞自由摩拳擦掌，並以負責任、追根究柢的新聞專業精神，滿足日益多元的世界。這是中國新聞業的未來。

12
公共關係
亞洲企業品牌塑造與企業責任

夏蘭澤
奧美國際集團董事長兼執行長

顏德信
奧美公共關係國際集團亞太區暨歐非中東區總裁

偉大的品牌能滿足或超越消費者的期望，其理至明。然而隨著市場日趨成熟，競爭日益激烈，行銷人士也體認到，現今促使人們購買產品的因素已經複雜得多——不再侷限於功能、效益；也非取決於價格或定位。除了產品的功能，接觸、印象、情感關係集結起來，都會左右消費者行為，我們稱之為**360度品牌管理**（360 Degree Branding）。依我們的經驗，觸及消費者的所有事物都形塑了品牌：風格設計、包裝、新聞報導、配送貨車以至於服務經驗。從口耳相傳到歷史沿革全都脫不了干係。

　　既然所有環節都與建立品牌息息相關，考慮品牌的倫理面向自然是必要步驟。這在亞洲格外重要——全方位品牌管理在此雖然算是相當新的觀念，但長久以來社會責任已成企業行為的一部分。在亞洲想成功經營品牌，絕對要考慮倫理面向。

從倫理角度思考360度品牌管理

　　亞洲的品牌塑造從來不是僅指直接針對消費者的傳統廣告。事實上，在亞洲行銷產品，等於簽定社會契約。但是這種社會契約正迅速超越生產好產品和提供可靠服務的承諾。對亞洲而言，這是新的觀念。顧客的期望現在涵蓋企業責任的其他領域，例如安全和衛生保健議題、環境保護實務、勞資關係。

　　很明顯的，這使得品牌的建立超越典型的行銷範疇。你必須為整體企業對社會造成的影響負起責任，進而了解品牌的命運可能取決於根本沒用你的產品或服務的人──這些利益關係人種類繁多，包括政府官員和主管機關、分析師與編輯、非政府組織與行動主義者、社區和宗教領袖。

　　看了本書，你很可能已經知道企業負起社會責任至為重要。但是體認一個深具意義、一致且合乎成本效益的企業社會責任（CSR）計畫，其實屬於品牌塑造活動，則是全新的觀念。

品牌至上

　　我們相信，亞洲的品牌塑造和企業社會責任一向缺乏交集。這種現象其來有自。這裡的許多企業高階主管，把品牌塑造和推銷畫上等號。他們不太願意吹噓自己的優良表現，或者藉社會議題之便推出行銷計畫。這種行為可以理解。此外，不少企業的公益慈善活動，一向和公司創辦人有關，而且大體是基於亞洲家族控制公司的特有緊密關係。

　　把品牌塑造和社會責任視為不同的活動，不只是誤解也是

錯失良機。在每個環節都重要的 360 度世界中，品牌塑造活動和企業行為，在利益關係人和消費者心目中已經（也應是）交織成一體的。

我們應該努力用倫理和社區價值來豐富品牌，理由很簡單，因為品牌是公司擁有最重要而獨特的資產。近年來，全球化、媒體爆炸、嚴重急性呼吸道症候群（SARS）和翻攪不已的經濟，帶來動盪不安。如果說，我們從這裡面有學到什麼的話，那應該是強大的品牌具有非凡的價值。無數令人信服的經濟證據告訴我們，要在今天的市場上取得成功——賺取利潤、擴大市場占有率、爭取客戶忠誠度、迎擊競爭對手、踏進新的市場、進軍國際市場、滿足要求日益嚴苛的消費者——必須擁有強大的品牌。CSR 計畫要能切實有效，非考慮品牌的價值，以及兩者密不可分的關係不可。

負責任的品牌是亞洲的未來

由於亞洲的消費者要求企業負起責任，也就是我們提過的社會契約；所以很容易從產品的品質，跳到透明化，跳到關懷健康、安全、環境和對待員工上。企業行為對實際消費者，以及消費者以外的許多人都很重要。

政府代表、決策者和意見領袖，愈來愈希望品牌能使他們強化國家的努力和金錢事半功倍。亞洲領導人希望能得品牌之助，增進人們對經濟表現的信心。他們希望不斷進步，而且當然是以亞洲特有的方式往前邁進，並且熱切盼望企業保持亞洲辛勤工作和創業精神蓬勃發展的特質。他們曉得，少了私人機構的支持，極少政府能夠處理貧窮、流行病、促進經濟成長所

需的基礎設施等問題。

舉例來說，波音（Boeing）和英國石油（BP）等公司不只在中國提供海外旅遊、交流、座談會、教育訓練，以培養人才，也支持保護環境和提高營運標準的計畫，並且參與各種義務性質的工作與社區的發展（注1）。

與此並行的是，顧客希望他們購買的品牌，不只是為了消費，更能從內心深處產生好感。他們希望那些品牌符合內心最深處對世界的期望與信念。今天，香港五位消費者中有一位表示，品牌母公司若非良好公民企業，則會避免消費。至於亞洲其他地方，高達四分之三的消費者說，他們會改用致力行善的品牌。不妨想像，隨著這些消費者獲得更多的企業資訊，以及更多選擇之後，購買行為將發生多大的改變。

棍子與蘿蔔

企業的行為日益受到重視，忽視這件事的企業可說冒著很大的危險。不管是政府官員、員工，還是社區領袖或壓力團體，利益關係人有能力，也有動機對企業的行為施予獎懲。不是只有引起爭議的業務項目才需要留意。

十年前，石油、汽車、菸酒公司往往因為關心法令規定或行動主義者的壓力，推動企業責任計畫最為積極。現在，CSR是一種主動出擊的方法，因為擺在眼前的，不只是棍子，也有蘿蔔。研究報告指出，所謂的利益關係人平衡型公司（stakeholder-balanced company），股價的表現優於同業。設計規劃良好的社會責任計畫，有助於爭取和留住顧客、讓員工高興且正面影響他們的行為、博得重要利害相關人的好評。商譽是

最大的蘿蔔，激勵企業在倫理和責任上表現得更為聰明。

好名聲傳千里

　　這個地區還有另一層獨特的 CSR 考量。對亞洲許多企業而言，流通是促進成長的要件。都市中心以外的地方，存在潛力龐大的消費群，但那裡的流通基礎設施，比不上已高度發展的市場。要打進這塊沃土，需要不同於純粹著眼在「通路」上的思維方式。你必須考慮利害相關人──通常包括掌權的官員、地方性的非政府組織、行動團體、村級政治機構──因為他們能夠決定你的品牌在哪裡經營，以及如何經營。爭取這些盟友的支持，重要性不言可喻。

　　印度有 70% 以上的人口住在鄉村，我們見到愈來愈多企業體認到它們能夠且應該負起鄉村發展的責任。這需要從更廣泛的層面去思考社區的參與。比方說，嘉實多（Castrol）協助印度的古吉拉特、拉賈斯坦（Rajasthan）、中央（Madhya Pradesh）、馬哈拉施特拉（Maharashtra）等省的社區克服嚴重的旱災。久旱不雨導致農業生產銳減，安全的飲用水供應日漸吃緊。嘉實多打著 Castrol CRB Plus 品牌，和村民、農民團體、非政府組織、村議會共同改善灌溉系統，並且推廣水資源保育和收割。他們建立起十分重要的企業與社區夥伴關係，對嘉實多的品牌大有助益，並為社區找到成功的水資源管理和農業振興解決方案。隨著農村的復甦，消費者對嘉實多產品的需求及偏好與日俱增。

　　因此企業一定要努力維持良好商譽。沒有商譽，數以百萬計的顧客，以及不勝其數的機會都化為泡影。有了商譽，擴張

的潛力不可限量。簡單的說，好名聲傳千里。

知易行難

執行 CSR 時，所有的公司共同面對的困難，是知易行難。

有些公司透過特別的計畫或者公益慈善活動，而不是制定和公司及其業務特質相符的 CSR 架構。它們沒有排出利益關係人的優先順序，也忘了將企業責任和投資報酬率掛鉤，或者至少沒有找到方法，證明它的效能。

它們也使出渾身解數，企圖宣傳自己的所作所為。但是人們和新聞媒體同感懷疑。負責任的行為早為人們所期待，因此宣傳環境保護和社會責任方面的成就，風險更大——公司的規模愈大，口氣狂妄或洋洋自得的風險愈高。而且，一家公司推動的 CSR 活動種類愈多（特別是當員工或部門推動的方案有部分缺乏明確的指導方針），則在對外宣傳時，很難不讓人覺得該公司散彈打鳥，失去焦點。

許多公司過度依賴單打獨鬥的廣告，去宣傳它們的 CSR 成績。到頭來，經常無法得償所願，因為那些廣告往往有如公式般照本宣科，容易遭人遺忘。我們最近觀察亞洲約 100 支 CSR 廣告，發現其中三分之二的版面設計類似、語調和文案缺乏新意，且可以交替套用。企業界耗費數百萬美元，利用廣告宣傳它們的計畫，卻無法讓人記住贊助人和計畫之間的關係。

更糟的是，獨立式 CSR 廣告引來冷嘲熱諷：「這家公司做好事固然可喜，但大可不必花那麼多錢宣傳自己的善舉。」

品牌是起步

我們相信，克服 CSR 造成的難題最好的方法之一，是以品牌做為指引。如果說，品牌是整合公司所有活動的原則，那麼把它應用到 CSR 是理所當然之事。我們談的不是標誌、標語或口號，而是建議你建立一個架構，捕捉品牌的社會意義精髓。品牌本身有助於調和相互衝突的渴望和優先順序。在基本層次上，品牌應該用來確定一公司支持哪些個別專案或公益慈善計畫。這可以使它們得到正當性，並且簡化溝通的過程。

舉例來說，資訊科技公司參與造林計畫，似乎牛頭不對馬嘴。但如果提供教材或者上網設備給兒童，則比較合乎情理，尤其是如果該公司的專長在於為人搭線，以及更高的願景是協助他們發揮潛能。這當然是比較容易宣傳和理解的題材。

亞洲有幾家大型銀行參與區域內大學的金融教育課程。這方面的努力，和它們的品牌吻合，反映了它們真正的專長，也能讓員工因為對社區有所貢獻而引以為豪。

但是不管公益慈善活動如何得體，CSR 必須進入更深一層。一家公司的 CSR，需要深植於業務上的每個領域──從勞工政策，到產品的成分，到製造多少汙染，到窮人是不是買得起它的產品，到它的合作夥伴，到它的供應商和消費者關係。CSR 談的是一家公司做了哪些事情，不只是它說了什麼話。這並沒有減輕公司對股東應負的責任。許多例子中，最佳的途徑或善盡責任的方式，是以高效率運用公司獨特的資源與專長，投入對社會有益、對消費者的福利有幫助的事情。一家公司如果懂得思考這些議題，則品牌和它代表的更大觀念，將有助於確定應該做什麼事和應該避開什麼事。

提升 CSR 效能的六大步驟

在亞洲，以品牌做為基本的指引，必須有六條共同的軸線貫穿公司，才能成功地採納和執行 CSR。如果你希望提高 CSR 在貴公司的價值，更重要的則是以那個承諾為一座平台，讓你的品牌在這座平台上為利害相關人創造價值，那麼這些指導方針可能有幫助。

第一步：由上而下切實力行

第一步是清楚明白地向全公司表示：每個業務領域都必須表現負責任的行為。這不是溝通計畫或行銷策略，而是要確保公司的成長和演進能反映你奉行的原則。這件事做起來不容易，但非做不可。因為如果不做，那麼你對外擺出的面孔和私底下的行為就有脫節之虞。比方說，你不能一方面捐錢給環境保護組織，另一方面又汙染河川。偽君子最惹人討厭。

為了促使組織上下共同投入 CSR，相關的訊息必須從最高層級發出。一般來說，董事長、執行長或者董事必須扛起責任，並且向全體員工明白表示：CSR 是經營的中心優先要務。除非全公司都得到這樣的訊息，否則負責的行為和倫理標準就會慢慢消失於無形。這表示，在你起步之前應該先凝聚內部的共識，然後清晰闡述 CSR 願景，讓組織中每個人都了解貴公司要如何往前、走到哪裡去，以及他們將扮演的角色。

雀巢的社區參與史，便是植根於這個原則。執行長兼副董事長包必達（Peter Braebeck-Letmathe）一直公開鼓吹雀巢的「雀巢 CSR 願景」，相信這對公司的長期永續成長有直接的助益。雀巢的企業品牌承諾──「好食品，好生活」（Good Food,

Good Life）——意味著這家公司不只供應高品質的食品。雀巢透過運動、藝術和教育，對生活盡一份心力，也和參與營養改善及環境保護的非政府組織共同合作。舉例來說，在馬來西亞，雀巢針對孩童的營養攝取習慣與需求進行全國性的調查。根據調查發現，雀巢正和教育部、各保健與營養團體合作，致力改善學童的福利。

第二步：投入所有的資產

檢討全公司，你會發現負責任的行為能在哪些地方產生最大的衝擊。這件事必須從內部做起。談到企業責任，亞洲特別需要重視的一個構面，是確保供應商和供應鏈行事端正。這些組織的行動和行為，攸關你的 CSR 方案是否具有公信力，以及外界對你的品牌懷有的認知。所以說，所有層級的商業夥伴，都有必要審慎納入你的 CSR 願景中。

企業責任的這個面向，對於在亞洲設有大規模生產據點的國際品牌而言是根本要務。它們必須要求所有的供應商和商業夥伴支持它們的社會責任要務，以滿足國內民眾的期待。事實上，大部分大型運動器材和成衣品牌，現在都對它們的供應商、配銷商和承包商訂有嚴格的社會責任要求。完全符合這些要求是它們追求的目標。

第三步：員工參與

員工關係是企業能有最大斬獲的領域之一。企業的良好商譽可以促使員工展現更多的熱情、發揮更高的生產力、願意待在公司並樂於擁護公司品牌。公司選擇的議題能獲得員工和家人全力支持，甚至積極主動參與，是很重要的一件事。

許多亞洲企業和跨國公司已經擬定深具意義的計畫，員工樂意義務支持。比方說，諾基亞（Nokia）和地方主管當局合作推出「援手」（Helping Hands）計畫，共同確認社區面對的首要問題。諾基亞的員工接著奉獻自己的時間，協助處理社區計畫中的問題。這些計畫反映了他們所屬組織的精神。它們對員工的士氣影響很大，並且提升了社區參與感。

第四步：建立意義深遠的夥伴關係

和非政府組織、其他團體合作，往往能以更高的效率產生效益，並且提高公信力。這種夥伴關係，不只能夠迅速交付服務，也能檢驗、證實你的活動，並為那些活動背書。要做這件事，通常需要和你以前不曾接觸的人或組織對話。和利害相關人對話，是企業現在需要執行的基本技能。

有個人，身上只有50盧比（約1美元）和一個夢想，想要借重社區的力量保護兒童的權益。1979年，他在印度創立一個非政府組織，叫做CRY。這些年來，CRY不管是規模，還是具開創性的夥伴關係數目，都與日俱增。它和英國航空公司（British Airways）、ICICI、達達集團、泰坦（Titan）等企業締結夥伴關係。CRY的執行長佩文·華馬（Pervin Varma）警告，和企業夥伴合作時，不要只為了尋找容易理解的成果，就過度簡化複雜的發展問題。談到商譽，她強調企業所聲稱的事情，應該具有公信力才行。企業品牌不能被人認為想藉非政府組織之力，以提升它們的形象，而應該展現它們確實是極其重要的夥伴，共同參與頗受好評的工作。

快銀公司（Quicksilver）的亞太地區董事長哈里·霍奇（Harry Hodge）相信，今天的消費者遠比人們所想要聰明。快銀

十分重視身為市場領導廠商的責任——做為一家負責、健康、力行的公司，它的願景也立下了衝浪業的標準。快銀從顧客的觀點，瞭解它應該執行哪些 CSR，並將顧客的利益納入公司的要務中。快銀致力發展這種運動，並且培養年輕才俊。它也透過 QUEST（快銀同業倫理標準〔Quiksilver Ethical Standards of Trade〕）計畫，處理商業夥伴的倫理和勞工實務問題。此外，快銀支持環保組織珊瑚礁監察（Reef Check）拯救珊瑚礁的努力。這家公司曾經獲得聯合國表揚，但是它的知名品牌受到顧客所認可，管理階層也許更為高興。

選擇合適的夥伴十分重要。正如企業受到第三人的評估，它們也有必要嚴格評估合作夥伴，以確保彼此之間的關係具有可信度、效果卓越、維持長久。

可口可樂非常重視年輕人，因此大力支持亞太地區的教育。它與政府、多邊機構、非政府組織，合作推動數十項深具意義、效果顯著的計畫。例如，它和越南的教育訓練部、全國青年聯合會（National Youth Union）合作，越南各地的中學和青年中心設立了 40 座可口可樂學習中心。在馬來西亞，可口可樂和聯合國發展計畫（UNDP）攜手倡導消除數位隔閡（digital divide）。由馬來西亞教育部、可口可樂和 UNDP 建立的新夥伴關係及推動的試驗性計畫，稱做「終身電子學習」。

第五步：以有趣可信的方式宣傳你的表現

你必須有辦法衡量自己的進步情形，連市場軼聞也不放過，而且應該不厭其詳。如果你提不出證據，利用一些數字，證明自己所為的確產生正面效果，那麼別人未必會相信你。

葛蘭素史克（GSK）藥廠最近發表《醫藥的衝擊》（*The*

Impact of Medicines）報告。2002年的這份企業與社會責任報告，與該公司的年報、年度檢討報告有相輔相成的作用。這份文件可在gsk.com網站找到。該公司董事長和執行長直接明白地表示，企業責任為葛蘭素史克經營上所不可或缺，並且表示葛蘭素史克承諾與利害相關人進行建設性的對話。這份報告接著概述葛蘭素史克對社會、發展中國家的醫療、社會投資、研究發展、雇用實務、環境保護、醫療保健與安全、倫理等方面所作的貢獻。

外部夥伴的參與，應該有助蒐集和散播相關資訊。務請記住，這是個持續的過程。良好的CSR溝通，談的是如何管理期望。這表示應該和所有的利害相關人定期對話，以便瞭解他們對你抱持什麼期望，以及瞭解在一定的時間架構內，可以完成什麼事情。與利害相關人進行深具意義的對話，雖然對許多公司來說仍屬新概念，卻讓公司有機會消弭歧見。

從消費者的角度來看進入亞洲的星巴克咖啡店，你會發現它正以頗富創意的方法，訴說它身為企業公民的故事。首先拿起手上的咖啡杯，你會看到描繪CSR願景的文字，和它那世界聞名的標誌占去同樣大的空間。在銷售櫃檯，你會看到一些小冊子，說明該公司為了保護環境和咖啡農民社區而實施的計畫。這些計畫是「公平貿易」（Fair Trade）等星巴克新品牌咖啡的核心主題。

第六步：視覺化

犀利的設計和清楚的企業認同，能讓公司的故事鮮明生動。不妨考慮採用視像化的手法。你可以利用影片、照片和圖形，更可以借用第三人的見證和參與。以引人注目及前後一致

的視像，訴說你的 CSR 故事，設法引起共鳴。大衛‧奧格威（David Ogilvy）說得好：「說出真相，但要說得有趣。」

英國石油公司是這方面的個中好手。這家公司願意和全世界對話，談能源的需求、用量、替代能源等議題。英國石油以引人注目、始終如一的清楚宣傳手法做這件事。他們的電視廣告裡面，有真的消費者針對環境保護、未來的能源，毫不客氣地提問一些問題。除了電視，也有太陽能加油站的印刷影像，而且英國石油的咖啡杯傳達一個訊息：裡面的咖啡是用太陽能加熱的。所有這些，都有助於說明英國石油履行了它「超越石油」（Beyond Petroleum）的品牌承諾。英國石油擁有一個廣博的品牌：它的行銷訊息帶有倫理的構面，也願意公開觸碰和討論能源公司的責任問題。

執著力行 CSR

企業愈來愈願意在 CSR 投入大量的長期資金。它們體認到，必須和各色各樣的利害相關人對話、自己的所作所為應該被許多人看到且能夠衡量，而且需要從上到下全力投入。它們認清 CSR 不是用來粉飾門面的東西，而是深深存在企業核心的要務。

在它們看來，問題不在 CSR 是否重要，而是如何滿足人們對整個組織懷抱的期望，以相同程度的專業能力和責任感，實際放手去做。以品牌做為指針的公司，不只更具成效，也會得到最高的投資報酬率。

實務上，這表示應該把成功的 CSR 計畫的六項要件付諸實施，也表示應以嚴謹和全心投入的態度去做，更應該現在就去做。處於 360 度的世界，凡事都重要，少做等於沒做。

注1：〈企業社會責任在中國：美國企業實務〉，企業圓桌會議。
　　文中提到的多家企業皆為奧美的客戶。

第四部

轉型

前兩部探討的是亞洲企業全面倫理管理的架構元素。針對主要宗教與哲學思潮的討論，鋪陳出亞洲企業進行倫理經營的基礎；而檢討企業倫理關係最相關的實際應用後，也顯示亞洲企業在極短期間就可完成哪些必要調整。

現在我們已經接近問題核心──改革勢不可免，而公共活動與生活各層面應全面而持續地轉型。這種長期目標也得借助亞洲智慧的文化傳承，主要來自第二部討論的亞洲四大教派。

企業若遵循全面倫理管理的準則，自然能享有強勁的全球競爭力與優良財務管理，能夠為顧客、股東與員工帶來絕佳價值。然而，為達成這些目標，企業不能再全靠著正統發展模式，也就是簡單的經濟成長。經濟活動的品德基礎進行轉型，可讓企業重新定位，從而提高競爭力與永續經營的財務能力。

下述轉型正是全面倫理管理的核心意涵，企業領袖尤應審慎看待。

社會發展

企業與國家所採用的傳統發展模式只關注經濟面，這種模

式產生嚴重不平等,無法永續成長。全面倫理管理的第一要務是注重社會發展,也就是形塑社會結構,以期宣揚並維護人們期待的價值準則。社會發展應該與經濟發展置於相同立足點,因爲人們需要適當的物質生活水平與社會結構。

互信

第二要務是互信。事實上,企業與其他利益相關人以及企業與企業之間的彼此猜疑,近年來已深植於全球經濟互動行爲。這種猜忌導致悖德行爲增加,正如霍布斯(Thomas Hobbes,注1)悲觀看待的猜忌國度:人對人有如狼與狼一樣的敵對(Homo homini lupus)。然而,全面倫理管理意指,個人和組織必須能彼此信任。只有來自高道德標準的行爲才能獲得並維持互信。達到某種程度的互信、互相尊重與了解彼此需要,才是長期永續成長所需的互動。

社會治理

社會發展過程中,爲培養全體參與者的信任,應該提倡所謂的公民社團——基於共同利益而自發性組成的社群,如非政府組織(NGO)。非政府組織是以自動參與爲基礎,可擔任社會發展的觸媒。然而,國家與企業界一般被視爲以強制爲基礎。公民社群的積極角色與社會治理結合,會減輕市場力量導致的社會分化與不安,最終會促進社會發展。

全球公民意識

　　每家公司都會成爲公民，積極參與社會、環保與社區事務。企業公民意識可以視爲企業透過核心經營行爲、社會投資以及參與公共政策，對社會做出貢獻。企業處理自身與不同利益相關人的關係，尤其是與股東、員工、顧客、事業夥伴、政府與社區關係的管理方式，決定了企業的影響力。企業公民意識應該放大至全球的格局。企業遵守本國法令，但在他國（尤其是窮國），卻常踐踏勞工、人權及環境。全球公民意識旨在以全球層面援引高標準社會參與的方式。

公共責任

　　企業身爲全球公民，要對政策、行爲與資金的運用負責。責任跟權力有關，也是讓關係人參與正式決策及要求公司負責。過去，企業除非面對公共壓力與負面報導，否則多半是逃避公共責任的。企業應該對本身面臨的所有情況負起責任，而不只在危機出現時負責。

公司治理

　　企業責任引出公司治理制度——這種制度指導並控制企業，規範企業與股東的關係，也規範企業與社會之間的大範圍關係。公司治理結構決定企業不同參與者的權責分配（例如董事會、經理人、股東與大眾），並且決定企業決策的規範與程序。

產業復興

最後，採行全面倫理管理的一切初步措施之後，企業或可促使自身及所屬產業更新重生。由於企業自願且主動進行變革，產業重生的過程對永續經濟成長與就業至爲重要。產業復興不只攸關企業精神與創新，還包括了基本的「倫理變遷」──也就是企業從事經濟活動的基本原則與世界觀。

這些變化中的很多因素符合儒教、佛教、印度教與伊斯蘭教的基本意旨，以儒家思想爲基礎的企業倫理可能要求行仁，而不只是追求企業私利，這種企業倫理要求爲社會更大的利益而犧牲私利，即使在追求企業利益時，個人也必須觀照整體。佛教企業倫理可能藉著爲所有市場參與者，創造雙贏局面，追求非侵略性、非暴力的企業行爲。佛教企業倫理擁抱永續發展與企業公民意識，認爲這是企業昇華的一種。另一方面，印度教徒可以自由自在追求個人目標，前提是也要修行德業，印度教義規定每一個人只要尊重永續的終極目標，都有權利追求經濟利益。伊斯蘭教的倫理支配了生活各個層面，穆斯林不能欺騙他人，尤其不能支付或收受利息。

東亞與其他新興市場企業經理人，可能已經喪失這些企業行爲的「良善」基礎，也認爲「西方」的倫理管理要求並不適用。亞洲金融危機代表經濟發展達到高峰，人們大體上忽略永續發展與企業意識的崇高願景，連一向努力工作的企業家也耽溺於輕鬆致富的迷夢。傳統價值建立者也從事套利，碰上本地貨幣大貶，就得自食苦果。

亞洲企業經理人常只挑選倫理價值鏈的部份環節，因爲他們認定其他環節（例如完善的公司治理系統）根本不可行。隨

著愈來愈多亞洲企業前往海外市場掛牌，他們在特定的倫理價值也被迫採行最嚴謹的全球經驗。亞洲經理人今天面臨最嚴苛的挑戰，是把一連串提升道德意識與行為的個別實踐，整合為倫理平台。事實上，能否發展並實行有效整合的倫理策略，不單是亞洲管理良好企業的考驗，也是世界其他企業的考驗。

1997 年亞洲金融危機衝擊之前，或有犧牲道德原則並考量純粹商業利益的偏差例子。由於亞洲的家庭與文化網路較為牢固，獨立的非政府組織與其他公民社會組織力量相對鬆散又乏制度。亞洲各國政府能主控經濟與社會的優先順序；對實施社會安全預防措施卻相當無力。許多亞洲企業仍舊保留大量私人持股，行為不受公共壓力影響，和歐美上市公司並不相同。

就算有這些差異，亞洲企業現在定出倫理價值鏈的觀念，就可在營運行為中整合社會發展的觀點，藉此填補倫理真空。整個企業文化可以協調融入社會發展、互信、社會治理、全球公民意識、公共責任與公司治理。最後，企業在這些領域嚴謹聚焦，或可使產業更新長久持續。由於不法瀆職日漸引起關注，這些關切必須與分析架構清楚整合，以使全面倫理管理提供完整均衡的方式，創造真正永續發展的企業與社會。

- 亞洲企業必須將經濟活動的基本目標轉向社會發展。
- 轉型必須以完整全面的方式來思考實踐，納入互信、社會治理、全球公民意識、公共責任與公司治理，以達成產業振興。

注 1： 英國哲學家，公元 1588~1679 年。

13
社會發展
企業與國際機構的角色

伍芬森
世界銀行總裁

引言

世界銀行的主要目標是減輕貧窮，特別是全球許多開發中國家的貧窮狀態。世界上有半數人每天生活費用不到兩塊美金；五分之一的人每天生活費用不到一塊美金。

目前地球上有 60 億人，其中 50 億住在開發中國家，這些國家人口占世界人口 80% 以上，卻只擁有世界國民生產總額的 20%。50 億住在開發中國家的人口當中，有 30 億住在亞洲。

世界銀行面對減輕貧窮的挑戰時，必須處理造成貧窮的根本原因，注重永續發展所需要的條件。有效的發展計畫已愈發清晰可見：

- 開發中國家的政府、公民社會與企業成員必須全面參與，並以當家做主的態度負責。
- 多所公共與民間機構必須進行結盟。
- 計畫對大多數人民而言，必須可以衡量評估。

●計畫本身長期可行。

持續消弭貧窮也要靠經濟成果創造長期就業；沒有工作就無法解決 30 億人每天生活費用不到兩塊美金的不公狀態。

市場經濟體系中的民間部門蓬勃發展，最能創造經濟成就。隨著市場機制系統演進，企業會逐漸體認到，公司治理、勞工、環保與倫理若採取高標準，對企業最有利。

實際證據也顯示，公司治理至為重要。例如，麥肯錫公司最近的一項調查顯示，機構投資人願意為良好的公司治理付出溢價；他們也願意為此種亞洲公司的股票多付出 20% 以上的價格。在調查涵蓋的六個亞洲國家中，機構投資人認為印尼公司治理水準最低，願意為印尼企業付出的溢價最高（27.1%）。相形之下，願意為美國企業付出的溢價是 18.3%，英國公司是 17.9%。亞洲企業推動健全的公司治理，加強投資人信心，必然大有收穫。

推動企業制衡制度後，所有市場參與者比較可能得到公平的待遇與機會，也可能提高企業在人權、健康、安全、勞工與環保問題的負責程度，這種制衡可望構成公司治理的架構。

過去十年來，愈來愈多國家和公司也體認到，**企業社會責任（CSR）**的經營政策與實踐有其益處。依據誠信與高尚價值觀發展出企業社會責任的長期策略，能為企業創造業務利益，並對整體公民社會產生積極貢獻。而這個領域中的重大挑戰必須加以正視。

在國家層級，開發中國家必須推動改革，強化市場力量，打造有利於良好公司治理與社會責任的環境。政府尤其應（一）改善司法與管理體系，保障權利，公平處理抱怨，（二）處理金融部門改革的挑戰，提高資本分配透明化的效率，（三）正

面迎擊貪腐問題。如果政府不推動這些基本改革，公司治理與
企業社會責任就無法提升；除非這些改革促使個別民營公司改
變行為與實踐，否則不可能產生影響。

世界銀行致力改善公司治理與企業社會責任時，努力支持
（一）司法、管理與金融改革，以便改善民間機構的營運環境；
（二）提高容納並及強化機構與市場力量；（三）提高公家機關
的透明度與責任。

從 1990 年代中期開始，世界銀行的發展策略中明白探討貪
腐問題，過去全球對於貪腐的關注日切，貪腐危害發展的證據
開始增加。我們在 1996 年的年會中，誓言對抗貪腐，隨後，我
們的採購方針經過修正，以便應付世銀計畫中的貪腐問題。
1997 年 9 月，世銀董事會通過一個完整的反貪腐架構。

反貪腐現在是世銀支持的公共部門改革的主要部分，過去
六年來，世銀在近 100 個貸款國中，支持 600 件反貪腐計畫與治
理計畫。將近四分之一的新計畫現已納入公共支出與金融改革
措施。公司治理與良好治理對減輕貧窮的影響已廣為人知。證
據顯示改善治理與提高每人所得具有相當正面的關係。

世銀提升公司治理與企業社會責任

世銀在許多亞洲國家中，支持提升公司治理與企業社會責
任的計畫，很多案例的計畫都納入世銀與其他多邊及雙邊機構
的聯合行動。在所有案例中，這種計畫都要求本地機構或民間
部門密切參與。

這些計畫的目標通常是要支持引進最佳辦法，但也承認一
體適用的規範並不存在。因此世銀鼓勵政府與企業自行定出最

佳方式，並改變誘因獎勵實行。

　　這種計畫經常包括針對各個國家，進行有關公司治理與社會責任政策的評估，進而與政府高級官員討論並建議採取國際模式的方法與成本效益，然後經常透過技術援助方案，支持政府與專業機構，而且在大部分情況下，靠著訓練政府與民間部門重要職員，開始建立政府與企業的制度性能量。下表會說明這種計畫的運作方式。

各國公司治理評估

遵守標準與準則申報／金融服務行動計畫（FSAP）

　　世界銀行與國際貨幣基金（IMF）密切合作，根據經濟合作發展組織的公司治理原則，發展出標準化的方法，評估特定國家的公司治理政策與作法，這些被人普遍接受的原則是來自責任、可靠、公平、透明四種基本觀念。世銀與 IMF 的聯合作法叫做「遵守標準與準則申報」（Report on the Observance of Standards and Codes，ROSC），其中包括 11 種國際承認的核心標準（納入經合組織公司治理原則），都跟經濟穩定與民間部門及金融服務的發展有關。

　　ROSC/FSAP 為自發性參與，接受評估的國家如決心推動改革並同意透過世銀的遵守標準與準則申報網站刊出報告時，收到的效果最好。報告對於如何遵循經濟合作發展組織的原則，到如何有效推行現有司法與管理架構的方法，都提出不同的政策建議，有時候，建議包括修改現有法規或採用新法規。改革計畫得到民間部門

> 的支持與掌控，是公司治理改革成功的關鍵，因此提出
> 的政策建議措施中，可能包括鼓勵推展私人機構公會，
> 如董事團體、非營利股東協會或其他同業團體，這些團
> 體可以配合現有的法人團體，提供民間部門傳播資訊的
> 方法。

　　世界銀行支持的反貪腐計畫會設法在這個國家裡，尋找能
夠主導制度變化過程的支持者，協助他們找出所需要的改革方
式。在這方面，世界銀行最近在全世界30個國家裡，包括在孟
加拉、柬埔寨、印尼和泰國，進行各個國家的支出追蹤調查與
官員調查。

　　在企業社會責任方面，世界銀行面臨的挑戰是如何以大規
模的方式，把這種哲學灌輸到開發中國家的多國公司、本國公
司和公共部門中。下表會說明企業社會責任網路訓練課程的運
作方式。

企業社會責任的相關訓練

　　世界銀行學院提供一種網路課程，叫做「企業社會
責任」課程，目標是要讓參與者初步了解企業社會責任
計畫的基本理論、設計與執行，課程重點是：

- 支持企業社會責任的政策與商業環境要素，以及這些
  要素如何結合成完整的系統，發揮功能。
- 提供強力的證據，說明企業社會責任應該納入企業策

略與國家發展策略中的原因。

● 協助取得相關研究與資料，傳播最好的作法。

這種課程推廣的目標是開發中國家的政府高官、企業、公共部門與公民社會領袖、學者、商學院學生與新聞記者。

最近世銀在亞洲推動不少計畫，強化大家對企業社會責任的認識。例如，菲律賓有200名左右的學生與年輕領袖，參與線上會議與上述企業社會責任課程。一群學生最近向菲律賓總統提出建言，說明他們對企業責任的看法與比較詳盡的發展目標。亞太大學已經把這種網路企業社會責任課程，納入商學院的課程中。

泰國辛納瓦大學（Shinawatra University）商學研究所所長和同事上過這種課程後，計畫按照這種課程，將企業社會責任，納入培養企管碩士的新計畫中。

印尼的肯南富雷格勒民間企業學院（Kenan-Flagger Institute of Private Enterprise）雅加達分院已經決定，與世銀學院合作推展企業社會責任計畫課程。

這種課程的主要針對商學院學生，也就是開發中國家企業與公共部門的未來領袖，其中的挑戰是儘量擴大評量、影響與效果。

在亞洲推動的公司治理技術援助計畫中，包含種類繁多的重要課題，大部分計畫的目標是要透過引進與實施最佳國際模式，或是透過重要職員的訓練，達到強化制度能量的目的，這些做法包括：

- 在中國、印尼、菲律賓、泰國與韓國，推動董事的訓練
- 泰國、印尼和韓國，推行國際會計與稽核標準
- 印尼訓練法官與相關人員，強化法院的能量。

下表說明蒙古一家銀行董事會改善公司治理，並使這家銀行起死回生的經過。

蒙古農業銀行起死回生

　　農業銀行（Agricultural Bank）是在1990年代初期，蒙古打破單一銀行體系後成立的，這間國有銀行是蒙古唯一在農村地區擁有廣大分支機構的金融機構，從創立以來，這家銀行經歷過幾次改革，包括一次推動民營化。到了1990年代末期，這家銀行卻宣告倒閉，由蒙古中央銀行監管，國內外一些顧問要求關閉這家銀行。

　　世界銀行仔細評估狀況後也同意蒙古政府，認定農業銀行可以重新強化資本基礎，繼續營業，但是先決條件是必須建立完善防護措施，避免進一步失血。農業銀行重整成為世界銀行金融部門調整信用計畫中重要的一環。在世界銀行、國際貨幣基金、美國國際開發總署與蒙古政府的合作下，農業銀行推動重整計畫，擬定三個主要目標：（一）恢復財務健全；（二）重回農村地區提供金融服務；（三）準備民營化。為了推動重整，成立了一個由外人組成的經營小組，其中有兩位美國銀行業專家，幾位蒙古籍高級主管，約定聘用兩年，資金由美國國際開發總署支持。

　　新經營階層在2000年8月接管農業銀行，不到一

年內，這家銀行打銷了不良資產，存款、放款與現金恢復迅速成長，也恢復了繳交所得稅的能力。這番成就在第二年更為強化，等到蒙古政府為農業銀行推動民營化計畫，宣佈開國際標時，農業銀行的資本適足率已經升到 13%，股本報酬率升到 10%，2003 年 1 月成功完成民營化。

世界銀行參與過不少管理合約的安排，但是像蒙古農業銀行這樣成功的例子不多。成功的關鍵是在重整計畫中的一項重要安排，讓經營階層向有兩位外國籍董事的獨立董事會負責，同時確保政府不干預銀行的營運。下列因素也有助於維持經營階層的獨立性：這家銀行的金融服務稽核委員會（FSAC）、美國國際開發總署的資金與指導、政府的強力承諾、捐款者密切協調、經常開會討論問題，以及經營階層樂於維護獨立性

因為政府擁有這家銀行，這種安排跟一般的公司治理原則不同。然而，在轉型的經濟體中，這種安排或許可以強化國營事業的公司治理，這家艱困金融機構轉危為安時，對國家最有利。

世界銀行旗下的國際金融公司（International Finance Company）協助個別民間企業時，一開始經常參與資本投資，同時要求被投資公司推動特定的企業政策與實務改革，包括公司治理改革。國際金融公司經常安排技術援助計畫，協助推動必要的改革。下表說明國際金融公司投資一家中國銀行並對影響這家銀行的公司治理。

上海銀行的公司治理

2001 年，國際金融公司投資 2200 萬美元，取得上海銀行大約 5% 的股權時，面臨的挑戰之一是協助上海銀行強化公司治理，這家銀行有 30% 股權由上海市擁有，但是也有 3 萬 8000 名個人股東，在 1995 年 100 家都市信用合作社合併組成上海銀行之前，他們是這些信用合作社的存款戶或員工。

國際金融公司投資前，堅持根據國際會計與稽核標準，由國際會計師事務所，對這家銀行進行財務查核，這種做法此後變成這家銀行的年度例行程序。國際金融公司投資策略另有一個重點，就是要求取得這家銀行董事會的一席董事，然後安排一位最近退休、在北京工作過三年、會說流利普通話的西方高級銀行家，出任董事。

國際金融公司的代表加入董事會後，這家銀行有很多進步，例如，成立一個稽核委員會，由國際金融公司的代表擔任主席。這個委員會定期跟外界的會計師開會，事實上，外界的會計師每年為整個董事會，舉辦年度研討會。不但討論稽核的結果，也討論上海銀行的營運如何遵循國際標準。

稽核委員會也經常跟內部稽核開會，檢討內部稽核的年度工作計畫以及內部稽核結果。上海銀行的內部稽核部門就像中國常見的情形一樣，需要大幅提升、加強專業，才能成為銀行治理結構中的積極力量。

最近香港上海匯豐銀行購得上海銀行 8% 股權，同

樣取得一席董事。國際金融公司與香港上海匯豐銀行合作，可以互相補強，為上海銀行引進最好的實務模式，包括創設薪資委員會，建立以績效為標準的經營階層薪資結構，也創設風險管理委員會，開始監督上海銀行的信用風險政策。國際金融公司與香港上海匯豐銀行的董事也扮演主導角色，讓董事會其他成員了解限制分配股利，建立銀行未來成長所需資本基礎的重要。藉著這些努力，董事會與經營階層討論銀行的策略發展時，遠比過去主動積極。

雖然有這麼長足的進步，仍然有很多地方有待努力，尤其是進一步教育與說服董事會，了解本身在推動有效公司治理架構中應當扮演的角色。

未來的挑戰

我們在東亞地區已經看到全面的進步，然而，在繼續強化公司治理與企業社會責任，進而持續減輕貧窮的同時，仍然必須面對一些重大的挑戰。

● 公共部門改革

有效能、有效率的政府通常有一些共同的重要特徵，包括對公民負責，相當有效能的提供公共服務，決策過程與決策大致透明化並可預測。設有制衡機制以避免獨斷並確立權責，同時不會削弱彈性與授權才能臨機應變。總而言之，這些都能帶來可靠的成果。

東亞大部分國家政府已經體認到，不透明、不負責、過度干預與授權不足會造成貪污與貧窮，是政府必須面對的根本挑戰，支持公共部門改革會成為我們未來工作中密不可分的一環。

● 建立能量

在東亞大多數國家推動公司治理改革時，會碰到一個重大困難，就是缺乏合格的專業人員或機構力量不足。而且訓練有素的會計師、律師、法官以及推動必要改革所需要的其他專業人員也都十分欠缺。

因此，必須繼續強調發展專業機構，例如由董事與會計師組成的機構，配合嚴格的授證與倫理標準，以及根據國際模式，實施專業訓練。

● 訓練計畫的評量

為了滿足大量訓練的需要，必須以可逐步評量的方式推動訓練。鑑於亞洲很多開發中國家人口龐大，例如中國、印度、印尼、巴基斯坦，每一國的公民人數都超過 1 億人，為了達到足夠影響，必須對公民營部門的進行大量個人訓練。

要滿足這種要求，必須借重傳統的訓練計畫，包括利用科技，把訓練普及到分散在廣大地區的許多學生。在提供這種訓練方面，世界銀行的全球發展學習網路計畫從過去到現在，一直都是重要的工具。

● 持續改革與夥伴關係

世界銀行與其他多邊、雙邊機構支持的改革中，有些相當

分散，也有一定期限，計畫結束後，未能注意改革的持續，制度化改革與穩固的本地夥伴關係，有助於成果持續。

● 家族企業

家族企業在整個東亞地區很普遍，多少形成一種獨特的挑戰，最近針對九個東亞國家的上市公司進行的研究顯示，接受調查的近3000家公司中，由家族控制的超過一半。菲律賓、印尼與泰國10家最大的家族企業，控制了本國一半的企業資產。

大型家族企業盛行，造成了獨特的公司治理問題，控制企業的家族通常認為，對小股東推動透明化沒有什麼好處，因此不讓這種股東了解公司的重大活動。控制企業的家族做決定時，幾乎不理會企業的其他所有權人，更不理會他們的意見。

家族因為害怕失去控制權，為家族企業籌募資金，支持與擴大業務時，通常極為依賴銀行融資。實際證據顯示，負債比率高的公司比較容易受外在衝擊之害，負債比率高的家族企業獲利能力也比較低。

從以關係為基礎的制度變成以法規為基礎的制度，是推動公司治理時的重大挑戰，這種轉型必須包括下列措施：例如選舉獨立或外部董事，建立稽核委員會，區隔董事會的監督功能與營運部門的經營功能。只要家族企業繼續強力主導東亞國家私人機構，上述措施與其他類似措施就會特別重要。

結語

改善公司治理與企業社會責任同時對抗貪腐，是世界銀行減輕貧窮、推動改革中密不可分的一部分。世界銀行在修正和

擴大公司治理計畫時，體認到必須與其他多邊、雙邊機構與民間部門實體結成夥伴。

成功的關鍵是在公家機關與民間機構中，尋找與支持決心改革的人。堅信公司治理、企業社會責任與反貪腐，是推動永續改革的基礎，了解強化公司治理對公司最有利之後，自然會產生這種信念。

民間部門開明的多國公司可以發揮影響力，推出遵循公司治理的制度，要求供應商與其他事業夥伴，推行同樣高標準的倫理道德，使公司治理得以強化。

因此，世銀面對的挑戰是支持改革，建立機構的能量，透過可以衡量的訓練計畫，擴大供應合格的專業人員，並且在景氣好、改革壓力消失時，維持與強化改革動力。在這方面，世界銀行準備面對挑戰，決心為持續消弭貧窮長期奮鬥。

14
互信
從猜忌到信任

古川元久
日本衆議員

引言

二次世界大戰戰敗後，日本社會苦於經濟
凋敝；但是不到 20 年，這個島國一舉超越
世界預期——人民工作勤奮，使得經濟大放
異采，到了 1980 年代盛極一時。日本驚人
的崛起之勢，必須歸功於許多內外部因素；奇蹟式的復甦很難
說只有單一原因。但是，少了日本人民的道德價值，這個國家
沒辦法迅速重生並躋身當前全球第二大經濟強權的地位。因
此，日本的道德準則在這個國家的復甦過程中，扮演著至關重
要的角色。在日本，人與人之間的信任，一向是合乎道德的商
業交易中，不可或缺的要素。從**倫理**（rinri）而來的信任，重視
的是儒家的道德行為準則所闡述的人際關係與角色。日本人認
為，所有的人際關係，包括家庭、社區、工作場所和學校裡面
的關係，只有存在信任才能成功。**透過倫理，人民才能同心協
力，重建經濟。它把人連結起來，置於一個人際關係網裡面，**

遵守倫理所規範的角色與尊敬，因而在社會中創造一個堅固的信任鏈（chain of trust）。

1980年代的經濟榮景一般稱為泡沫時代（Bubble Era），持續不了多久。1989年泡沫經濟破滅，此後，日本就陷入漫長的經濟衰退。除了經濟困難，社會問題也開始層出不窮。日本社會喪失了傳統品德。泡沫時代中，信任關係開始惡化，但是症狀直到泡沫破滅之後才顯現出來，而且惡化的速度加快。結果，泡沫時代後的十年，在日本常被稱為「失落的年代」。政治人士和官僚的醜事惡行、企業內部的醜聞，以及教師、醫生、警界失格敗德，接二連三爆發出來。許多公司罔顧道德責任，唯利是圖成了經營實務的指導方針。比方說，2000年，雪印食品公司的生產設施不潔造成牛奶產品含有毒性的醜聞，成了眾矢之的。2002年，這家公司又惹非議：為了取得政府購回計畫的資格，竟然在進口牛肉上做不實的標示（注1）。除了股票公開上市機構和公司的違法犯紀，構成日本社會最基本單位的家庭，品德也受到考驗。父母虐待孩童、少年殺人等駭人聽聞的事件，常見於新聞報導。最近，一名12歲的少年在長崎綁架和殘殺四歲男孩的報導，讓日本人驚駭不已（注2）。所有這些震動人心的事件，掀起社會的連鎖猜疑。人們不再信任政府、公司、學校，甚至自己的家人。

泡沫經濟破滅已過了十幾年，日本依然深陷衰退的泥淖之中。不先矯正經濟和社會的許多弊病，日本經濟不可能再現活力。現在正是日本反省社會和個體問題的時候，如此才可望自駭人聽聞不法行為恢復信心。日本應該變的事情有許多，其中最重要的當屬企業、政府和社會重拾傳統品德的高標準。本文主要將從企業的角度，探討日本道德標準，並且試著解釋其沒

落之因，以及如何力挽狂瀾。檢討的過程中，我們看到日本道德所體現的原則，可以做為全球企業適用的品德標準。其中若干特色可能具有普世價值或吸引力。安隆的醜聞爆發後，全球社區高聲疾呼企業進行品德管理。我們或許可以考慮以日本的道德規範做為替代的準繩。因此，日本也有機會成為世界的典範。

日本的倫理

要了解日本的道德標準，必須先體認一件事，那就是由於它們源自不同於西方的道德傳統，所以傳達的觀念不見得和西方相同。日本的道德觀一向受中國的儒家思想影響，西方的道德觀則植基於猶太教與基督教的傳統。前者將道德觀界定為人與人之間的互動，後者的道德則與宗教信仰交織融合（注3）。

依據西方的傳統，「美德」（virtue）、「道德」（morality）、「價值」（values）、「倫理」（ethics）等名詞儘管各具不同的含意，概念上卻有某種程度的重疊。日本並不區隔這些表示「**倫理**」的不同方式。幾個世紀以來，儒家的教誨廣為日本人民接受，以之為日常行動的指導準則。儒家講究界定人際角色和關係的**倫理**。依據**倫理**，身分和責任與個人被指定的角色有密切的關係。孔子強調家庭是社會的基礎，並且明白定位五倫：君臣、父子、兄弟、夫婦、朋友。這些重要的人際關係中，下輩遵從長輩，平輩相互尊重。社會成員如能認清本身扮演的角色，並且依據自身的責任行事，才會得到社群的信任。成員必須為家庭內部的其他人著想，家庭才能做為更廣大的社會中的一個單位。**倫理**雖然源自中國，卻已本土化，納入日本的價值

觀，例如日本的尊敬和羞恥觀念。露絲・潘乃德（Ruth Benedict）在她的巨著《菊花與劍》（*The Chrysanthemum and the Sword*）提到，尊敬和羞恥是日本人的特色。尊敬是指敬畏上天和存在的偉大。這種感覺促使人們謙卑和認命。毫無羞恥的人，被視為缺乏身為人最起碼的特質。**倫理**的存在，表示人們有著基本的共識和期望，期待每個人都不違背本身應扮演的角色和應肩負的責任。也就是說，人們懷著一種信任感，相信他人不會表現背離道德的行為。這種共識和期望，是人們建立與維持信任關係的基礎條件。

日本人所用的「家」一詞，象徵意義比較濃厚，用以描述一切極為重要的關係。日本人的家庭意識和東亞其他地方不同，也套用於無血緣的關係上。它是個隱喻，因此**倫理**觀念不只適用於家庭，也適用於更廣大的社群，以及更廣大社群中所有的次社群（如家庭、公司等）。對社會中的任何成員來說，起點都是比較小的社群。這種哲學衍生的世界觀，自然比較重視群體，而個別成員的行為必須符合群體的利益。因此，在這種群體取向的意識中，視周遭環境不同，**圈內（uchi）**與**圈外（soto）**的區分經常存在且不斷變動。比方說，一班學生面對同校的另一班學生，可能視自己班級為圈內群體；但在校際足球比賽場上，同一學校的所有班級，則當大家是屬於同一群體。

西方社會其實並沒有圈內與圈外的觀念。西方社會和日本社會不一樣，是以個人為起點。對社會的道德責任較少從群體認同的角度出發。有些評論家指出，西方的人際關係似乎像是個人和上帝之間的關係，而且西方道德帶有宗教色彩（注4）。從這個觀點來看，日本的道德規範不同於西方道德（甚至由於本土化的關係，也與亞洲其他國家不同）。因此，本文以粗體字

標示**倫理**一詞，專指日本的品德觀念。

企業倫理

　　歷史上，日本企業一向立基於**倫理**。早在江戶時期（1600-1867 年），**倫理**已是根深柢固的企業經營原則。合乎**倫理**的企業活動，是指員工和雇主必須體認他們在工作場所各自扮演的角色和肩負的責任。這也需要企業認清它對公眾扮演的角色和肩負的職責。這麼一來，信任存在於兩個領域：企業內部，以及企業和公眾之間。江戶中葉的教育家石田梅岩，提出一套經商哲學，稱做「商道」（Way of the Merchant，或稱心學，指心的科學或心的學習）。石田的時代，商人處於社會的最低層級，因為經商被認為是卑下的勞力工作。石田鼓勵商人，灌輸他們信心，並且教導他們：「經商不是下的行為。商人賺取利潤和武士領取薪水並沒有太大的差別。但是商人不能以卑鄙或不義的手段牟利。真正的商人，不只為自己賺取利潤，也為他人賺取利潤。」他的理論廣受尊敬和奉行，被拿來做為經商的指導準則。比方說，當時經商最出名的近江商人，奉行著名的「經商十誡」，包括如下所述、合乎**倫理**的經營原則：

- 經商是為了服務社會和社會中的人，利潤則是應得的報酬。
- 好地點勝過店面的大小，而產品品質又勝過好地點。
- 切勿強迫顧客購買。不要只顧出售顧客喜歡的產品，應該是只賣對顧客有益的產品。

　　以**倫理**做為企業基本經營實務的觀念，持續到明治時期

（1868-1912年）。這可由明治時代著名的資本家澀澤榮一持有的哲學得到明證。澀澤成立了日本第一家股份公司和第一家銀行。一般認為他是日本現代企業的開山祖師。他根據《論語》重視誠信的精神，建議「整合道德和經濟」。他也支持這種信念：「商人的職責，是考慮公眾的利益，努力將幸福帶給別人，而不是不必要地追求本身的利益。」他主張商人應該一手拿算盤，另一隻手拿《論語》。根據這樣的傳統，日本人十分重視信任。進行商業交易時，信任的重要性超越金錢。

近代史上，**倫理**的例子可從松下幸之助（1894-1989年）等知名企業領導人的經營哲學中看到。松下幸之助是跨國電子巨擘松下電器公司的創辦人。1946年，松下設立智庫PHP研究所（PHP Institute），懷抱的願景是透過繁榮，促進世界和平與幸福。PHP研究所出版一本雜誌季刊，討論和分析松下的經營哲學。松下在其中一期，談到以前的企業家一諾千金。他說，即使遇到假日，企業家也會待得很晚，只為了計算和償還債務。萬一無法償債，在強烈的責任感驅使下，企業家甚至出讓女兒以履行承諾（注5）。雖然以今天的標準來看，這種做法委實過當，卻足見人們重視商業信用和極力履行責任之一斑。

依松下的看法，今天的公司，扮演的是「公器」的角色。他表示，做為公器，公司首要的責任是納稅，好讓政府有錢興建公共基礎設施。因此，利潤主要被視為籌碼，用於計算公司必須繳納的稅額。依松下之見，利潤不是為了中飽股東的荷包。根據他的哲學，不賺錢的企業應該重新思考自己在社會中的角色與責任。如果它們對政府的稅收毫無貢獻，無法履行身為社會公器的職責，就不應該繼續經營（注6）。此外，松下認為，他生產的產品，核心焦點在於如何造福人群。他的哲學至

今仍備受尊崇，也依舊是公司願景的一部分。這可由松下電器
公司的管理目標看得出來（注7）：

> 「有鑑於我們身為工業家的責任，我們將透過商業活動，
> 投入於促進社會的進步和發展，以及人群的福祉，進而增進
> 全世界的生活品質。」

倫理何故淪喪？

雖然**倫理**對社會極其重要，今天的日本卻已喪失**倫理**。這
主要是因為日本經濟發展成功，導致日本人驕矜自滿。物質上
的欲求，成了今天所有生活與活動層面的驅動誘因。美國是富
裕社會的縮影，置身於戰後斷垣殘壁的日本人，渴望過美國人
一樣的生活。1980年代後半期，日本趕上了美國，然後超越世
界的期望，儼然有一舉越過美國之勢。泡沫時期，傳統上合乎
倫理的經營實務，也就是將貢獻於社會當做重責大任，慢慢被
盡可能賺更多錢的「及時行樂」哲學，或者盡一切力量謀求公
司利益的心態給取代，即使對公眾造成傷害也在所不顧。在公
司成了新的家庭之後，這種哲學油然而生。傳統**倫理**不復存在
於這種新家庭中。更糟的是，學習傳統**倫理**的所有機會都告消
失，品德教育供應來源少得可憐。

公司取代家庭觀念

經濟成長期間，「家庭」的觀念開始變質。二次世界大戰
戰敗之前，日本人視自己為大家庭，也就是日本帝國的成員，

天皇則是大家長。這個國家就是他們的家庭。 1945 年，天皇宣布投降，這個國家家庭消失了。戰後期間，日本覺得迫切需要重建破敗的經濟。工業化快速推進，許多公司成立。天皇不再是大家長之後，人民必須另尋新的群體認同對象。於是企業趁虛而入，填補那個真空，成了新的家庭。工業化加上人們對公司表現的忠誠，都市化不可避免地蔚為趨勢。都市化導致日本傳統的大家庭（通常是三代同堂），演變成人數較少的核心家庭。人們離開鄉村生活，從農村遷移到都市地區，追求企業生活。他們根據工作關係，建立起鬆散的新社群，失去了舊社群中的許多親密感。人數較少的核心家庭，成員通常比較年輕。由於這些變化，人們在個體層次和總體層次，同時失去傳統的家庭觀念。前者如大型鄉村社區變成小型、互不來往、獨立的核心家庭。後者如國家家庭意識變成國家企業意識。

　　戰後日本一心一意專注於搖身而為經濟強權（注8）。這個唯一的目標，加上家庭結構的轉型，導致傳統社區解體，本來關係強烈的認同感和價值觀就此消逝。**倫理**侷限於同一公司成員間的互動，而沒有擴及整個社會，因為人們專注於讓公司變得富裕和強大。日本企業在國際舞台上的確變得富裕和強大，進一步強化了人們的認同和他們所歸屬的公司之間的關係。公司就像家長那樣，終身照顧員工。終身雇用和依年資升遷，而不是看員工的貢獻，是這種新家庭的特色。在這種制度下，員工進入一家公司，一輩子都得到保障，工作也獲得確保。但是這種安全保障並沒有持續很長的時間。泡沫經濟於 1989 年破滅後，企業必須捨棄不賺錢和缺乏效果的經營實務，包括終身雇用制在內。如此一來，員工不能再仰賴公司。企業逐漸停止做為員工的家庭。人們再次面臨認同危機。這個真空尚未填補，

因爲目前還缺乏共識，無法確定應該用哪些因素來決定人際關係。人們還沒有就**倫理**——人們信任每個人的行事作爲都根據指定的角色和責任——產生共識。

品德教育欠缺來源

學習**倫理**的的環境，幾乎全自日本消失，使得**倫理**衰微的問題雪上加霜。今天，不但教育或宗教機構沒有提供**倫理**教育，連地方社區也未善盡保存之責。二次大戰之前，根據政府的政策，日本人在學校接受僵固的道德教育，強調道德教育爲課程的一部分。但是到了戰後，道德教育被批評爲灌輸天皇崇拜，而且促成了漫長痛苦的戰爭。因此，學校的課程刻意揚棄道德教育。要是所有的日本人都信教，就像西方世界虔誠信仰基督教那樣，這就不成問題，因爲可以經由宗教機構提供教育。但是大部分日本人信教並沒有那麼虔誠，神道和佛教等本土宗教傳統，也沒有將**倫理**納入。此外，家庭將**倫理**觀念傳授給年輕一代的能力減退。以前，**倫理**是家庭和社區的共同知識。老一輩自然而然會教導年輕一輩，並由所有成員實踐遵循。但由於上面所說的家庭和社區的組成發生變化，能夠教導小孩子**倫理**的人已經減少。

日本該如何恢復倫理？

倫理淪喪，傷害日本的經濟。企業干犯法紀的案例（如雪印食品的醜聞）時有所聞。此外，由於違約貸款金額龐大，金融機構受到拖累，財務體質孱弱。損害日本金融機構的弊病仍

未矯正。為了維持岌岌可危的銀行，政府注入公共資金，民眾因此再度蒙受損失。金融部門一些領導人的個人利益阻礙這個部門的復甦，卻一再罔顧要求他們下台的呼聲。缺乏優秀且高效能的領導人，經濟能否邁向健全仍在未定之天，這正應驗了「上樑不正下樑歪」那句老話。如果不恢復以前令日本強大的傳統**倫理**，許多評論家質疑日本能否重拾全球市場上的競爭優勢（注9）。不少人發現**倫理**的珍貴而有重整必要。

過去，日本社會花了很長的時間和很多心力建立**倫理**，現在無疑也得花同樣多的時間和心力去重建**倫理**。社會必須重新出發，而且應該先在學校的課程中堅實地灌輸**倫理**觀念，做為根本的基礎。我們應該從長遠的眼光，教導孩子懂得**倫理**，因為社會需要一段時間，才能感受到**倫理**的效益和效果（這不是速效藥，而是對核心問題施以長期的矯正）。另外，我們必須付出一些心力，引導那些不熟悉**倫理**的成人，告訴他們哪些行為最符合**倫理**的要求。這可以經由電視和報紙、書籍、雜誌的公共教育計畫達成。

此外，企業品德教育可以藉特定的教育計畫，直接收到效果。日本企業人士日益體認這方面的需要。比方說，日本大型國際製造商京瓷公司的創辦人稻盛和夫，設立了相當獨特的學堂「盛和塾」，提供中小型企業的高階主管研習的機會（注10）。盛和塾強調合乎品德的經營實務，吸引了日本各地無數的企業學生前來就讀。到2002年止，已有超過3000名學員。盛和塾鼓勵企業參與公益慈善活動。這種教育中心，是企業界邁向**倫理**復興的一大步。

戰前的日本社會，恪守道德是種常識，因為那是學校教育不可或缺的一環，也是任何社區中的當然行為。**倫理**被視為理

所當然，沒人覺得有必要將它清楚寫成書面規則。日本社會存在一種共識，相信所有的日本人分享、了解和遵循相同的道德準則。當這種社會共識與時俱逝，缺乏書面規則的結果，是傳統的**倫理**很容易遭人遺忘，因為新社區無法馬上學習它的觀念。本質上，**倫理**最好是經由自發性的觀察去養成，不是靠成文法規強制執行。提高**倫理**意識最有效的方法，是讓人出於自由意志去學習。但是以當前的認同和道德危機日益加深來看，單是依賴人的學習意願是不夠的。今天，有必要從傳統上無形的**倫理**標準，去建構有形的**倫理**。我們應該用具體的法規來提供**倫理**。起初看起來並非自發性的行為，經過一段適當的時期，或許可以鼓勵自發性的行為。比方說，企業可以把**倫理**觀念納入員工的工作規則。這些新工作規則，應該審慎擬定，確保它們不致對更廣大的社會，產生不合**倫理**的行為（尤其是，這些規則不應該專注於增進公司利潤和利益的活動，而損及公眾的利益）。在公共部門，品德已經架構成有形的法規。其中一個例子是四年前政府官僚屢傳醜聞之後頒行的「國家公務員倫理法」。這個法律做為公務員道德行為的準則，自實施且公諸大眾之後，民眾曉得有這個法律存在，並且檢討所訂條款是否允當。道德規範有形化的過程中，現代社會所需的透明和責任兩項關鍵要素也同時獲得滿足。如果日本社會所有的部門都能做同樣的努力，**倫理**將可望恢復，社會成員的行為舉止會再度合乎道德規範。

結語

　　正如前述，日本的品德標準不同於西方國家。日本的**倫**

理，談的是履行身負的角色和責任。數個世紀以來，日本企業的經營實務始終重視和實踐**倫理**。此外，它是人與人互動的指導準則。人們彼此信任，因為**倫理**意味著你可以信任所有的人行事作為都合乎道德。但是二次戰後，隨著傳統的家庭和社區結構與價值瓦解，這個信任鏈已經減弱。人們的注意焦點從個人身為社會的一員，有伴隨而來的義務責任，轉移到公司至上。人際關係變得遠比從前難以預測，不再能夠相信所有的人行事作為都合乎道德。泡沫時期中，信任鏈進一步受損。

為了重建信任鏈，日本應該採取行動，恢復社會中的**倫理**，進而促使疲弱不振的經濟與社會再現活力。重建信任鏈的時候，日本必須從頭做起，在課堂中介紹相關的觀念，好讓孩童紮下道德行為的根基，做為重建社會的基礎。此外，公眾和政府應該推廣和支持企業教育員工，學習品德管理經營。目前松下的 PHP 研究所和稻盛和夫設立的盛和塾，可以做為大型公司或商學院仿效的教育典範。雖然教育民眾學習企業品德的機構不只這些，日本社會還需要更多類似的組織。日本必須提升民眾的意識，瞭解道德教育的必要性，而在這方面，可以經由成文法的頒行，讓**倫理**具象化。安隆的案例說明猜疑鏈（chain of distrust）不限於日本。成文法律也有助於將日本的道德標準推廣到海外。書面化的行為準則所體現的透明與責任，再加上教育體系重新引進**倫理**課程，將使**倫理**更徹底滲透到整個社會。最後，由於成文法也有力有未逮的時候，不能達成希望得到的效果，企業和政治領導人應該以身作則，以**倫理**做為引導本身行事作為的指針。他們應該立下好榜樣，令人心嚮往之。領導人必須認清本身的社會角色與職責。居上位者理應行為高尚，如此，「居下位者」才會起而效法，「平輩」才會信任和

尊敬他們的領導人。**倫理**的執行將強化社會，並將強化信任鏈。

注 1：《朝日新聞》2003 年 4 月 7 日，HEAVY STAKES: Loads of Bogus Beef in Mad Cow Buyback，可上網查閱：www.asahi.com/english/national/K2003040700227.html。

注 2：《朝日新聞》2003 年 7 月 10 日，12-Year-Old Admits to Killing Boy in Parking Lot，可上網查閱：www.asahi.com/english/national/K2003071000342.html

注 3：*Look Japan* 1997 年 8 月號，What Happened to Japanese Business Ethics, Koyama Hiroyuki，可上網查閱：www.look-japan.com/LBecobiz/97AugEF.htm

注 4：同上。

注 5：PHP 研究所，《松下幸之助研究》2002 年秋季號，頁 40。

注 6：PHP 研究所，〈松下幸之助的 50 個至理名言〉（*The 21*, 1993 年 7 月，頁 34）。

注 7：松下電器基本管理目標，可上網查閱：www.panasonic.co.jp/profile/gp_0001.html

注 8：可上網查閱：http://www.lookjapan.com/JV/02JuneEF.htm

注 9：請參考 Funabashi Haruo 的文章。

注 10：上網查閱盛和塾：www.lookjapan.com/JV/02JuneEF.htm。

15
社會治理
非政府組織讓社會向上提升

陸恭蕙

前香港立法會議員，香港思匯政策研究所行政總監

 今日全球的經理人必須以不同的眼光看待
世界，企業追求的不再只是更多銷量和更
高的利潤，也要愈來愈注重道德、責任，
和利益關係人的利益。利益關係人依公司
經營的方式而不同，他們可能是盟友，也
可能是對手。利益關係人包括種類繁多的
人，從員工、代理人、授權人、顧客，到政府和公共機關，以
及各種地方性與國際性的非政府組織。

本章討論企業與利益關係人之一的非政府組織間的微妙關
係，並檢驗非政府組織活動分子如何迫使企業加深與社會的整
合並提升管理運作的道德。

全球性非政府組織運動在快速且前所未見的全球化趨勢中
應運而生，自冷戰結束以來，全球化已成為國際經濟事務和政
治事務的焦點，由數個主要非政府組織帶頭的反全球化運動，
對跨國公司和亞洲企業界已開始產生影響。無論如何，亞洲的
企業和政府在追求獲利和 GDP 成長之餘，還必須考慮他們對社

會與環境的責任。

此外，伴隨全球化的另一趨勢為都市化，當都市像磁鐵般吸引農村人口時，政府和企業也必須了解，非政府組織能確保亞洲尚處於成長階段的都會區享有調和與健康的生活環境。我們確實已看到一些萌生的跡象顯示，跨國公司、亞洲企業和各國城市現在已把企業善盡社會責任的行為視為美德；政府也漸漸發現，他們可以透過與非政府組織的密切合作來改善治理。無論如何，當權者不可能擁有足夠的資源來應付人民期待他們解決的一切問題，因此與民間社團合作是政府造福社會的一種方法。政府、公司和民間社團正逐漸發展一種共存共榮的關係，而這種關係能帶來更公平的全球體制。

反全球化運動

反全球化運動有許多子運動，有些是本土自發的，有些則是區域或國際性的，例如以血汗工廠、人權、公平貿易、環保經濟、基因工程、愛滋病，和世界貿易組織為主要訴求的運動。自911恐怖攻擊事件以來，也出現反對伊拉克戰爭，及提倡宗教包容的運動。

近年來，非政府組織發現他們是挑戰跨國公司掌控世界經濟的全球性運動的一部分，也是挑戰政府未能保護公眾利益的一股力量。以下是西方一位資深反全球化運動人士茱麗葉・貝克（Juliette Beck）對全球化問題的概述（注1）：

「跨國公司幾乎控制現代生活的每一面，從我們吃的食物、我們聽到的新聞，到我們尋求庇護的政府。過去數十年

來，跨國公司變得如此龐大，全球 100 家最大的經濟體中有
51 家是公司。政府的角色已降格為協助公司提高獲利的政策
執行者，即便這些政策對勞工、環境、社區福祉，和下一代
有害。貧窮國家被迫根據企業掌控的機構（如世界銀行、國
際貨幣基金，和世界貿易組織）所制訂的規則參與全球經
濟。在公司的全球化中，進步是以經濟成長和創造利潤的活
動來衡量。公司宣稱，最能達成這種成長的方式是容許公司
無限制地取得廉價勞力、自然資源和消費者市場。為了提供
這種條件，現在的政府已創造一套複雜的法律架構，賦予個
人投資者前所未有的新權力，並建立執行這些法規的機關，
無視於它們可能違背大眾的意志。同時，公司對成長永不饜
足的胃口，以及為供養這個制度而創造的消費主義，已製造
出空前的環保危險，可能很快就會導致 80% 的人類無法滿足
最基本的生活需求。」

跨國公司的崛起

從 1980 年代中期，跨國公司開始快速在國際間擴張，使跨
國公司和外商直接投資（FDI）漸漸對世界經濟產生根本的影
響。從 1985 年到 1990 年，FDI 每年成長三成，速度是世界產值
成長的四倍，也是貿易成長的三倍。自 1992 年迄今，外來直接
投資的年值已增加一倍，達到約 3500 億美元。以 2002 年的營收
來看，世界最大的 500 家企業有超過 130 家為美國公司，超過
80 家為日本公司，超過 120 家為歐洲公司，其餘是其他國家的
企業，其中日本以外的亞洲只有少數幾家（注2）。跨國公司的
公司內貿易占了全球貿易的一大部分（inter-company，同一家

公司旗下關係企業間的貿易），舉例來說，美國和日本間的貿易約有半數實際上是公司內貿易。換言之，跨國公司和他們的公司內活動支配了全球貿易。

在1990年代，世界產業的分布從已開發國家（美國、西歐和日本）大規模遷移到開發中國家。雖然已開發經濟體仍擁有大部分的全國產業與財富，他們占有的比率卻已相對降低，開發中經濟體（尤其是中國）的重要性則與日俱增。的確，世界經濟最重要的改變之一是工業生產與服務的國際化，而這要歸功於通訊技術進步和運輸成本下降。

開發模式的爭議

跨國公司在世界經濟扮演的角色向來備受爭議，雖然政府和企業人士認為，跨國公司創造的經濟發展對整體世界有利，批評者卻指控企業策略、生產國際化和外商直接投資已危及世界許多國家的社會。批評者說，跨國公司無需向任何人負責，而他們的策略基本上是追求把人民變成消費者、促進消費，進而創造更高的銷售和獲利。

最激烈的批評來自非政府組織。反全球化運動真正起飛可以說是從1999年WTO西雅圖會議的抗議示威開始，當時有超過5000人走上街頭響應這項運動。政界人士和企業領袖顯然低估了非政府組織運動分子在網際網路時代的力量。企業常輕率指摘非政府組織製造麻煩，但卻難以用令人服氣的說詞來反駁他們的觀點。基本上，非政府組織認為當前政府和企業偏愛的發展模式對環境帶來威脅、會造成失業而使社會陷於分歧、加深貧富差距，在經濟上也缺乏生產力。他們要求（注3）：

「……協力打造和平、環保、永續和符合社會正義的全球
社會。以生態健康、人權提升、社區價值為本的生活品質來
衡量進步與否……商品和勞務的貿易要以能提高生活水準，
且工人和農人獲得公平待遇的方式來進行。」

永續發展

反全球化運動的口號可以歸納為永續發展，這個概念最早
由 1987 年由布倫特蘭委員會（Brundtland Commission，注4）
所闡述。他們體認當時的發展模式是建立在消費主義的基礎，
不但付出沈重的環保代價，已使地球的承受能力推到極限，並
且危及我們後代子孫的永續生存。「布倫特蘭報告」指出，有
限資源的分配應該符合正義原則，就同一世代或不同世代而
論，前者指的是有同等權利享受今日世界的資源，後者則是未
來的世代應擁有滿足其開發所需資源的權利。非政府組織說，
我們必須檢驗世界的資源分配，因為已開發經濟體現有的經濟
體系是建立在資本主義的基礎上，而自由市場雖可促進資源分
配的效率，卻無法達成分配的公平正義。

在亞洲政府奮勇前進時，環保和社會因素並非政策的優先
考量，他們的說法是，一旦他們的國家富有到一定程度，就有
能力清除污染和提供較好的社會條件。他們舉西方的歷史為自
己辯護——他們說，畢竟西方剛開始時也是弄得一團糟，後來
才開始注重環保並具有社會意識。甚至有人說，要求開發中國
家遵守較高的環保與工作安全標準並不公平，因為西方國家當
年並未遵守還因此致富。例如，1990 年代初期，印尼和馬來西
亞在國際壓力下為砍伐森林的權利辯護，宣稱那是他們祖業的

一部分。今日，亞洲政府大體上接受永續發展的理論；在聯合國贊助的 2002 年約翰尼斯堡高峰會中，全世界多數政府已承認永續發展是優先政策，甚至表示這方面的進展太過遲緩。最大的挑戰在於亞洲能否找出調和經濟發展、環保，並顧及人權和社會的方法。結果如何，尚難逆料。

那麼，亞洲應如何發展？今日已無人能否認經濟發展帶來環境惡化和諸多社會挑戰。例證俯拾皆是，在中國北方，缺水的問題極其嚴重，導致政府計畫斥資將華中長江的水引到華北，但此舉可能造成其他環境問題。空氣品質是中國和其他開發中世界許多地區的問題，例如，29% 的中國土地飽受酸雨之苦；只有 3% 的城市有極佳的空氣品質，相對於逾 65% 的城市空氣品質惡劣，每年有約 18 萬名中國幼兒死於空氣汙染。在東南亞，印尼森林大火延燒已成為該區資源耗竭的象徵，而帶著煙霾的氣流吹到鄰近的新加坡、馬來西亞和菲律賓，空氣汙染也成為區域外交問題，同時，各地脆弱的生態平衡已受到威脅。

因應這些挑戰並不容易，它們顯然會大規模影響政治、經濟與社會。雖然解決這些問題有賴政府的領導，甚至在許多情況下必須依靠區域和國際合作，但非政府組織在尋找解決方案上扮演的角色也極其重要。

亞洲金融危機以來的「轉變」

自亞洲金融危機（1997 至 1999 年）以來，本區已產生三項促使政府當局和企業較願意與非政府組織合作的重大「轉變」。這些政治、經濟和倫理的轉變交互作用，對亞洲未來的發展至

關緊要，尤其關係到它們能否發揮強化彼此的力量，以協助本區找到其他發展途徑。亞洲迫切需要嘗試替代方案，因為龐大的人口使得發展的影響既深且遠，而符合或違反環保條件的發展所帶來的利害，也將回頭衝擊本區的社會狀況。

● 轉變一：政治

第一項轉變為政治，過去六年來，許多政權遭到挑戰，改革紛紛展開，尤其是有關提供更高的透明度。危機為民間社會更積極參與各國的治理開啟更寬廣的政治空間。大體而言，消除貪瀆的要求和改革政治的呼聲有助於亞洲非政府組織推動他們的理念，至少政府現在承認他們無法克服所有挑戰，需要民間力量的參與。亞洲非政府組織種類繁多，和其他地區的兄弟姊妹一樣，動機和議題分歧，各自反映他們國家的特殊問題與政治環境。在國際反全球化運動崛起的同時，政府和企業都有必要更積極回應非政府組織的要求。

● 轉變二：經濟

第二項轉變與亞洲消費模式的改變有關。亞洲金融危機使發展暫時減緩，但今日流行的看法是，浴火重生後的亞洲將是全球未來10年或20年的經濟火車頭。許多亞洲國家，尤其是中國的都會地區，對未來普遍抱持樂觀，只有日本可能例外。例如，中國的發展研究中心預測，2006至2010年的外來直接投資可望達到每年1000億美元，遠高於2002年的500億美元。這項預測可能過度樂觀，但明顯反映中國的樂觀主義正吸引大量的外來投資。農村居民可能沒有這麼樂觀，然而部分經濟學家預測，亞洲城市的消費水準升高正預示了未來經濟的成長。

亞洲 2000 年的人口為 35 億人，其中 12 億在中國， 10 億在印度。隨著個人所得升高和支出態度的明顯轉變，較年輕、受較高等教育的人口已表現出他們比父母一代用錢大方的跡象。亞洲的消費增加對環境將產生深遠的影響，例如資源耗竭和汙染問題，即使有例如零汙染汽車的發明，道路更加壅塞也勢所難免。此外，理應推動世界經濟的消費可能無法幫助窮人滿足最基本的需求，如清潔的水、衛生、電力和教育。

因此，健全的公共政策和重建消費者意識都是達成永續所不可少。非政府組織正進行一項寧靜革命，以提升消費者的消費意識和更願意將錢花在具有社會意識的公司。

● 轉變三：道德

第三項轉變是企業道德。企業使用的語言已經發生變化，自西雅圖會議以來，企業領袖已開始談論必須促進「具同理心的全球化」和「人性的全球化」。包括亞洲的跨國企業已簽訂聯合國全球盟約（U.N. Global Compact），以如何善盡全球性企業的責任。部分世界級大公司的執行長簽訂了世界經濟論壇的行動架構（Framework for Action），其內容要求企業主管制訂管理公司影響社會及與股東關係的策略。同樣的，世界經濟論壇較小型的企業成員組成所謂全球明日領導人團體，也首創一項實驗性的永續指數。這些雖然來得晚些，但是幸運地，企業世界終於開始承認道德在商務中應占有一席之地。

非政府組織運動

個人與非政府組織的內容與種類繁多，此處無法列舉，不

過有兩個例子值得提出，一個在印度，另一個在中國，它們已經持續造成深遠的影響。雖然兩者都不符合典型非政府組織的定義，但它們各自代表該國的公民社會的一部分，且巧妙運用有限的管道，作出重大的貢獻。

在印度，部分律師和法官建立了一套獨特的環保法律程序，讓民眾可將攸關大眾福祉的案子直接向法庭提起告訴。這種發展的意義重大，因為代表與英國普通法要求原告必須與案例有直接利害關係，才能提出訴訟的傳統背離。此外，司法的干預雖然引起爭議，卻引進一種在政治體系無法達成社會公義目標時的補救方法。

在中國，許多年輕菁英開始研習環保科學，例如北京大學合併數個學系，設立一所新的環保科學院。該學院的創立正值當局發現既有的發展模式可能對環境造成無可補救的傷害，尤其是如廣東等快速發展的省份。因此，即使在廣東省領導人預測 GDP 到 2010 年和 2020 年都將分別增加一倍之際，這所學院被指定來協助廣東省建立永續發展的策略。

該學院也組成一個專家小組（其中包含國際專家），以制訂一套經濟永續發展的新模型，包括探討大幅提高產業資源效益的創見，以提升技術和管理的水準。此舉的目的在於消弭缺乏經濟效益、製造外部成本的浪費。其他創見還包括汙染水準「設限」，以及汙染排放交易。該學院也可望建議領導人設定優先的「躍進」產業，如零汙染車輛。各大汽車製造商正致力於開發明日的能源效益汽車，同時，科學技術部已開始贊助電動車的研究，和其他提高燃料效益的措施，以帶動地方產業。

好消息是，這種替代成長策略的探討應該有助於增進永續發展所需的智慧財，且反過來可望吸引高瞻遠矚的企業帶進無

數商務和投資機會。

企業社會責任

在企業方面，任何公司都必須深思印度波帕事件的教訓：
過去失職的結果可能陰魂不散，揮之不去。

1984 年，美國永備公司設在波帕的殺蟲劑廠氣體外洩，
2500 人當場送命，其後死亡人數增至 2 萬人。波帕國際正義運
動宣稱，還有 12 萬到 15 萬人因為這件意外而罹患慢性病，包括
呼吸道感染、婦女病症、癌症和神經損害。1987 年，印度中央
調查局公布，災難起因是公司高層管理縮減安全與警報系統以
節省成本。1992 年，當局發出逮捕永備當時執行長安德森
（Warren Anderson）的命令。2001 年，道氏化學公司（Dow
Chemicals）收購永備。2002 年，印度法庭要求引渡安德森回印
度面對訴訟。這則故事至今尚未落幕。

和波帕的例子一樣，跨國公司造成環境嚴重破壞的無數研
究報告使得企業百口莫辯，這些破壞包括森林濫伐、土壤流失
與沙漠化、水汙染，以及製造毒性廢棄物。跨國公司也被指控
把不符環保標準的老舊工廠，從已開發國家遷到開發中國家。

今日，企業日漸具備企業社會責任的意識，例如，企業普
遍在年度報告提出社會與環保活動的情況前所未見。企業應該
如何衡量他們的活動對環境和社會的影響？取得國際認同的方
法之一是**全球報告計畫**（Global Reporting Initiative，GRI），
這是一個倡導共同披露架構的非政府組織，全球約有 140 家公
司採用 GRI 的方法，對建立一套報告環保影響、錯誤政策、供
應鏈問題、人權政策和勞工措施的標準作出貢獻。

　　據2002年6月顧問業者Context公司的報告，倫敦金融時報指數（FTSE）250家公司中，有103家現在已提出獨立的報告，其中50家首度發行企業社會責任資訊（注5）。據另一項由安侯建業（KPMG，國際會計與顧問公司）作的調查，日本七成以上的大公司提出不同形式的企業社會責任報告。雖然非政府組織正確地批評部分企業社會責任報告的品質，但這種報告的方式未來可望改善，因為非政府組織的獨立驗證很可能成為大勢所趨。

　　自2001年以來，倫敦金融時報公布的FTSE為社會責任企業編製一項新指數**富時四好FTSE4Good**。道瓊公司也有一項**道瓊永續指數DJSI**，因為愈來愈多基金經理人開始回應投資人對社會責任投資的要求。非政府組織**亞洲可持續發展投資協會**（ASrIA）2001年在香港成立，宗旨是提倡亞洲地區的社會責任投資，現在已逐漸獲得迴響。

好道德帶來好生意

　　許多企業現在說企業社會責任對生意有幫助。要獲得社會的尊敬，企業不僅要為股東創造價值，也必須展現強烈支持環保與社會的作為。每年金融時報都調查全球1000大企業的主管，要求他們提名全世界三家他們最尊敬的公司。自2002年以來，這些主管也應邀提出三家他們認為管理環境資源最好的公司。2003年，他們進一步被要求選出在對新興經濟體未來五到十年在經濟與社會議題上最有影響的三家公司，並說明選擇的理由。金融時報也要求非政府組織就企業對環境資源和新興經濟體的影響，提出他們評選的公司，以提供更完整的評估。

　　不過，企業該怎麼做才算善盡好公民的責任？除了獲得持續改善環保的ISO14000認證，和簽訂改進勞工條件的SA8000外，銳跑公司（Reebok）進行了一個令人振奮的實驗，很可能促使亞洲各地的工廠進一步民主化。在2001年，廣東省一家為銳跑製造鞋子的香港公司所擁有的工廠，舉行了據信是工廠工會有史以來第一遭的自由選舉。2002年10月，一家台灣公司在福建省的鞋廠舉行了類似的選舉，兩家工廠的管理階層在銳跑的要求下安排了選舉。花了幾個月磋商才決定的選舉辦法採用比例代表制，以反映工廠七個部門的員工人數。

　　銳跑表示，該公司欲藉促進管理階層與勞工間的溝通來持續改善工作條件。藉著這個實驗，銳跑希望賦予勞工權力，以確保符合勞動標準和避免虐待情事。由於跨國公司無法直接確保其承包商每日的運作遵守標準，賦予勞工護衛自身權益的力量是達成此目標的最好方法。銳跑的人權計畫主管對結果仍抱持審慎看法，他說：「我不知道有沒有人因為銳跑的人權計畫而購買銳跑的鞋子，但我們是一家國際企業，我們有義務回饋我們所居住和工作的社區。」（注6）雖然在工廠提倡民主很花錢，其回報卻是降低勞工流動率和工廠意外。銳跑也安排員工代表學習如何處理工會事務，例如主持會議和記錄投訴。兩個新成立的工會都與中國控制的中華全國總工會建立關係。

　　銳跑的實驗更有趣的是，廣東和福建地方官員不再視提供廉價土地、豐沛的勞力和稅務優惠為吸引跨國公司投資的唯有方法，承諾改善環境和勞動標準可以是一項新的競爭因素，使一個地區有別於另一地區。畢竟許多頂尖的國際品牌製造高價的產品，他們並不找最廉價的製造商，而是找能幫助他們保持品牌價值的夥伴。對廣東和福建這些較開發的省份來說，這是

聰明的策略，因為消費者產品的價格競爭力正逐漸流失，他們必須藉製造較高階的產品來升級。

　　儘管已有許多可喜的進步，非政府組織的努力不會就此鬆懈。例如，**香港基督教工業委員會（HKCIC）**專事中國的勞工調查，且密切監視跨國公司以確保他們言行一致。最新的**HKCIC**報告在2003年2月出爐，報告上說，跨國公司支付的錢太少，以致於工廠業主無力做到跨國公司工作場所改善標準。藉由不斷公開指正低薪和工時過長等缺失，非政府組織正迫使跨國公司作出回應。**HKCIC**的報告發表後，迪士尼、玩具反斗城和麥當勞都不得不表示會針對指控進行調查。

　　以上的例子雖顯示跨國公司逐漸改善開發中國家的工廠條件，但在亞洲從事開發高級商業房地產的香港置地公司卻進一步證明，提升與股東的對話有益於營業和企業精神。職場責任的重要部分之一是改善雇主、員工和利害關係人的溝通，使彼此能理解對方的觀點，彼此關係也能立於較平等的基礎。老式由上而下的命令模式在今日並非創造良好管理的理想方法，香港置地處理中環遮打大廈建案的所有承包商和次級承包商所採用的新方法，是改善溝通、降低各方的摩擦，提升工地管理水準，和降低工地的傷害與意外。所有利害關係人都認為，這個策略確實幫助他們改善了管理技巧，而且這些技巧可在未來進一步善加利用。的確，置地擁有部分持股的大營建商金門建築公司（Gammon Skanska）便是根據遮打大廈建案的經驗，而爭取到其他開發商的新合約。

都市化的挑戰

如果不提到都市化和當局必須倚靠非政府組織的協助才能因應都市化的問題，本章將不夠完整。到 2007 年，半數的世界人口將居住在都市；在未來 30 年，全球人口預料將成長 20 億人；人口統計學家也預測，開發中國家的都市將吸引大多數成長的人口，而許多成長最快的都市在亞洲。如此快速和急迫的都市化引發許多問題，其中最重要的是水和公共衛生。要解決這些問題將需斥資 2000 億美元，才能供應全球所有村莊、城鎮與都市清潔的飲水和衛生設施。這個金額約等於美國每年花在廣告上的費用。

失控的都市化從開發中世界大多數都市常見的貧民窟可窺見其後果，政府當局顯然必須直接對這種情勢負責，而如果不是非政府組織的努力，情況還可能更嚴重。例如，在孟買，透過**印度全國貧民窟居民聯盟（NSDFI）**的努力，公共廁所已獲得重大改善。孟買 1800 萬人口約有四成居住在貧民窟或破敗的陋屋；該市 5% 到 10% 的居民露宿街頭。孟買貧民窟最嚴重的問題是由市政當局管理的狀況惡劣的公廁。在印度，公共廁所不只是廁所，還是社交的重要地點，民眾來此交換社區的新聞。NSDFI 主席阿普譚（Jockin Arputham）指出：「中產階級與都市貧民唯一的差別是前者單獨上廁所。」（注 7）NSDFI 已成功促使當局允許貧民窟社區自行設計、興建和維護公廁，其成果是目前正在孟買建造的模組廁所，共有 1 萬個廁位。

孟加拉有不同的水問題，在高密度的人口和缺乏衛生基礎設施的情況下，表土地下水已完全遭到汙染，水帶來的疾病是嬰兒早夭的主因。雖然政府和國際組織參與改善此種情況，飲

水供應與衛生非政府組織論壇已著手檢測水汙染，這個組織設在達卡的實驗室已變成該國最精良的檢驗所，曾為政府和國際援救機構分析過逾2萬5000個檢體。正確的檢測使得這個組織得以協助政府擬定建立在證據基礎上的政策（注8）。

結語

挑戰擺在眼前——亞洲政府和企業有義務協助建設永續繁榮的新世界；少了健康的自然環境，提供公平交易的發展以及讓今日世代和後代生活的公義世界不可能出現。世人必須認識和解決亞洲日漸擴大的貧富差距，才能避免長期動盪不安。個人、非政府組織和企業在這件事上，能成就政府官僚無法達到的成果。我們可以指望非政府組織持續要求政治人物採取行動並設定時間表，作出積極的變革，因為他們自視為一更大企業，也就是人類文明的股東。

◆

注1： 貝克為全球交流全球民主計畫協調人，《創建民主：組織社會運動的 MAP 模型》（*Doing Democracy: The MAP Model for Organizing Social Movements*）。

注2：《財富》雜誌全球 500 大公司。

注3： 引自貝克（Juliette Beck）著作。

注4： 聯合國贊助的布倫特蘭委員會，所提報告又名《我們共同的未來》（*Our Common Future*）。

注5： www.context.co.uk

注 6： 2002 年 12 月 12 日《金融時報》（Sewing a seam of worker democracy in China）。

注 7：〈廁所的力量〉，《看守世界》卷 15 第六號，2002 年 11-12 月，頁 26-27。

注 8：〈有毒水源〉，《看守世界》卷 16 第 1 號，2003 年 1-2 月，頁 22-27。

16
全球公民意識
全球型公司在亞洲面對的挑戰

烏韋‧德恆
DHL 洋基通運公司執行長

愛莉森‧華赫斯
英國華威商學院戰略與國際發展教授

本章探討 DHL 對亞洲企業公民意識要務的看法。我們將討論這個地區各種民主發展水準、不同的勞工標準方法、不同的社會與環境優先要務、不同的商業傳統，對 DHL 之類的國際公司構成的特別挑戰。從本文可以看出，面對如此多樣化，以及不斷快速變化的環境，全球型企業應該以自身的最佳標準、國際法建議的方法、全球公認的行為規範，並在當地文化和狀況的引領下經營。DHL 等企業所面對的挑戰，是把企業公民意識的價值觀深植於公司內部，並且確保亞洲和其他地方的各地員工透過公平的工作條件、訓練與管理支援，得到授權，依照那些價值觀和當地的需求採取行動。企業公民意識也要求企業發揮經營效率和競爭力，並且維持財務穩定。企業本身如能穩健經營，欣欣向榮，可說是擔當優良全球企業公民的最好方式。

對 DHL 這樣的全球型公司而言，企業公民意識包括，創造和維持就業、提供及改善工作條件、致力保護環境、為商業夥伴、地主國政府、社區鄰居、股東營造穩定和產生利益。這些利益來自創造利潤、繳稅、打造富有生產力的企業對企業關係，以及後續推展的擴張與成長策略。然而策略必須吻合企業的價值觀，強調社會責任與環境保護。對社會所做這些貢獻的正面影響，只會隨著企業成長和賺取更多的利潤而增加。本章無意對亞洲的企業公民意識做徹底全面的說明，而是探討其中的一些議題，提出一些挑戰，分析一些含意，目的在闡述 DHL 對這個主題的想法。我們接著描述 DHL 所用的方法，做為企業可用方式的一個實例。DHL 相信，企業公民意識談的是「我們的營運方式」，而負責任的經營實務，則是指善用高效率企業的核心能力，廣泛貢獻社會及其經濟、社會與環境的永續發展。

亞洲企業公民意識的背景

有人說，企業公民意識或**企業社會責任（CSR）**主要是西方的概念。他們表示，和西方經濟體中的公司比起來，亞洲的企業決策比較傾向於集權，比較不重視形成共識，而且亞洲企業對於工作條件和狀況，以及環境保護和資源運用的方式，抱持不同的文化期望。**聯合國社會發展研究所（U.N. Research Institute for Social Development）**在 2000 年舉辦的研討會上，有人以印尼為例說：「雖然企業社會責任之類的觀念更為流行，但它們基本上是舶來品。」

不過，在亞洲某些地方，CSR 和企業公民意識存在已久。例如，自甘地以降的印度政治人物，一直強調企業扮演的社會

發展角色。早在 1965 年，總理夏士崔（Lal Bahadur Shastri）曾在德里（Delhi）召開全國性的「企業社會責任」研討會，與會者爲政府決策官員、企業領袖、智囊和工會領袖。會中呼籲利益相關人經常對話、負起社會責任、公開和透明化、實施社會稽查與企業治理。研討會發表報告說：

> 「（CSR）是對本身、對顧客、員工、股東和社區的責任。每一家企業，不管規模多大或多小，如果要得到信賴和尊重，都必須設法積極履行全方位的責任……而且不是只針對股東或員工等一兩個群體，卻損害整體社會與消費者。企業除了必須有效率和活力，也必須維護公義及具有人性。……公司是企業公民。就像一般公民，企業除了因爲它的經濟表現而受人尊敬和評斷之外，也因爲它在身爲一員的社區中的行爲，而受人尊敬和評斷。」

　　安隆、世界通訊、泰科（Tyco）等公司醜聞有關的事件沸沸揚揚，以及西方世界後來對貪瀆、詐欺、治理與會計標準密切關注，儘管全球皆受影響，亞洲似乎少有體悟的情形耐人尋味。這個地區雖然和貪瀆腐化脫離不了關係，卻不曾經歷像安隆那麼大規模的聲譽和財務危機。此外，有些評論家表示，亞洲的標準比較高，是源於若干國家規定提出環境報告，以及亞洲公司對顧客、商業夥伴和員工公開表現的強烈忠誠感。此外，雖然亞洲國家只有少數公司「名義上」執行 CSR，但不表示這個地區的企業相對缺乏社會與環境責任。舉例來說，提供員工及其家屬住宿、醫療保健與教育補助（有時從薪資中扣款），是開發中國家的 CSR 特色之一。其他的研究報告也凸顯

CSR是亞洲一些公司日常營運活動的一環。例如：

- 英國政府國際發展部（Department for International Development）資助支持企業實務社會層面資源中心（Resource Centre for Social Dimensions of Business Practice）研究企業與貧窮的關係。結果凸顯了新加坡和印度等國家的國營公司所用方法的重要性。這些地方，企業參與社會議題的傳統，家族企業可說為其表率，而且企業不拘大小，都視社會改革為它們貢獻於國家建設的一部分要務。它們的做法往往和對地方的承諾、宗教信仰有關。社區參與大多仍然透過信託與基金會為之——印度有20萬以上的私人機構信託，用以協助地方社區，其中大多是由企業設立。

- 印度的CSR一向包含提供資金支持學校、醫院和文化機構。但是有些人表示，這種公益慈善活動是出於企業經營上的需要。由於許多地方的國家福利和基礎設施十分匱乏，企業必須確保它們的勞工得到合適的住宿、醫療保健和教育，才有高素質的員工能夠發揮生產力。

- 商會（Business Association）在促進企業負責行為上，扮演重要的角色。例如菲律賓的**菲律賓企業支持社會進步組織（PBSP）和亞洲管理學會（Asian Institute of Management，AIM）**多年來致力於發展和推廣該國的CSR，以及推動小額信貸、災難救助、企業捐贈、環境管理等事務。

亞洲的企業公民意識和世界其他地方一樣，不是只談扶持

本地的員工和社區，更因爲出於需要，而成爲主流的企業經營議題──探討企業如何營運，以及如何對社會做出更廣泛的貢獻。但是企業公民意識的概念，似乎仍處於非常早期的演化階段。亞洲企業，不管是當地的企業，還是國際企業，現在面對許多挑戰，因爲在將企業責任納爲經營策略一環的同時，不能把太多的資源轉移出去，以致於損及整體企業的獲利力。不過，話說回來，企業如果未能提出策略，處理當地社區關切的事務，或者設法防止環境惡化，到頭來可能得花更多錢處理善後，或者宣告破產，或者必須從一國撤出，或者毀掉商業關係。長期而言，這些事件對企業的經營可能得不償失，反而加重成本負擔。

亞洲全球企業公民意識面對挑戰

在亞洲，願意負起社會責任的全球型企業，面對許多重要的挑戰。DHL 認爲其中六項重要的挑戰，值得一提：重視倫理的供應鏈管理和勞工標準；投資與人權；諮詢公眾意見與「社會營運執照」；在發生衝突的地區營運與維護安全；貪瀆腐化與缺乏執法；環境保護。

● 倫理供應鏈管理和勞工標準

在製造業和農業，童工及「契約」勞工（"bonded" labor），以及工時過長與工作環境過度擁擠和不衛生，是 DHL 及所有負責任的全球型企業特別關切的兩大議題。若干國家的法定工作年齡是 14 歲。**國際勞工組織（ILO）**的 ILO 第 138 號公約建議禁用童工，並且規定最低僱用年齡不得低於完成義務教育的年

齡，也就是必須達 15 歲，除非有例外狀況。東南亞地區一些工廠雇用童工，引起媒體大篇幅報導，對商譽構成挑戰，尤其是在零售部門。這些問題進而帶來兩項挑戰。第一是如何調和窮人創造所得的需求，以及企業雇用新的勞動人口以提高競爭力的需求。第二是如何確保接受教育的管道和合乎人性的工作環境，做為擺脫貧窮的踏腳石。

幫助勞工經常被視為是家長式的仁厚作風，但是今天針對勞工標準所做的社會稽查，還包括這種做法屬工資以外另給員工的福利，還是強制施加債務在他們身上。為了償還債務而工作，尤其是一公司透過「強制」供應產品或服務而施加的債務，可能被視為違反「強迫勞工」的 ILO 第 29 號公約。契約勞工的形式見於世界各地，但在印度、巴基斯坦、尼泊爾的農場和林場、磚廠、採石場更為常見，根源可以追溯到種姓制度或封地的農業關係。

● 投資與人權

全球型公司的投資地點日益招致批評。事實上，若干單一議題利益團體和一些西方國家政府，以人權紀錄欠佳為由，阻止企業前往某些國家投資，例如緬甸、蘇丹和伊拉克。有些公司受到公眾壓力或股東的壓力，撤離了那些國家。但也有公司希望透過它們的投資，對那些國家的社會做出正面貢獻。比方說，它們提供人權訓練和參與健康促進方案，或者像 DHL 透過運送人道救濟物資，以及在若干聯合後勤作業上支援發展機構等協助方式，對於衝突後地區的重建，貢獻一分心力。

在這些國家營運，顯然負有一些特別的責任，而且企業公民被期望扮演積極正面的角色，努力促進人權的保護，並且確

保它們的活動，絕不會被誤解成共謀違反人權。事實上，這是
聯合國秘書長安南（Kofi Annan），呼籲全球型企業簽署**聯合國
全球盟約**，所要處理的問題之一。全球盟約是企業自願參與的
協定，目的在促進保護人權、勞工和環境。DHL 簽署加入，並
且參與**全球盟約學習論壇**（Global Compact Learning
Forum）。成立這個論壇的目的，是協助企業分享經驗，討論它
們在不同的國家和環境中營運時，執行全球盟約九大原則面對
的挑戰。

● 公眾諮商及「社會營運執照」的演進

印度和菲律賓等國家的法律，規定企業先與地方社區磋商
再投資。現有證據強烈顯示，如果企業不與地主國社區進行這
類對話，也許得不到現在所謂的**「社會營運執照」**（social
license to operate）──居民發給的非正式同意書。它們可能發
現，得不到地方社區的支持，就沒辦法回收預期中的投資報
酬。開採工業正是最好的例子，尤其是在印尼、巴布亞新幾內
亞、巴基斯坦和印度。興建機場時的經驗也是如此，因為社區
可能遊說限制夜間飛行，或者阻止興建、使用聯外道路。不管
是在亞洲，還是在別的地方，確保地方社區支持新的運輸基礎
設施、礦場、工廠或農場十分重要。而且，我們必須指出，
「營運執照」不只攸關能否投資，在整個營運期間也可能十分重
要。開發中國家的基礎設施投資，尤其是在比較貧窮地區的投
資，通常維持得較差，所以這是運籌和運輸部門十分關心的課
題。

● 衝突與易生戰事地區的營運，及安全挑戰

　　許多亞洲國家深陷於內部衝突，或者處於與鄰國發生衝突的狀態。一個引人注目的例子，是近來巴基斯坦和印度為喀什米爾再度產生敵意。也有一些國家遭鄰國占領，或者出現主權和政府認同上的爭議。阿富汗、印尼、東帝汶、巴布亞新幾內亞、菲律賓、泰國、西藏、尼泊爾是其中一些例子。

　　同樣的，這對負責任的企業經營實務構成特殊的挑戰。DHL 因為全球性的運籌與運輸業務特質，對此格外敏感。DHL 是依照「先進後撤和搶先重回」的業務概念在經營，所以必須體認因此負有許多責任，包括業務活動絕不助長敏感衝突地區一觸即發的緊繃情緒。

　　DHL 面對這種衝突後挑戰的做法，一個例子是支持阿富汗境內的聯合國活動。DHL 根據長久以來的搶先重回的政策，在因為政治不安而缺席 15 年之後，2002 年 3 月重回阿富汗。從 3 月 15 日的第一班飛機起，DHL 一直對阿富汗經濟的重建和發展，做出重大的貢獻。一星期三次，DHL 運送人道救濟物資、外交貨物、事務設備，給在喀布爾工作的援助機構和外交使節團。DHL 也協助慘遭戰爭蹂躪的國家重建。2002 年春，聯合國請 DHL 協助重新設置它在喀布爾的辦公處所；聯合國撤出這裡的辦事處已有七年之久。DHL 透過外交郵袋，為聯合國運送大型事務器材和電腦，比以前經由巴基斯坦首都伊斯蘭馬巴德運送，提供一條更為便捷的途徑。在危機時期供應人道救濟物資的傳統，可以回溯到 1985 年，墨西哥 DHL 公司對 9 月地震的受災戶提供補給支援。DHL 致力於亞洲人道救助的另一個例子，是 1997 年海嘯襲擊巴布亞新幾內亞時提供支援。澳洲 DHL 公司

當時送去20噸的緊急物資，其中有一噸是DHL員工捐贈的。

● 貪瀆腐化與缺乏執法

　　雖然亞洲沒有發生像安隆那麼大規模的企業醜聞，近年來卻有一些嚴重的官商勾結、貪贓枉法的案例傳出。可靠的消息來源顯示，這個地區的國家，貪瀆是政治、經濟和社會生活的一部分（注1）。一般人認為，貪瀆顯然仍是亞洲大部分國家的嚴重問題，其中尤以孟加拉和印尼的貪瀆歪風最為猖獗。有些國家已經採取措施，用以改善透明度和執法標準，而這有助於吸引外來投資，例如泰國、馬來西亞和南韓名列2002年亞洲股價指數漲幅前十大。但是若干國家有待努力的地方仍多。全球型企業在這些國家營運，於社會責任方面面對很大的挑戰。企業必須預先擬妥政策和作業程序，確保它們不致不慎捲入詐欺的行為中。國際機構已經提出更多新的指導準則，例如**經濟合作暨發展組織（OECD）**以及非政府機構**國際透明組織**都建議一些方法，用以處理這個問題。一些公司也設立保密諮詢服務電話，協助它們的員工。

　　打擊詐欺是DHL在亞洲和全球表現格外出色，並且獲得表揚的一個執行領域。DHL在全球各地恪遵相關的法令規定，以防止爆炸物、麻醉劑，以及其他違禁品進入DHL的運輸網路。DHL在亞太地區的營運活動，一再強調這些檢查的重要性，也強調與政府、執法及管理機關聯繫與遊說的重要性。泰國DHL公司曾經結合這些努力，立下大功。2001年，泰國DHL依據嚴格的裝運檢查政策，攔截數百份偽造護照。曼谷的偽造文件相當猖獗，而2001年9月11日的恐怖分子攻擊事件，更凸顯偽造旅行文件的危險性。扣押這些文件之後，泰國DHL通知相關國

家的大使館，並與泰國警方、移民官員聯絡，協助他們持續打擊這類犯罪活動。由於這次的表現，美國移民局發給泰國 DHL 特別獎章，表彰它協助打擊走私偷渡人口所做的貢獻。泰國 DHL 是獲此殊榮的唯一商業組織。

● 環境保護

　　亞洲很多國家缺乏有效的環境保護法令規定架構，再加上無力執法或執法力量薄弱，造成許多嚴重的負面環境衝擊，社區和公益團體的抗議聲浪接踵而至。1984 年印度波帕的災難，是永備公司的化學廠漏出有毒廢氣造成的，導致死傷慘重，持續引起新聞媒體、環保和人權組織高度關注。輸出廢棄物到印度、巴基斯坦、中國等國家（主要是從美國出口，但歐洲、南韓和日本也有），以及富國輸出其他危險物質到窮國，也引起人們質疑這種商業行為是否合乎倫理，特別是因為巴塞爾協定（Basel Convention，1994 年）禁止輸出這些東西──已經適用於歐洲企業，但美國尚未採行。所以全球型公司宜在法令規定不夠完備的地方，擬定本身的策略和最佳實務指導準則。

亞洲企業公民意識的商業利益

　　上述六項挑戰，是 DHL 等跨國公司在亞洲營運所面對的重大課題。在此同時，愈來愈多證據顯示，在亞洲和世界其他地方，努力當個全球型企業公民，除了基於道德而非做不可，也能因此創造無數的商業利益。

　　企業公民意識的重要商業利益包括：

- 提升商譽。企業在愈來愈多的商業交易或新市場中，更有機會獲選為商業夥伴或供應商。訂有 CSR 策略的其他全球型公司，也日益要求 DHL 提出合乎營運倫理的證明。
- 更能雇用、培養和留住員工，以及提高員工士氣。
- 改善與政府、合作夥伴的關係，這有助於增進未來的商業關係。
- 能夠更敏銳地預先研判和改善風險管理。
- 透過具有環境效率的方法，為社會和企業創造「雙贏」的解決方案，從而節約營運成本。
- 增進學習和創新，有助於擴大競爭優勢。
- DHL 的指導準則和標準，以及它們的重要性

未來的努力方向：企業公民意識準繩

現在有一些原則、規則和標準，可做為企業公民意識國際最佳實務的架構和指導準則，而且大多適用於亞洲。

聯合國的全球盟約揭櫫九大原則，涵蓋人權、勞工和環境，從全球的角度來處理企業於亞洲營運面對的一些挑戰。

統計數字（注2）顯示，簽署加入聯合國全球盟約原則的601家公司，三分之一以上是亞洲公司，主要為菲律賓（91家）和印度（85家），中國、印尼、日本、韓國、尼泊爾、巴基斯坦、斯里蘭卡、泰國的家數比較少（11家或以下）。

聯合國全球盟約

人權：秘書長呼籲全球企業

1. 支持和尊重能力所及範圍內的國際人權保護；以及
2. 確保本身企業營運活動不致捲入危害人權的行為。

勞工：秘書長呼籲全球企業

3. 尊重組織工會的自由，並且認可集體談判的權利；
4. 消除各種形式的強迫和強制勞工；
5. 有效禁用童工；
6. 雇用和職業上消除歧視。

環境：秘書長呼籲全球企業

7. 面對環境上的挑戰，採取預防性方法；
8. 採取行動方案，負起更大的環境責任；以及
9. 鼓勵發展和散播有益環境的技術。

除了全球盟約，聯合國、非政府組織、OECD 國家的企業也提出愈來愈多的其他標準與行動方案。

國際人權架構已經建立起和企業公民意識、社會責任經營實務有關的國際法。這包括三個主要的項目：聯合國的世界人權宣言（Universal Declaration of Human Rights，1948 年）；國際勞工組織基本公約中明載的勞工標準（1930-1999 年）；聯合國的里約環境與發展宣言（Rio Declaration on Environment and Development，1992 年）。這些都是約束國家行為。

但是，隨著聯合國人權委員會將注意焦點從發展轉移到執行，以及隨著社會要求企業更重視本身的責任，各國法律、行為準則和自願性行動方案陸續發展出來，把國際人權架構解釋成負責任經營實務的「規範」。企業和業界團體為確保所謂的最佳實務規範，確實和它們獨特的經營狀況有關且可行，紛紛擬

定一些自願性行動方案。

　　有三大行為準則和 DHL 之類的公司有關。第一是「跨國公司和其他企業的人權原則與責任」（聯合國促進與保護人權小組委員會，2002 年）；第二是「跨國企業與社會政策的三邊原則宣言」（ILO，1997 年）；第三是「OECD 跨國企業指導準則」（OECD，2000 年）。在 DHL 開始發展促進良好企業公民意識的政策和計畫，尤其是在開發中國家營運時面對的挑戰上，最後一項行為準則十分有幫助。從 DHL 和擁有全球營運活動的其他許多公司的觀點來看，聯合國全球盟約是根據這些準則和上述國際法擬定出來、幫助最大且層級最高的「自願性行動方案」。

　　對 DHL 來說，還有其他兩項行動方案在全球的層級上提供指引，因此也十分重要。第一是 DHL 簽署的世界經濟論壇企業公民意識「行動架構」（2002 年），提出四點行動計畫，DHL 遵循不悖。比方說，第一點是「以身作則」，並且指出企業經營原則在這方面的重要性；第四點是「透明化」，DHL 因此強調向利益相關人報告它在社會與環境責任上的表現。事實上，為了展現以身作則的決心，DHL 在執行長辦公室設立專職的企業公民意識單位（CCU）。DHL 認為和它的營運有關的第二項行動方案是全球報告計畫（GRI）。DHL 計劃在適當的時候，依據聯合國訂定的多利益關係人 GRI 架構所建議的原則與指標，報告它的企業公民表現。ISO 是否會擬定一套負責經營實務的標準，令人期待，因為 DHL 發現，環境表現若符合 ISO 14001 的規定有很大助益，並且認為這是 DHL 承諾支持聯合國全球盟約環境原則的一環。

夥伴關係

　　DHL 近來發現，善用它的核心能力，與其他組織合作，可以對社會的發展產生更大的衝擊。因此，在世界經濟論壇許多行動方案的架構內，DHL 正與其他企業、公民社會夥伴，於全球救災資源網（Global Disaster Resource Network）、全球衛生計畫（Global Health Initiative）、全球數位隔閡計畫（Global Digital Divide Initiative，GDDI）上合作。DHL 針對這三個聯合行動計畫，都運用本身的運籌和運輸核心能力，加上其他夥伴的專長，協助處理範圍寬廣，每個夥伴都無法單獨處理的問題。全球救災資源網，是由工程、建設、運籌和運輸部門的公司形成的一張全球網，協助人道組織，減輕災難發生時災民所受的痛苦。它就像是一座情報交換所，各公司免費提供本身的資源。全球數位隔閡行動方案旨在結合公共部門與民間部門的力量，為那些能夠有效運用資訊和通訊技術，以改善本身生活的人，和那些沒辦法這麼做的人，搭起一座橋樑。全球數位隔閡特別小組（Global Digital Divide Task Force）於 2000 年成立，以三年為期，目的是發展和散播富有創意的公共部門與民間部門行動方案，以改造數位隔閡，將之化為成長的機會。這個特別小組已經推動和支援教育與創業專案，以及透過它的政策倡導活動，喚起人們對這個議題的注意。在企業部門和非營利組織、政府部門共同領導下，該特別小組已經在教育、創業、政策和策略、資源動用等領域推展專案。全球衛生計畫的使命，是增進企業參與研發治療人類免疫缺乏病毒／愛滋病（HIV/AIDS）、結核病（TB）、瘧疾防治計畫的量與質。全球衛生計畫和論壇的 1000 家會員公司、世界衛生組織、聯合國愛滋

病聯合計畫（Joint United Nations Program on HIV/AIDS）、根除
瘧疾（Roll Back Malaria，RBM）、終止結核病（Stop TB）等組
織合作。DHL 扮演的角色是支援藥物的運輸，以及配送給開發
中國家病患的後勤作業。

企業責任的界線

　　企業公民意識絕對不能取代民主政府當然必須為社會設立
法令架構的責任。但是在亞洲，更急迫的優先要務往往限制政
府扮演的角色，沒辦法在面對貧窮和所得不均時，將商業利益
更廣泛地分配給人民，也沒辦法對於受企業或政府決策不利影
響的人提供安全網。

　　因此，我們可以這麼說：在開發中國家，全球型企業負有
更大的責任，除了應該了解一項投資決策會產生哪些立即的影
響，也應該知道會有哪些比較間接的影響，並以負責任的態
度，處理當地社區所受的衝擊。我們不應忘記企業員工也是當
地社區的成員。這是另一個理由，說明為什麼我們強調的方
法，是把企業視為「社會成員」，而不是將企業和社會相提並
論，好像社會是另一個實體似的。我們也要指出，不管是私人
銀行，還是多邊銀行，尤其是世界銀行集團在提供信用、股本
或保險的時候，日益要求附帶環境和社會條件。它們這麼做，
主要是為了保護預期的投資報酬率，並且確保公共資金不致落
井下石，導致貧窮更加惡化。

　　國家的權限只及於國界，國際法也只能約束國家，無法約
束企業。在國家法律不存在或薄弱的地方，DHL 等大型跨國公
司負有責任，應該尊重既有的自願性行動準則，以務實的態度

去解釋國際商事法。此外，公司身為企業公民，如何扛負這些責任，以及它們所提供服務的競爭力，日益成為顧客和企業夥伴進行採購和制定經營決策的參考基礎。

企業治理面對的挑戰

企業治理日益被視為企業公民意識的重要成分，而且在亞洲尤其重要，因為企業治理不良，被認為是 1990 年代亞洲發生金融危機的成因之一。

有人指出，一些公司的管理階層，紀律蕩然無存，加上公司、業主、資金供應者、稽核人、顧問師之間明顯錯綜複雜的關係，嚴重影響投資人對這個地區的企業部門的信心。經濟體如能及早採取措施，改善企業治理，則從危機中復甦的速度，快於沒有處理這個問題的國家。亞洲的危機告訴我們，良好的企業治理不只對希望籌募資金的個別公司很重要，也對想要實現永續成長的經濟體十分重要。

亞洲企業有時會說，西式的企業治理標準不適用於它們。但是——而且西方的一些標準現在看起來嚴重不足——不管哪個市場部門或者經濟地區，高標準的企業治理顯然都是先決要件。同樣的，這是所有全球型公司全球營運活動的一大挑戰，不只在亞洲營運才面對這樣的挑戰。

為了在這個地區展現良好的企業治理，若干觀察家認為應該做更多的事情。不過，除了企業治理體系一直相當健全的香港和新加坡，數年來大部分亞洲國家改革企業治理體系，都有明顯且重大的進步。以這些國家共有的企業治理問題之規模，以及能在那麼短的時間內有所進步，實在令人刮目相看（注

3）。

　　以下的例子，摘自最近發表的「2001年社會投資領先指標報告」（Leading Social Investment Indicators Report 2001；資料來源：SRI World Group, Inc., 2001），可一窺目前亞洲企業治理的發展動向：

- **中國**（中國證券監督管理委員會—CSRC）採取許多行動，用以增進董事會的透明度和獨立性。它也表示，將例行性檢查會計、財務和企業治理報告的真實性。正在擬定最佳實務準則。

- **香港**（會計師公會—HKSA）已經發表指導準則，鼓勵透明化和企業治理。

- **馬來西亞**（吉隆坡證交所—KLSE）大幅修改上市規定，以增進市場的公信力。重點放在改善企業治理和強制董事的訓練。

- **印度**（印度證券交易委員會—SEBI）已經發表強制性的企業治理與揭露規範，必須以季報表示是否遵守。

- **印尼**已經設立印尼企業治理論壇（Forum for Corporate Governance in Indonesia，FCGI），用以散播資訊、鼓勵分享最佳實務和提供標竿。

- **日本**（法務省）建議修改商業法，引導企業治理向國際標準看齊，並且特別強調董事會的組成和結構，以及稽核的程序。

- **巴基斯坦**正與亞洲開發銀行（Asian Development Bank）合作發展企業治理的機制能力、透過治理標準，以求提高效率、強化主管機關推廣良好企業治理的能力、增進股東瞭解國際上的最佳實務。

- **菲律賓**設立了治理諮詢協調會，藉以發展並引導菲律賓企業與政府機關向國際企業治理標準看齊，尤其重視透明化、企業倫理、商業和金融交易的誠信。

- **新加坡**最近頒行第一部企業治理法規，重點放在揭露和董事會的結構與組成，並且建立一套制度，監督企業是否遵循不悖。政府正準備立法，發展以揭露為基礎的股市執法機制。

- **南韓**（商工能源部和全國經濟人聯合會〔Federation of Korean Industries〕）建立了一套企業倫理評估制度。凡是符合企業治理新定義的企業，政府將提供獎勵。新的定義更重視透明化和消費者保護。金融機構內在問題的處理，將堅持銀行在決定信用等級時，考慮一公司的企業治理績效。

　　最後，我們必須指出，政府機構採購作業的透明化，以及相關能力的培養與訓練，不但是杜哈宣言的議題，也是亞洲國家的優先要務。同時，世界貿易組織、區域發展組織、銀行和各國政府日益重視這件事。

DHL 的企業公民意識與責任經營的經驗

　　DHL 的企業公民意識定義，是從世界經濟論壇而來。它提供的一般性指引，我們相信，全球性公司不管在世界上的那個地方——亞洲或其他地方——營運，都能幫助它們行事作為負責任。它的內容如下所述：

「企業公民意識談的是一公司透過它的核心業務活動、社會投資、公益慈善計畫、公共政策參與，而對社會有所貢獻。這取決於一公司管理它的經濟、社會、環境衝擊的方式，以及它和不同的利益相關人的關係，尤其是和股東、員工、顧客、商業夥伴、政府、社區的關係……不只是『可有可無』的慈善捐贈，而是良好的經營實務和有效的領導的基本要素。」

（世界經濟論壇，全球企業公民意識，執行長和董事會的領導挑戰，2002 年）

DHL 的成長非常快速，而地方層級的獨立自主運作是特色之一。DHL 的企業公民意識帶來的利益，包括把服務外包到各地，以及雇用和訓練當地的經理人，因為他們了解營運所在地的文化。但是在某些地方，由於 DHL 希望兼顧成本效率措施（例如集中採購）和負責任的經營實務，這時可能顧此失彼。有些時候，DHL 不得不權衡取捨，但是找不到簡單的答案。各地成長快速，也表示由地方層級提出解決方案，以滿足顧客需求的做法逐漸增加。在此同時，DHL 也努力將全球的職能標準化，例如營運活動和「電子採購」等方面。DHL 因此必須兼採地方解決方案和全球解決方案之長，在中間找到平衡點。

所以說，DHL 對於企業公民意識採取的方法，反映了它與營運地社區的密切關係，以及身為全球型運輸公司，應該運用效果最好的技能。萬一災難來襲（例如地震、洪災或衝突）DHL 一定盡其所能，協助災民和人道救濟機構。DHL 不過是將核心業務的運籌與運輸活動，延伸到這些事情上面。由於專注於這類協助方式，DHL 能夠貢獻適當的專長，並將人道救濟物

資的運送，納入DHL既有的運輸營運活動中，因而產生更高的成本效益。這不是公益慈善活動，而是企業公民意識的體現。我們只是將核心業務能力，更廣泛地應用到社會中。

　　首先來談食物救濟。新加坡DHL公司在它的CSR活動中，每個星期運送新鮮蔬菜給415位貧民和老人，爲期一年。這項慈善服務稱做「鮮蔬快遞」（Veggie Express），由DHL負責採購蔬菜，再由員工義務幫忙撿選和分配。內部的反應十分熱烈，員工利用這個機會，在正常的勤務之外擔任一天義工，希望對社區有所貢獻。這項慈善工作也是DHL日常業務的延伸。

　　人才培養方面，DHL最近投資於與世界最大學生組織AIESEC建立新的夥伴關係。DHL的贊助項目，包括對AIESEC的若干會員開放訓練計畫，而且從亞太地區做起。DHL藉這項計畫，支持AIESEC的使命，協助培訓年輕人，以面對國際商場上的挑戰。DHL將提供多種學門的實習工作，讓年輕人有機會近距離接觸高階經理人，以及體驗多元文化的環境。AIESEC的國際總裁艾佛倫·沈（Evrim Sen）表示，很高興能有DHL這種願景相同的夥伴：

　　「我們的目標，一向是透過教育與文化的改變，做爲這個世界的正面變革觸媒，對人和社區的發展貢獻心力。和DHL的新關係，對我們的努力將大有助益。」

　　這是DHL的CSR工作爲公司營運方式延伸的另一個實例。DHL計劃把這項計畫，以亞洲地區爲起點，推展到全球，將年輕人才引介到DHL的每一個營運據點和所有的職能，並且大幅增加這項計畫提供的職位數量。

DHL的企業公民意識也著眼於民主發展程度薄弱的國家。被美國國務院列爲「高風險」的42個國家，DHL的營運足跡遍及其中41國。這表示DHL負有特別的責任，必須確保它在人權紀錄不佳的國家營運時，務必採取最佳的經營實務。DHL十分重視企業公民意識，這可由它簽署加入聯合國的全球盟約看得出來，所以DHL有必要設置一些系統，去監視和準確地報告它的業務活動。

DHL正在發展的企業公民意識管理系統，將採用一些績效監視工具。這有助於本公司展現決心，因爲我們準備衡量本身的企業公民意識表現，並向利益相關人報告。此外，DHL也在內部表揚「企業公民意識戰士」，並且透過輔導計畫加以訓練，以確保企業公民意識有效地落實於公司的文化中。DHL也非常重視與內外部利益相關人對話，而這也是世界經濟論壇的架構和GRI建議的做法。

DHL現在認爲，企業公民行爲應該涵蓋下列三項工作：

- **內部CSR** —— 爲員工營造職場社會正義，包括公平的工作條件與環境、機會均等和業務公正，以及建立治理架構，採行合乎倫理的經營實務，並納入供應鏈管理。
- **外部CSR** —— 與外部利益關係人建立負責任的關係，並把經營實務和社區投資包含在內。後者對DHL很重要，因爲DHL除了在高度開發的富裕國家營運，觸角也伸及世界上許多低度開發和衝突激烈的國家。因此，在社區投資工作上，DHL採用兩個重要的標準：第一，DHL支持的CSR工作，必須是目前業務的延伸（例如運送人道援助物資）；第二，DHL的CSR工作，必須著眼於下一代人才的養成（例如技能、教育、衛生、福祉等）。

- **環境管理**——把 DHL 的營運活動對環境造成的衝擊降到最低，例如減低噪音汙染和燃料廢氣排放、推廣環境的保護，以及在運送生物時，保護和尊重牠們。

結語

本章探討 DHL 等國際公司在亞洲營運所面對的特殊挑戰。由於各國的民主發展程度不等、使用的勞工標準方法不同、社會與環境優先要務有別、商業傳統互異，所以挑戰各異其趣。由於狀況如此龐雜且變動迅速，DHL 認為，全球型企業營運最好是依循本身的最佳標準、國際法所建議的標準，以及普世認可的行為準則；各地員工能就他們所知，助以一臂之力。

企業面對的挑戰，是將企業公民意識的價值觀深植於公司內部，並且確保世界各地（不限於亞洲）的員工，都經由公平的工作條件、訓練與管理支援，得到授權賦能，能夠依照這些價值觀行事。而且如同前述，我們認為企業公民意識不限於公益慈善活動。對貧窮地區的社會發展貢獻心力，尤其是在危機期間，是相當重要的企業責任。企業公民意識是指企業經營健全和欣欣向榮，也應該用己所長——以 DHL 來說，是指運籌與運輸——去推動社區發展計畫，才能對社會增添最多價值。

DHL 相信，企業公民意識是指發揮高效率和競爭力，並且確保財務穩定。如能達成這些條件，則在 CSR 策略和堅實的管理體系、績效指標與風險評估流程引導下，可獲得的利益包括：深具意義的工作成果、良好工作條件與健全的發展機會，可以為員工、商業夥伴、地主國政府、社區鄰居、股東帶來穩定和經濟機會。由於企業經營獲利、繳稅、建立富有生產力的

企業對企業關係，並且以強調社會責任、優良治理、環境管理的企業價值觀，實施擴張和成長策略，所以得到這些利益。

　　依據自己的核心業務能力，去推動深具意義的 CSR 計畫，並且採行策略，維持企業本身的健全，是亞洲和全世界面對的企業公民意識挑戰。

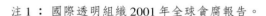

注 1： 國際透明組織 2001 年全球貪腐報告。

注 2： 資料來源：www.unglobalcompact.org（Global compact participants by country: Dec19, 2002）。

注 3： 資料來源：這一節摘自 Comparative corporate governance trends in Asia（Chong Nam, Yeongjae Kang, Joon-Kyung Kim, 2001 年 7 月）。

17
公眾責任
亞洲的透明、責任與治理

狄佩薩
美國普華公司全球執行長

透明和責任無疑是亞洲企業領導人的首要
課題。普華公司於 2002 年 1 月發表的第五
次全球企業執行長年度調查報告，發現企
業治理和透明化的議題，在亞洲企業執行
長的優先要務清單上繼續往上攀升。這項
調查指出，76% 的亞洲執行長認為企業治
理是吸引外來資金和投資的關鍵因素，80% 認為在選擇商業夥
伴時，企業治理是重要的考慮因素。

箇中原因再清楚不過了，和透明、責任提高後的利益息息
相關。其中包括提升管理階層的公信力、吸引眼光看得更遠的
投資人、增進業界分析師的認知、以更低的成本取得更多資
金、降低股價的波動、更有可能實現一公司真實的潛在價值。

然而，儘管有這麼多利益，而且得到亞洲企業執行長的普
遍支持，有些人認為，亞洲企業，尤其是東南亞的企業，透明
和責任卻遠遠落後。其中一個量數是人們對某個國家貪瀆狀況
的認知。國際透明組織發表 2002 年的貪瀆認知指數，根據 1 到

102 的量數（1 表示貪瀆程度最低），新加坡爲 5，馬來西亞 33，南韓 40，中國 59，泰國 64，菲律賓 77，印尼 96（注 1）。

除了貪瀆認知，阻礙亞洲的透明度和責任感增強的其他認知與實際障礙，包括經濟可能下滑、「資訊透明—責任基礎設施」仍處於萌芽期，以及「家族企業文化盛行，董事長通常由管理團隊的最高主管出任，而不擔任高階主管職務的董事，往往不能獨立行事、力量不強、資格不足（注2）。」此外，有人將矛頭指向「亞洲價值」，而這說來諷刺，因爲它曾被譽爲所謂的亞洲經濟奇蹟的背後驅動力量，想不到後來卻被指爲亞洲危機期間企業治理極其薄弱的成因（注3）。也有人表示，國營公司造成的負面影響，以及同時缺乏「全球行爲標準」和「全球管理人才」，是其原因（注4）。這些都因爲經濟隨時可能下滑而更加複雜。

最後，也可能最重要的是，許多觀察家仍然認爲，企業透明化主要仍限於財務資訊。但是要得到眞正的效果，透明化的精神應該瀰漫於企業的所有經營層面，包括報告十分重要的非財務資訊，例如策略、重要的價值動因（value driver）、市場機會等。除了目前財務報告規定所需的資訊，企業應該在合理的範圍內，提供全面性的觀點。蒐集、編製和公開發表範圍更廣的誠實資訊，很可能是 21 世紀良好企業治理的標準。

本章將以這個趨勢背景，討論亞洲主要經濟體的透明、責任和其他治理問題，並且提出合適的建議，以及說明可以利用何種全面性的透明化方法，而不侷限於狹隘的財務資訊揭露。

本章從兩個方向談這些複雜的課題。第一，觀察五個主要的商業環境——馬來西亞、新加坡、香港、日本和中國——檢討

企業治理的現狀和新興的趨勢。第二，我們接著觀察西方的企業治理和企業資訊新觀念和亞洲環境的契合度。這麼一來，它們將不再被視為只是西方的觀念，而是全球性的觀念，可以成功地移植到不同的環境和文化。

亞洲的實質進步

雖然很難概化，但是依我之見，亞洲可說活力充沛且不斷進步。亞洲缺乏透明和責任，大致上確是實情，但是我們也不得不承認從亞洲的金融危機發生以來，亞洲的長足進步，和2001年安隆案爆發之前，美國的企業治理議題相對遲滯不前，形成鮮明的對比。

● 馬來西亞

馬來西亞是個好例子。早在金融危機發生之前，政府就制定一套財務報告方法並且立法實施，取代以前由會計業發表會計標準和由稽核人執法的舊制。新的架構規定，設立一個獨立的標準制定機構，由所有利益團體的代表組成，包括編製人、使用人、主管機關、會計業。在新架構下，財務報表必須符合馬來西亞會計標準局（Malaysian Accounting Standards Board，MASB）發布、與國際會計標準（International Accounting Standards，IAS）統一的標準。這可以確保財務報表的相容性。

MASB 自成立以來，已經增加發布 31 項標準，並朝一兩年內完全符合 IAS 邁進。為確保企業確實遵循，吉隆坡證交所（KLSE）、證券管理委員會（SC）、馬來西亞公司事務委員會

（Companies Commission of Malaysia）、中央銀行和馬來西亞會計師學會，都獲授權，有權要求企業一體遵循。

　　證管會自 1996 年以來，努力執行以市場為基礎的一套方法，用於管理馬來西亞的資本市場。計畫重點放在證券發行企業揭露的資訊品質，讓投資人掌握充分的資訊做成決策。 1999年和 2002 年執行的調查（注5）發現，市場普遍支持證管會的作法。現在市場參與者的透明和責任已經提高。

　　政府根據它的資本市場發展計畫，於 1998 年設立「高階財務委員會」，並且邀請民間部門參與，就如何增進企業治理和建立最佳實務提供建言。大約同一時間，吉隆坡證交所和普華合作，調查馬來西亞的企業治理現狀，並提出保護利益相關人利益的建議。調查結果被高階財務委員會用於編製「企業治理報告」，針對提高企業治理標準的方法，提出具體的建議。

　　「企業治理報告」的內容包括，發展「馬來西亞企業治理規範」：法律與監管改革；推動教育訓練，擴增適任公司董事的人才。馬來西亞近來許多行動方案，都來自這份報告的建議。

　　「馬來西亞企業治理規範」是以英國採行的原則為依據，包括「卡德伯里最佳實務規範」（Cadbury Code of Best Practice）和漢姆佩爾（Hampel）方法。這項規範於 2000 年 3 月發布，主要交由民間部門根據自律原則執行，並為可能受影響的企業接受。這項規範的目的，是在企業已有的結構和程序內部建立起最佳實務，從而達成最適化的治理架構。涵蓋的議題包括董事會組成、新董事招聘、董事酬勞、董事會下設委員會。

　　資本市場革新計畫（Capital Market Masterplan）是證管會主導的另一項重大方案，擘畫未來十年馬來西亞資本市場的策略定位和方向。這個計畫於 1999 年發表， 2000 年 12 月財政部

批准，鼓勵建立透明、責任、績效取向的企業部門。它也致力促進股東行動主義（shareholder activism），鼓勵機構投資人增加參與企業治理。事實上，「革新計畫」的許多基礎原則，是依據「財務委員會企業治理報告」的建議而來。

「革新計畫」也建議加強股票公開上市公司年報中揭露的事項，尤其是非財務資訊的質。它也協助成立少數股權股東監督團體（Minority Shareholders Watchdog Group，MSWG）。這是馬來西亞大型投資機構於2000年創設的組織，用於支持股東積極主動參與股票公開上市公司的治理。這個團體的目標，是借重大型（但只握有少數股權）機構投資人的力量，監視和推動它們所投資公司的變革。它已經透過重大決策的制定，展現力量。

雖然馬來西亞的企業治理架構進展驚人，但一些挑戰仍有待克服。馬來西亞企業面對的一大挑戰，是不只採納根本原則，更應該以全方位的方式採取行動。

● 新加坡

近幾年來，新加坡也有長足的進步。新加坡在貪瀆認知的排名一向得到很高的評價，早在亞洲的金融危機爆發之前，新加坡已經規定設立獨立董事和稽核委員會。危機發生之後，主管機關更為積極，努力加快企業治理發展的步調。

新加坡企業所處的法規環境相當嚴峻，因為政府在立法管理上，態度一向積極主動。不久之前，新加坡的主管機關仍然積極闡述企業能做什麼事和不能做什麼事，甚至對首次公開發行股票的公司是否為投資良機做出評論。最近主管機關偏重強調揭露和由市場主導的方法。

新加坡的企業經營環境，反映了從眾的文化，再加上這個國家小而堅實，政府很容易頒行新規定，企業部門幾乎不曾傳出反對的聲浪。出於政治動機的既得利益並不多，所以新的法令規定相當容易實施，這一點和亞洲地區其他國家不同。

比方說，財政部和新加坡金融管理局、總檢察署共同全面檢討企業法規管理與治理的相關事務，尤其是影響股票上市公司者。他們成立由民間部門主導的三個檢討委員會，其中之一負責檢討企業治理和提出建議。政府後來接受了企業治理委員會（Corporate Governance Committee，CGC）的全部建議。

爲改善企業治理，展現的這些大動作，對新加坡的會計實務及其業務產生很大的衝擊。新加坡的會計標準，是以 IAS 爲依據，而且每項新標準在 18 個月的草案公告期後，便採行爲地方性標準。政府積極努力縮短標準採行的時間落差，也鼓勵地方性的註冊會計師協會（Institute of Certified Public Accountants）儘快採行新的 IAS。此外，2002 年 8 月，新加坡政府設立了企業揭露與治理協調會（Council on Corporate Disclosure and Governance，CCDG）。這個組織類似美國的財務會計標準委員會（Financial Accounting Standards Board，FASB）。

新加坡改善企業治理的努力，影響了三類公司。

第一類是和政府有關的公司，它們根據商業上的考量，自行設立董事會和延聘管理人員。到目前爲止，幾乎不曾聽過有人批評保護少數股權股東權益的做法。但是據側面瞭解，這些公司不只本身表現良好，也非常留意獨立股東的權益，而且行事小心謹慎，避免被人指責犧牲少數股權股東的權益。

第二類是曾屬家族企業，規模比較大的公司或複合企業。它們也採取行動，改善治理。比方說，許多公司雇用專業經理

人，讓他們依據本身的判斷去經營管理業務。

第三類是中小型企業。近幾年來，證交所的上市規定鬆綁，它們的股票開始公開上市。由於規模小、歷史短、與業主關係密切，許多中小企業仍在學習扮演上市公司的角色。

早在企業治理規範發布之前，已有一個自律性質的市場機制存在，致力促進新加坡的透明度大幅提升。2000年，《新加坡商業時報》（*Singapore Business Times*）推出顯示企業資訊揭露良窳的一種記分卡（disclosure scorecard），稱做企業透明度指數（Corporate Transparency Index，CTI），用以衡量企業盈餘揭露的質量。第一次記分發表時，約85%的上市公司沒有達到預期的平均分數，因而引起廣泛討論。約六個月後，幾乎每家公司的得分都有改善，更有許多公司自動揭露更多相關資訊。

● 香港

香港是相當成熟的經濟體，在企業治理的改善上，一向積極建立標準。香港聯合交易所有限公司一直是許多這類行動方案的背後推動力量，包括修改上市規定（1991年）；引進適用於董事的「最佳實務規範」，以及要求設置不擔任高階主管職的獨立董事（1993年）；擴大財務報表的揭露規定（1994、1998、2000年）。除了這些努力，另外配合公司和證券立法，目的在於增進企業治理的監管架構更為完備（注6）。

香港能夠穩定進步的原因之一，或許在於香港聯交所透過諮詢文件（如2002年），營造出公開辯論的精神。聯交所邀請各不同群體，針對股東權益、董事與董事會實務、企業報告和資訊揭露等許多爭議性的提案發表意見。考慮各方的看法之後，提案可能採納、修改或作廢。周密完善的諮詢，可以確保

提出的建議符合各方的利益。考慮各種利弊得失、相互折衷妥協的這個過程，對於香港企業治理的改善大有助益。從兩項提案的磋商，可以說明何以如此（注7）。

舉例來說，關於是否要求每季揭露資訊的規定，聯交所建議主板市場（Main Board）的證券發行公司（和創業板市場〔Growth Enterprise Market〕的發行公司一樣），應該在每季結束後45天內發表單季業績報告。但是反映意見的大部分人不同意這種做法，因為這種規定可能加重時間和成本負擔、導致企業過度重視短期成果、發布可能具有誤導作用的資訊。聯交所察納雅言，並未強制規定發表季報，但視之為最佳實務，鼓勵企業這麼做。

雖然香港在改善透明和揭露水準上已有顯著的進展，我們不禁想問，將來有哪些因素會繼續推動香港的努力？大型家族企業支配經濟的事實，通常會壓抑這方面的急迫性。這個問題的答案必須從兩方面來看，一是中國的長期影響，二是當地法人機構的投資成長。

中國公司尋求通往國際資本市場的通路時，一向以香港為第一選擇，但是近來國有企業極占優勢，以及中國內地的交易所相當熱絡。長期而言，香港必須和中國內地市場競爭吸引中國的公司；中國內地市場正開放外國人投資。香港和中國的內地市場將深具吸引力，因為透過它們，可以募集更多的資金，而且規定不如其他國際市場那麼嚴格。這些是十分強大的誘因，足以激勵香港繼續提高企業治理水準。

第二個議題和法人機構的投資成長有關。不久之前，香港大部分人都沒有退休基金，而且香港的退休基金投資低於美國和歐洲等其他市場。但在設立強制性公積金計劃管理局之後，

法人機構在香港的投資比率可能增加。這些投資人也許會施加更多的壓力，要求改善企業治理。

● 日本

自 1990 年代末以來，日本已有一套正式的治理原則。2001 年，日本企業治理論壇（Japan Corporate Governance Forum）修改了這些原則，以反映人們對企業治理態度的轉變、機構投資人力量增強、日本商法的修訂。2002 年，日本的商法經修訂後指出，2003 年 4 月 1 日起，企業可以選擇採用比較西式的治理風格，包括董事會的組成以不擔任主管職的董事爲主。

但是目前，只有少數日本公司宣布採行。股票也在美國掛牌的 20 家或 30 家日本大公司，基於明顯的理由，已有比較大的進步。不過，絕大部分的日本公司仍不願意改變，即使它們面對的許多壓力，和促使亞洲其他國家往前邁進的壓力相同。我相信，個中原因出在日本和西方對治理，以及對一般股票公開上市公司所扮演的角色看法不同。

英美國家認爲，股票公開上市公司存在的主要目的，是增進股東的持股價值，不過這個觀點正逐漸改變，將永續性和企業公民意識也包含在內。這個觀點和日本的觀點大相逕庭。日本人認爲，股票公開上市公司扮演的角色遠爲寬廣，必須顧及社會和經濟利益。此外，由於日本股票公開上市公司的最大股東，一向是銀行和金融機構，所以投資散戶或少數股權股東的利益，優先順序排在很後面。最後，日本企業之間，以及企業和銀行之間相互持股的習慣，因爲「我欠你，你也欠我，所以兩不相欠」，基本上抵消了股東的力量。

這些不同的看法，使得日本從根本上發展出有別於西方的

治理體系。西方的體系要求設置獨立的稽核委員會和董事會，日本傳統的體系則由法定稽核人組成，並向董事會報告管理階層的績效。但由於社長兼執行長有權選任稽核人和董事，企業治理的獨立性比較薄弱。

　　還有其他的因素阻礙日本加速變革。美國最近的醜聞，為日本新聞媒體廣泛注意，許多人因此做成結論，認為美式的企業治理在日本過於薄弱且行不通。日本經理人也普遍抱持一種態度，相信獨立自主比接受監督要好，而且直到最近，機構投資人才施壓要求提高透明和責任。但是最大的障礙，在於傳統的體系中，權力集中於社長兼執行長之手，董事往往無權在必要時更換高階管理人員。

　　幸好由於經營環境日益全球化，這些障礙慢慢不敵經濟現實。經濟全球化之後，日本經濟不能繼續自外於世界其他經濟體而能欣欣向榮。因此，除了前面所說的修訂商法，過去幾年，日本的會計準則也大幅修改，例如，他們試著在財務報表中改採公平市值法。在外國投資人的壓力下，許多日本公司現在除了日文，也發表英文版的財務報表。英文版雖然仍根據日本的一般公認會計原則（GAAP），但是外觀與感覺上，和以美國GAAP發表的財務報表沒有兩樣。

　　此外，日本銀行逐漸放棄多數股權股東的地位，將重心放在商業交易的支援上；企業正從交叉持股，轉向更能適應市場狀況變動不居的關係；外國機構投資人正施加更大的壓力，要求揭露更多資訊，國內股東的要求也愈來愈高。這些都反映在股東權益普遍更獲重視上。

　　因此，對日本來說，問題不是「何時」，而是「如何」或者「哪些事情是改善企業治理的最好方法？」到目前為止，日本依

賴的是自由選擇的辦法，例如商法修訂後，只強烈建議企業遵循，並不強制它們一定要那麼做。由於日本投資人、經理人、員工強烈執著於傳統的日本經營實務，所以這種方法促成的變革速度可能相當緩慢。面對全球市場的需求，日本人必須決定要不要以法律的力量去推動企業治理的改善。

● 中國

在美國國會中國問題執行委員會發表年度報告的新聞記者會上，擔任主席的參議員麥克斯・包可士（Max Baucus）的致辭內容，將20年來中國的全面性變化總結得很好（注8）：

> 「……過去20年是中國內部發生深遠變化的時期：經濟改革和市場經濟的發展、權力下授、中國公民享有更多的自主和自由。」

但是最大的變化，或許在於政府調整施政重心。中國政府最關心的本來是資源分配和提供基本社會服務的提供，今天則以經濟發展為最高優先要務。中國正從社會主義經濟，轉型為社會主義市場經濟，強烈的社會主義和資本主義成分並存。國家仍保有關鍵性的社會主義成分，如中央計畫和控制，以及重要部門的資產為國家擁有。但在它覺得能夠發揮生產力和對國家危害程度最小時，也刺激其他部門的競爭。控制之下的競爭，將不少經濟和商業活動的控制權下授到省市單位，因而使得資源的控制更接近實際的運作地點。

然而，談到透明、責任和企業治理的其他事務，中國最大的一個問題，在於決定如何管理資產國有對獨立的監管法規，

以及對公平行使監管職權產生的影響與衝擊。保護國有資產的命令，影響所有的監管機關──證券監管機關、外匯監管機關、稅務監管機關、環境監管機關、勞工監管機關。平衡公共利益和私人利益將相當複雜，監管機關在創造公平的遊戲場方面，相當難為。涉及國有資產的時候，監管機關想要嚴格執法也有困難，尤其是抵觸地方的利益時。

中國也必須處理工商界面對高層令出多門的問題。國家、省、市監管機關往往彼此意見相左。舉例來說，由於地方性公司是受市級政府管理，零售商如果計劃進軍全國市場，可能不知道要向哪個主管機關申請設店許可。全國性的營業許可規定，可能和地方管理法規抵觸，或者像是汽車部門，結盟和合作經營得找特定的本國廠商。在全國市場經營業務的公司，應該適用國家層級的管理法規。但是中國市場的特色，仍然是由各省構成的自然經濟區（natural economic territory，NET），不容易整合成全國性的市場。

中國的經濟發展也導致人民對私有財產的態度慢慢發生變化。從 1949 年到 1979 年，累聚私有財產是罪惡，被奉為至高無上的政策信條。經濟開始改革之後，那種態度修正為允許釋出若干流通和行銷活動給個人。到了 1980 年代中期，顯然有些個人懂得怎麼運用心力，累積起資本。政府贊許這種發展，這些所謂的富農也被推崇為個人產業發達的實例。1990 年代，這股趨勢的腳步加快，富裕的個人和私人公司開始出現。新興私人部門的生產力開始緩慢卻穩定地超越國有部門。

但是問題在於高生產力和成功的私人部門，無力打開共產黨對中國的掌控。中國並沒有獨立的監督機構。黨如果覺得攸關國家的利益，可以干預法院的判決，影響審判結果。所有監

管機關的決策，黨都能介入。重要監管機關和大型企業的人事任命案，黨仍有左右人選的力量。中國的企業治理改革要繼續生根茁壯，必須在黨的利益和私人部門的利益之間取得合理的平衡。整個體系應該致力於在銀行、證券、保險、電信、航空，以及其他的核心部門，建立真正獨立的監管機關。往這個方向踏出一小步，則中國管理當局 20 年來辛勤建立完整的商法和監管法規的成果，會得到強而有力的新意義和重要性。

從中國取得驚人的成功，以及可望繼續保持成功的事實來看，改善透明、責任和其他治理事務的障礙，不是無法克服的。繼續改善的強大誘因依然存在。這些誘因包括：國內市場活動造成的衝擊和力量、政府近來積極鼓勵中國企業收購海外資產、中國加入世界貿易組織。

國內市場活動和香港等鄰近市場的活動，正對中國造成很大的壓力，非得改善企業治理不可。此外，接觸全球資本市場，是促使中國企業從內部發生變化的強大力量。中國大型公司在募集資金的時候，必須全面遵循國際會計準則。財務活動和成果報告方式的改變，正慢慢往下滲透，擴散於公司的各項營運活動。此外，為了經營成功，這些公司必須提高競爭力，而這需要在提升透明和責任的架構內，去改善盈餘、成長和產品的開發。

中國政府近來大力鼓勵企業收購海外資產，也會增進透明度。這類收購行動已經進行了約十年，重點放在天然資源，如天然氣或礦權、紙漿，甚至農業綜合企業。

但是中國企業已經開始放眼天然資源以外的領域。例如，它們對收購科技公司有興趣，希望將製造能力帶回成本比較低廉的中國。它們留意北美等先進市場的流通和零售能力，希望

加強控制品牌和通路。這些行動方案迫使中國企業提高經營透明度。它們承受壓力，遵循監管法規的程度，高於中國目前的要求。中國公司擴張進入管理嚴謹的外國商業環境時，由於主管機關比中國嚴格和公正，所以它們承受強大且正面的壓力，必須加強了解在管理完善的環境中，所謂經營成功的意義。

最後，中國加入世貿組織，等於承諾提高透明度。約一年多的時間內，中國的表現或許可說好壞參半。但是以中國首次踏進需要遵循國際規則和法規的環境來說，沒人能夠否認中國確實有進步。雖然若干貿易夥伴指責中國依照自己的意思去解釋農業、電信和金融服務業的條款，整體而言，遵循各項規則的努力令人讚賞。中國回應世貿組織的要求，大幅修訂貿易法規，並且改組對外貿易經濟合作部，後來又將它和以前的國家經濟貿易委員會合併精簡成商務部。此外，新設的國家銀行監管委員會，從中國人民銀行手中接下管理銀行的重責大任。這是處理銀行部門償付能力、治理和報告問題的一大步。中國身為世貿組織的會員，受到國際的矚目，將鞭策中國長期努力，大力改善企業治理。

中國未來的透明、責任和其他治理事務，將有什麼樣的表現？和其他鄰國一樣，中國非繼續進步不可。它需要強化司法審判職能，在裁決商業案件時減低政治干預成分，並且更加認識商業現實狀況。只要出於政治動機的考量而繼續壓制法律救濟，進步速度會相當緩慢，甚至可能危及經濟成長。

全球性議題

雖然亞洲有其獨特的機會和問題，但是改善企業治理和公

共報告，並非只是亞洲的問題，也不純粹是美國或歐洲的問題。它其實是全球關切的事務。

我不認為社會想要扭轉趨勢。商業全球化創造出一組共同的目標，不管位於何處，所有的企業都想要實現。在全球各地經營業務的公司，都希望股價上漲、管理階層更優良、能夠募集新的資金、投資人的眼光放得更遠。想要達成這些目標，必須採納全球性的標準和執行監管改革、提高公信力、保護投資人，以及瞭解三重底線（財務、環境和社會）等永續性概念。簡言之，達成這些目標的前提，是提升透明和責任。

因地制宜的全球解決方案

普華公司視透明和責任為一種全球議題，各個經濟體將根據本身的特色，用自己特有的方式著手處理。但是我們認為，透明和責任，與民眾的信賴、投資人對企業資訊的信心密不可分，而這是健全的資本市場的基礎。由於這個原因，我們需要一個共同的架構，以確保得到正面的反應。

不到一年前，我出版了一本書，裡面介紹兩種新模式，用以強化民眾對企業資訊的信賴（注9）。雖然這本書是有感於美國發生幾件重大的企業和稽核醜聞，造成投資人信心危機而寫，我和另一位作者卻著眼於比較長期的觀點。這些模式需要一段時間才會廣為人知、討論，然後認為有其必要而加以修改，付諸實際運用。我相信它們在亞洲和在世界其他地方一樣，都有十分明麗的未來，但是只有亞洲人能夠決定要不要用它們。

● 企業報告供應鏈

圖 1　企業報告供應鏈

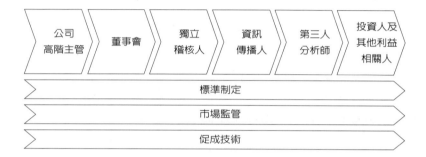

第一個新模式稱做企業報告供應鏈（Corporate-Reporting Supply Chain，圖 1）。這並不是什麼革命性的建議，最好說它只是用於澄清一些觀念。這個模式說明了企業報告資訊的產生、製作、溝通與使用的過程中，相關組織與個人扮演的角色，以及彼此之間的關係。這個圖把企業和政府中人們可能已經知道的事情呈現出來，讓人一目瞭然。

箭頭顯示資訊往前流動的過程。公司高階主管必須負起責任，蒐集供大眾使用的企業資訊。大部分國家中，董事會負責審查、質問和批准這些資訊，確保它們的準確性、廣度和深度、相關性。獨立稽核人依據各地的監管法規，確認資訊品質。資訊接著流出企業，由專業資訊傳播人以各種形式，透過各種管道散播。第三人分析師探討這些資訊，加進他們的資料庫，做為向客戶提供投資建議的依據。最後，投資人和其他的

利益相關人利用資訊，做出投資和就業等決策。

　　企業報告供應鏈攸關市場能否有效運作，而且我相信，時至今日，把企業報告供應鏈視為一個整體，裡面的各個成分彼此相依、互相負起責任，是極其要緊的一件事。我們已經在美國見到，其中一兩個成員未能依據高標準行事的可能結果：企業經營失敗、稽核失靈、高階主管和董事會名譽掃地、員工的生計受到干擾，退休金泡湯。因此，有必要迅速通過新法來解決這些問題。

　　本章的大部分內容，用於討論亞洲的新法規、議題和趨勢，而它們都落在圖中的某個地方。文化和政治因素，以及個別經濟體的相對成熟度，自然會影響各參與者和他們所扮演角色之演變。但他們都依舊落在這個供應鏈裡面，因此有可能攜手一起演變。

● 企業透明化三層模型

　　第二個模式稱做企業透明化三層模型（Three-Tier Model of Corporate Transparency），把一套影響深遠的建議呈現出來。這些建議是用來將報告和稽核帶到新的卓越水準。它既不屬西方，也不屬亞洲；它的應用潛力，放諸四海而皆準。但是每個國家的企業領導人、監管機關，以及企業報告供應鏈中的其他參與者，當然需要探討它在他們獨特的環境中所具有的含意和實用性。

　　這個三層模型觸及企業資訊的三個相關層次。

第一層：全球性GAAP

　　今天的全球性資本市場、全球性公司、全球性競爭和全球

圖2　企業透明化的三層模型

性投資人，無疑需要一套眞正的全球性一般公認會計原則
（GAAP）。有了全球性GAAP，投資人可以更容易比較任何行
業、任何國家中的任何一家公司的表現。發展和執行全球性
GAAP，不只需要全球各大會計標準制定機構攜手合作，也需
要一些機制，好在全球建立起解釋和執行功能。資訊科技，以
及改造企業管理的全球化過程，本身就是強而有力的驅動因素
和推手，足以促使我們邁向更爲統一的會計實務。

　　在目前各國採行國際會計標準的行動之後，全球性GAAP
很有可能是下一步。如同前述，我們看得很清楚，亞洲正展開
這項行動。就亞洲而言，第一層的進展十分可喜。

第二層：產業基本標準

　　第二層涵蓋行業別和由各行業發展的金融與非金融資訊標
準，以補第一層的基本金融資訊之不足。第二層的資訊觸及人

力和智慧資本等無形資產，以及顧客關係管理、產品開發程序
等非金融價值動因。由於各行業的價值動因差別很大，相關的
措施和標準也應該因行業而異。

　　處於全球性的商業環境中，亞洲和世界其他地方的各行各
業，有可能以相同的方式去發展標準，並且得到大致相同的價
值動因，無論規模、市場，還是內部的複雜性，發展水準將相
去不遠。因此，行業別標準最後有可能在亞洲生根。馬來西亞
的資本市場革新計畫，呼籲發展行業別非金融資訊，正是往這
個方向邁進的明證。

第三層：個別基本資訊

　　第三層的資訊是每家公司所特有的資訊，包括策略、預估
和計畫、風險管理實務、企業治理、薪酬政策、績效量數等方
面的資訊。雖然沒辦法為第三層的內容，發展定義明確的外部
標準，當然還是可以提出一般性的指導準則和一些外部標準，
用於編製這些資訊。

　　在亞洲，第三層概念面對很大的挑戰。亞洲許多經濟體
中，政治壓力、傳統的企業經營方法和公司結構，依然構成這
個企業活動構面透明度提升的障礙。但是這種情形正在逐漸改
變。來自外國投資人的壓力，以及全球化程度日增，人們更能
仔細地觀察檢查，不可避免地會使第三層的透明度升高。

資訊更為整合全面

　　企業透明化三層模式主張企業應該提供遠比目前財務報告
法規要求更廣泛的資訊，給投資人和其他的利益相關人。它也

認為，企業如能以整合化的方式供應資訊，提供全面性的觀點，企業資訊的這些重要使用人才能受益。

但是我們必須指出，三層模式不是每個國家一體適用的解決方案。獨特的經濟體總是有它本身的特色，也有該國特殊的需求。本章前面曾經強調，沒有所謂的亞洲趨勢或者亞洲觀點。每個經濟體都依據本身特殊的文化、政治或經濟狀況，按照不同的速度，用不同的方式，去提升揭露水準和改善企業治理。西方經濟體也有本身的時間表。

但是我要指出，企業透明化三層模式的核心概念——準確的資訊自由流通——放諸四海而皆準，而且，隨著一國的發展，這是穩定、和平、具有生產力、繁榮的社會形成和維持的必要條件。

三大價值：透明、負責、正直

只有在鼓勵透明精神、負責文化和人民正直的環境中，才有辦法得到好的治理與改善企業報告。依我的看法，這三大價值支持和促成本章所說各種追求進步的努力。

● 透明化精神

企業報告供應鏈的每個成員，都必須養成透明化的精神。所有的成員都必須同意，在他們溝通的時候，必須儘可能坦白真誠，並把這種溝通的真正目的牢記心裡。比方說，公司高階主管不能透過他們的對外溝通，試圖影響市場的期望和結果，而應該誠實和完整地報告所有重要的價值動因。供應鏈中其他所有的參與者，也應該這麼做。

● 負責任的文化

供應鏈的每位成員，應該試著創造負責任的文化。每個群體都必須負起責任，履行它對其他所有人應負的責任：管理階層提出相關和可靠的資訊給股東；董事會監督管理階層（以及董事會本身）確實履行這項義務；獨立稽核人保證稽核意見的客觀性和獨立性；分析師發表高品質、公正的研究報告。投資人和其他的利益關係人，也必須就自己所做的決定負起責任。

● 正直的人民

少了正直的人民，以上所說都難實現。如果個人缺乏真心誠意，不肯身體力行，就不可能實踐透明化的精神和建立負責任的文化。法規、架構和理論，畢竟有其力有未逮之處。到頭來，真正重要的還是個人所做的決定和表現出來的行為。當個人展現誠信正直的一面，那種誠信正直必將反映在整個經濟體和社會中。

注 1 ： 國際透明組織的貪瀆認知指數可以在 www.transparency.org 查得。

注 2 ： 參見網站 www.sustainability.com （Fran van Dijk, "Letter from Hong Kong"）。

注 3 ： 這是人們激烈辯論的主題。關於亞洲價值的定義，請參考朝升州編，《亞洲價值變遷》（*Changing Values in Asia ─ Their Impact on Governance and Development*，日本國際交流中心

Impact on Governance and Development，日本國際交流中心出版）。

注4： Andrew Sheng, "Transparency, Accountability and Governance in Asian Markets", The 21st Tunku Abdul Rahman Lecture 2001, April 17, 2001 。

注5： 由證管會委託普華公司調查。

注6： 香港證券交易所發表，參考 www.hkex.com 。

注7： 資料來源同上，PP.31-35 。

注8： 2002 年 10 月 2 日 www.cecc.gov/pages/annualRpt/baucus Comments.php 。

注9： 狄佩薩著作《建立公共信任》（Samuel A. DiPiazza Jr. and Robert G. Eccles, *Building Public Trust: The Future of Corporate Reporting*, New York: John Wiley & Sons, 2002）。

18
公司治理
董事會對改善管理的職責

孫強

香港華平公司董事總經理

1990年代末和2000年代初的股市投機泡沫幻滅後，公司治理的議題成爲關切重點。這段期間，不少企業主管眼見公司業績與市值急墜，卻依舊只管中飽私囊。此等行爲即使稱不上犯罪，至少也是嚴重失職，但是公司董事會卻泰半視若無睹。

公司治理普獲業者認可，目的在掌握企業發展方向與業績表現的一套體制守則。這套公司治理守則可確保股東受到公平待遇，保障其權益，確實做到財務公開與透明，確立管理專業的超然獨立，要求對股東負責，並明定董事會的職責。

本章舉出若干公司治理成效不彰的後果，並提出董事會該如何強化落實這些公司治理守則之角色的建言。

公司治理的概念與資本市場發展，和現代企業的成長是同步推移的，而這些現代企業則是工業時代較受歡迎的企業組織。業績蒸蒸日上的家族企業所有人會以這種企業爲模範，做爲管控日益龐大與繁雜營運的方式，避免所有權一旦必須轉移

時，營運被迫中斷。個體或家族企業所有人，利用公司向數以千計的個別投資人籌集數量愈來愈大的資金。這些投資人只要求完整的股權參與，不願出脫持股的自由受到任何干預，即使對公司經營權毫無置喙餘地也不在乎。

像美國這種資本市場高度發展的國家，對資金的胃納永遠沒有滿足的時候，大型公營企業的出現，導致公司所有權的分割與大量分散，而金融中介業者則在其中扮演推波助瀾的角色，把大量的公司債券和股票賣給數以萬計的個別投資人。當公司股東數大量增加，而且散處各地，公司的管理經營工作就必須託付給專業經理人，由他們制訂經營策略並負起實際營運責任。

這種透過證券市場所形成的經營權與股權分離的現象，造成眾所周知的「代理問題」。專業經理人雖然秉承企業主之託，代為經略公司，但雙方在理念與目標上卻常會出現衝突。亞當‧斯密早在 1776 年就於《國富論》（*The Wealth of Nations*）指出這種落差：

> 「對這類公司的經理人而言，由於經管的是別人的，而不是自己的錢，很難期待他們像民間合夥人隨時看管自己的荷包一樣，用同樣謹慎的態度來看管所經理的錢。」

由於專業經理人僅持有少數，甚或完全沒有公司持股，他們的報酬主要來自薪資、紅利、額外津貼及他人的酬謝。部分自覺對公司貢獻高但待遇卻偏低的經理人，也許就會盡可能利用職權來彌補這個差額，而受損的往往就是股東的利益。

這種專業經理人用公司治理漏洞，侵占股東權益自肥的事

實，在**公平經濟聯合會**（United for a Fair Economy）和**政策研究所**（Institute for Policy Studies）兩個非營利機構於2002年所作的一項研究報告中，被鮮活地凸顯出來。這項研究涵蓋了23家美國公司，連奎斯特通訊（Qwest Communications International Inc.）、環球電訊、安隆、世界通訊等幾家會計帳目遭政府調查的公司也在其中。報告顯示，在1999到2001年的研究期間，這23家公司的執行長平均所得為6220萬美元，總報酬達14億美元。但在同一期間，這些公司的股值從2001年元旦到2002年7月31日卻損失5300億美元，縮水73%。

但是，在2001年元旦到2002年7月之間，這23家公司的執行長卻裁汰了16萬2000名員工，他們遭受的待遇和執行長的豐厚酬勞卻有天壤之別。在報告所提的公司當中，安隆、世界通訊、泰科、奎斯特和環球電訊被迫宣告破產，股東蒙受損失高達4600億美元。

亞洲地區所面臨的公司治理挑戰，性質不同：公司並不特別厚愛專業經理階層，由於公司所有權集中在家族或少數個人，大權操縱在少數影響力很大的股東手中。根據亞洲開發銀行一項研究顯示，1997年到1998年間，印尼、馬來西亞、泰國和菲律賓上市公司前五大股東的累積持股平均在57%到65%，南韓則為38%。而且根據世界銀行1999年的一項研究，印尼、馬來西亞、菲律賓和南韓等國的金融上市公司當中，只有4%到13%的股權是公開持有，在美國，這個比率超過80%。

由於上市公司股權集中，在正常的情況下，掌權的大股東和眾多小股東的利益理當一致。對把大部分財富與資產都投入上市公司的股東而言，這種看法沒錯，但是當掌握實權的大股東在兩家或更多上市公司，以及共同持股的民營公司之間從事

商務與財務交易時，往往就會產生利益衝突。如果掌權的股東濫權吃定小股東，根本無法可管。亞洲市場的這種特性，讓小股東的聲音比美國的小股東還微弱。

即使少數股東籌集到相當於控權股東（controlling shareholder）或甚至更多的股權，他們在公司制定重大決策時所發表的意見還是備受壓制。主要原因在於許多上市公司都是透過公司高層集中持有公司股票的**金字塔控股**（pyramid-holding）或**交叉持股**（crossholding）的方式來控制。也就是說，某家上市子公司被另一家上市公司掌控了過半數股權，而這家上市公司的過半股權又控制在另一家公司手中，形成一個由某個最高控股公司所指揮的金字塔結構。這種結構設計，讓公司所有人只要運用有限資金便可控制若干公司，不必一定要在各該公司擁有過半的所有權。

英商怡和集團（Jardines group of companies）就是個典型的例子。英國奇士偉家族（Keswick family）只擁有7%股權，卻能掌控香港本地以及在新加坡和英國等地上市，在亞洲和世界各地都有穩固基業的怡和商業帝國。透過怡和洋行（Jardine Matheson Ltd.）和怡和策略控股公司（Jardine Strategic Holdings Ltd.），這個家族以固若金湯的交叉持股結構，控制房地產（香港置地公司 Hong Kong Land）、飯店和旅遊業（東方文華大酒店 Mandarin Oriental 和特拉法加公司 Trafalgar House）、食品通路（連鎖超市 Dairy Farm）、汽車經銷（閣發公司 Cycle & Carriage）、營建、金融以及其他產業。

股東之一的布蘭帝投資夥伴基金（Brandes Investment Partners of San Diego, California）曾兩度企圖瓦解這個交叉持股結構，但都被奇士偉家族成功化解。布蘭帝在2001年5月第二

度嘗試「解開持股總值」之謎時，聲稱要不是奇士偉家族對交叉持股避而不談，布蘭帝實際上已掌握了 32% 怡和洋行和 37.5% 怡和策略控股公司的股權。

實際上，布蘭帝基金經理人仍持有比任何股東都多的股份（怡和洋行和怡和策略控股分別為 10.5% 與 2.3%），然而布蘭帝提案合併這兩個公司的計畫，卻和呼籲股東選出補償與提名委員會的提案一樣同遭否決。這項合併計畫如果成功，則奇士偉家族在新合併公司的持股可望提高為 25%，但相對於持股較多的布蘭帝，奇士偉的主導權可能不保。英國馬拉松投資基金（Marathon Investments）持有兩個怡和公司共 1.5% 的股份，也表示支持布蘭帝。「這不只是剝奪大多數股東的權利，」馬拉松基金表示，「怡和洋行和怡和策略之間的交叉持股結構，也讓兩家公司在商場處於相當不利的地位。」（注1）

其他有關亞洲企業公司治理成效不彰的抱怨，包括財務不夠透明與營運資訊不足、決策過程獨斷草率，全然忽視小股東意見、以及與關係企業的交易曖昧不明等等。此外，控權股東往往在上市公司之外又另有公司，導致上市公司和未上市部門的交易產生嚴重利益衝突，損及小股東權益。

雖然從亞洲到美國的問題各有不同，但是專業經理階層或掌握實權的股東派在公司內部濫權的根本原因都一樣：公司所有權與管理權的分離。如果企業的管控權是握在誠實苦幹的人手中，則大家皆可雨露均霑。可是一旦落在道德操守有問題的貪婪經理人或有權勢的股東派手中，當他們在公司內進行五鬼搬運，中飽私囊，或坐視公司市值崩跌，受害最深的就是眾多毫無招架之力的小股東。

如何強化公司治理？

全球各地董事會和證券管理當局都在討論範圍廣泛的改革議題。截至目前為止，由政府、證券主管官員、國會議員、學界和其他專家所提的意見，大致可分為三大類：一、政府和立法機關必須嚴格加強法律、規則和條例的修訂，明訂公司管理階層和董監會的責任；二、金融中介及服務提供業者，如會計師和投資銀行家，必須負起更多責任，承擔義務（例如，研究部門應自投資銀行業務分離）；三、公司本身必須找出讓專業管理與股東利益更加一致的途徑，執行更加嚴格的內部規範，監督和約束營運管理高層的行為。

在帶領強化公司治理規範的風潮上，美國一肩挑起帶頭大哥的責任，而最具體的行動就是**沙巴尼斯－歐克斯雷法**（Sarbanes-Orxley Act）的制訂。不過，這項立法的評價毀譽參半。「沙巴尼斯－歐克斯雷新法最值得注意的地方，就是它對企業董監會應該如何做好本分工作，以及如果這些成員未能克盡本分，該有什麼罰則的問題，幾乎隻字未提。」一位批評者提出如此抱怨。

不過，即使沙巴尼斯－歐克斯雷法有所不足，政府當局的積極行動，仍可迫使專業經理階層和董事會成員認真肩負起受託付的責任（注2）。

然而，由於缺乏一致標準，政府或證券主管當局除了嚴格執行既有財務申報規定，以鐵腕嚴懲詐欺、操縱市場或侵吞公款的不法之徒外，實在很難再有其他更積極的作為。當南方保健公司（HealthSouth Corp.）總裁理查·史克魯西（Richard Scrushy）為灌水造假的財務報表簽名背書，將這家全美規模最

大復健醫院從1999年以來的盈餘浮報14億美元，以迎合華爾街分析師之盈餘預期時，沙巴尼斯－歐克斯雷法顯然起不了嚇阻作用。美國證券交易管理委員會於2003年3月19日以涉嫌詐欺罪名起訴史克魯西，南方保健前財務長魏斯頓‧史密斯（Weston Smith）則對詐欺指控俯首認罪。但是這項判決，對投資南方保健公司而蒙受巨額損失的股東而言，除了精神慰藉之外，並無任何實質幫助。南方保健從標準普爾500指數除名，還可能遭紐約證交所停牌下市（注3）。

然則，在缺乏具體犯罪事證的情況下，立法當局該怎麼做，才能保障少數股東的權益呢？

眼前的解答，應該是少數股東要起而捍衛自己的權益，聯手發動代理權之爭，在董監會上安插代表，並推翻一切無法接受的提案。不過，由於公司股票交易是以日為單位，股權基礎隨時都在變動，要想把少數活躍的股東團結起來，簡直就是不可能的任務。法人股東如共同基金、養老基金、保險公司或私營股票基金等，則是唯一的例外。目前全美所有公開交易的股票，約有半數握在這些法人手中。

反諷的是，大多數機構投資人對公司股票交易都很熱中，但只要觸及公司治理問題，態度就變得消極。他們只重視流動資產和股價表現。這些大型基金若個別操作，要控制一家公司流通股的10-15%，或集體操作，要控制50-60%以上，簡直易如反掌，但它們的經理人卻只注意短期財務績效指標，如果發現機構內部有管理或公司治理方面的疏失，也很少有人願意花時間去推動改進的方法。即使他們發現了問題，這些基金經理人通常也是「用腳投票」，寧可馬上轉移到下一個投資選擇標的，也不肯運用他們影響力可觀的所有權地位，去參與並解決

這些公司治理的問題。

從道德角度來看，基金經理人只注意股票表現，不管公司治理問題的作法雖有瑕疵，卻也無可厚非。他們的報酬主要是根據所管理基金每日、每月及每季的表現來決定，而不是支持少數股東權益的程度。

這種現象暴露出上市公司內部治理的關鍵問題：股東要的是沒有相對責任的所有權。絕大多數參與公開股市的投資人，都只要擁有股權，而且最好是流通性高，義務少，還有別人（即專業經理人）替他們管理基本的資產。換言之，投資人只要公司所有權的全部利益，其他伴隨而來的責任一概敬謝不敏。他們要持有股票，要股價表現亮麗，而且還要能夠隨時買進或賣出表現不佳的股票。為了避免受到內線交易法律的限制，他們不願推派董監會代表，即使手中握有極高比例的公司股權也是如此。這種作法其實是基於一種觀念，亦即投資人認為他們可以透過股市參與，去影響專業經理派的想法。如果公司經理績效好，投資人自然就會爭著買，把股價拉高。如果管理績效差，或是內部出現公司治理問題，投資人就會出脫持股，讓市場對該公司發出不予認可的訊號。

讓股東漠視公司治理問題的，正是這種「市場動能」（market dynamic）態度。每一位股東都認為，總會有人出面照顧大家的利益吧？問題是，到頭來真的沒有人出面去料理這種事。為了保障自己的權益，股東們必須勤快地監督管理階層的績效，而這種角色的扮演，還是透過董監會最有效。有些大股東，例如民營股票或創投基金，會對自己投資組合內的公司扮演監督角色，甚至在他們所投資的公司正式上市後，繼續加以監督。這些基金了解積極參與的重要性，也接受在持有大量股

權之後，其流通性就必然受限的現實。他們通常會指派代表參與董事會，在制定公司重要決策時慷慨直言。

不幸的是，少數股東主動參與的角色，往往因為所謂「獨立董事」（independent director）的規定而受到嚴格限制。這項規定要求流通股持份超過 10% 的股東代表，不能擔任獨立董事。由於獨立董事的席次在董事會各重要委員會內必須超過半數，積極參與的少數股東往往因此被排除在最重要的決策圈之外。

阻礙公司治理效能的兩難抉擇，就是大多數的個別和機構股東拒絕在管理企業營運事務上，扮演積極的角色。少數股東即使有心參與公司治理過程，也會受到獨立董事規則的限制。大多數股東只能仰賴董監會捍衛他們的權益，因為董監事才是這個企業的最高決策機關，受股東之託，負起堅持治理標準以及發揮管理績效的重責大任。

放眼今天的市場，無論是在美國或亞洲，能夠滿足這項標準的上市公司董監會，直如鳳毛麟角，能夠在專業管理階層和多數股東之間維持超然立場的就更少了。最常看到的情況，就是董監會要不是過度向公司經理派傾斜，就是立場軟弱，不能善盡為股東代言的責任。公司高層除去董監會成員，通常就是幾位各職所司的執行長、負責處理公司專門業務的銀行家或律師，以及無所事事，沒有持股，甚至和公司毫無任何瓜葛的所謂「獨立」董事。

當董事會成員俱由同業主要公司執行長及社交圈人士把持之時，這些董監事不可能做出對股東有利的決定。他們必須共同承擔內部的問題，但也同心協力保障自己的工作與報酬。著名服飾零售商 Gap 的董事長，是蘋果電腦公司董事會的董事，而蘋果電腦的總裁史提夫‧喬布斯（Steve Jobs）也是 Gap 董事

會的成員。Gap 其他兩位董事是嘉信理財（Charles Schwab）董事，而查克‧史華柏（Chuck Schwab）也是 Gap 的董事。在這種綿密交織的關係網底下，總裁之間很容易就玩起「你掀我的底，我就露你的餡」的把戲來。例如，當 Gap 董事長的兄弟包下興建及整修所有連鎖店的合約，而且還和董事長夫人簽署顧問協定，董事會竟視若無睹，並未採取任何行動。

為了杜絕董事會狼狽為奸的弊端，奇異公司在 2002 年宣布新管理政策，讓其他公司執行長擔任公司董事的規定遭廢除。由於這項變革，昇陽公司（Sun Microsystems）總裁史考特‧麥克尼利（Scott McNealy）和飛雅特（Fiat SpA）董事長鮑羅‧佛瑞斯科（Paolo Fresco）同時被迫退出奇異董事會。奇異公司的計畫是從 2003 年起，董事會只聘 17 位董事，其中 11 位為獨立董事。奇異更表示，今後只有獨立董事才能主持董事會的監察、酬勞和治理委員會，而且除了董事的標準酬勞外，不得收受其他費用。

招聘與業界關係密切的董事會成員加入公司營運陣容，不但容易滋生許多利益衝突問題，也往往導致菁英小圈圈的產生。迪士尼公司（Walt Disney & Co.）的 16 位董事當中，半數和總裁麥可‧艾斯奈（Michael Eisner）有私交。所以當公司的酬勞委員會居然讓艾斯奈成為美國企業史上少數身價超過 10 億美元的執行長，也不令人意外了。狄拉德百貨（Dillard's）是美國規模最大的連鎖百貨之一，它的董事長威廉‧狄拉德（William Dillard）在 2002 年 2 月去世之前，主持一項董事會，與會者包括 7 位與公司關係密切的董事，其中 4 位就是他的子女。狄拉德的組織章程中並未設置任命委員會，所以董事長有權任命董事。狄拉德董事會有三分之二的董事由未上市之 B 股

股東選出，所以這家零售百貨並不受紐約證券交易的規定約束（注4）。

由於有這層商務和個人交情的糾葛，在爆發令人質疑的行動時，根本就不能指望董事會的執行董事和非獨立董事去挑戰管理階層或掌權的股東。所以，保障外部股東權益的責任非得仰賴獨立董事不可。

這裡所謂的獨立，有三個面向。首先是界定獨立的意義：獨立於誰？獨立到什麼程度？許多國家的證券管理法規都認定，所謂獨立董事，就是與所服務的公司內部沒有任何財務往來或持有相當數量股權的個人。在美國，代表股東的董事應持有公司10%或以上的流通股，而且不得主持稽核委員會。稽核委員會應由獨立董事組成。

這種獨立的定義有瑕疵，必須予以修正，因為這個標準排除了主管當局試圖保障權益的非經營派少數股東代表。獨立的意義，應該是不受管理階層管轄，而非不受股東管轄。例如，某家上市公司可能有10%到20%的股權握在一家大型共同基金或未上市股票基金手中，基於捍衛所有權的本能，這些基金當然希望保障並促進少數股東權益。如果這種基金的代表不能參與董事會重要決策，他們制衡掌權或經營派股東的力量即遭嚴重限制。

這種主張已逐漸被接受。新加坡證券主管官員就認為，持有相當數量股權的股東並不必然因此喪失獨立性；與公司是否有財務往來，以及是否有經常性的商業交易，這類問題才是影響獨立的關鍵。

少數股東參與重要委員會不僅不應受限，他們也應受到鼓勵並積極要求公司採取高標準治理，監督並評量經營階層的績

效，根據董事會核准的宗旨和目標來訂定經營者的酬勞。

讓股東了解公司財務，其實是一件好事：董事只有在資本面臨風險的時候，才會眞正關心股東的價值。如果和所有權無關，就不易產生這種動機。既無經營權也無所有權的董事，碰上複雜的問題要制定決策時往往無所適從。

即使從嚴界定獨立的意義，這個獨立問題的第二個面向，實務上，與如何確保董事會擁有眞正的自治權有關。對獨立董事而言，獨立思考和決策的制定需要高度的品德操守和堅強的意志，尤其是在個人財富與毀譽面臨考驗的關鍵時刻。

具備這些特質，而且又符合嚴苛獨立標準的董事，並不好找。由於個別小股東過於分散，很難加以整編或提出他們的候選人，因此董事（無論是獨立或其他董事）的提名責任，通常就落在管理階層或掌權股東的手中。在人性的影響之下，他們當然優先考慮自己熟悉，而且看得順眼的候選人。這些候選人通常以個人或家族關係的親疏爲首選，至於是否與管理階層或掌權股東有直接財務或商業往來，則在其次。這些董事若要直接挑戰，或反對那些支持他們進入董事會的人所提出的企畫案，勢須經過一番艱苦的天人交戰。如果董事的地位崇高，待遇又極其優渥，要想隨時維持眞正的獨立立場，更是難上加難。

顯然，獨立董事的挑選，不應當是管理階層或掌權股東的責任。理想的作法，應該是讓分散各處的股東（即「沉默的多數」）團結起來，提名自己的代表。然而這種作法就算可行，也是很難落實，除了組織嚴密的股東團體外，根本無法達成。唯一有可能負起此一責任的股東團體，只有共同基金、保險公司、養老基金、儲蓄保險或在上市公司持有相當股權的未上市

股票基金。當局應該鼓勵這些股東團體提名他們的代表擔任獨立董事，在公司治理問題上扮演積極角色。

有了真正的獨立董事之後，獨立的第三個問題便接著浮現。由於董事會的決策不但與獨立董事的財務利益無涉，其個人的生涯發展也不受威脅，這些獨立董事對於眼前的問題可能缺乏深入研究並制定真正妥善決策的強烈動機。唯有責任感和對股東負責的態度，才能激發他們的動機。由於這些獨立董事並非由股東直選，也不會有人指示他們如何作出「獨立決定」，他們只能仰賴自己的良知。萬一做出錯誤決定，甚或根本沒有出席董事會議，他們也不必承擔任何不良後果，或受到任何處罰。無論是在亞洲或是在美國，上市公司召開董事會或委員會時，董事大批缺席根本就是司空見慣。許多公司都有過類似百事可樂的經驗——它的稽核委員會只有三位委員，但是在該委員會於2001年召開的所有會議中，三位委員全部缺席的比率超過25%。

假定這些獨立董事都有出席董事會的強烈責任心，對所要討論的關鍵商務問題也非常投入，他們仍需要有充足的資訊與時間才能做出投票的決定。這些資訊通常是控制在管理階層多數股東的手中，但他們並沒有把這些資訊傳給獨立董事的義務。要不要將一切必要資訊都提供給獨立董事，讓他們做決定之參考，端視管理階層或多數股東的責任感。即使假定這些獨立董事最後都能取得充足且適時的資訊，他們是否有時間和資源去處理、分析和消化這些旨在協助他們做出正確決定的參考資料，也是問題。因為幾乎所有獨立董事都有其他專職工作或義務（擔任董事的酬勞和他們其他職務所得相較，明顯偏低），要求他們撥出必要時間對事實做超然的檢視，以求公正的結

論，確實相當困難。此外，由於獨立董事不可能有專屬助理為其從事研究及事實調查工作，他們的分析和相關情報的蒐集，通常還是要仰賴管理階層和多數股東的協助。

今天，無論是有意還是無意，人們總認為公司成功的必要條件是管理團隊。至於董事會，看法就比較分歧，常只是順帶提及的因素之一。董事會由內部的當然董事組成，部分目的在符合法律要求，另一部分目的則在修飾公司的公共形象。因此，在尋找外部董事的時候，注意焦點幾乎全部集中在人選的學術和商界背景，以及他們和現有董事的相容性。至於候選人的組織分析和溝通技巧，則非優先考慮重點。

目前這套挑選董事、檢視其能力表現及決定酬勞的制度，確有徹底改造的必要。的確，在董事會成員因法律或管理疏失而受到嚴懲的風險愈來愈高的情況下，董事是否該有最低義務時間之規定的議題，仍未被提出來廣泛討論，著實令人感到詫異。在金錢誘因不足的情況下，要求董事會成員負起責任的唯一壓力，只能仰賴他們對股東的一點責任感，然而這根本無法構成任何壓力。每逢開會，董事會諸公不是太忙，就是興趣缺缺，經常無故缺席，或乾脆對管理階層的建議照單全收，根本懶得為了適切的結論而去從事必要的調查。

為了敦促他們負起應盡的職責，董事會成員應該和受他們監督的管理團隊一樣，定期接受績效考評。董事會成員的報酬水平和任期應該根據績效評審結果來決定。董事會成員若有怠忽職守情事，應依公司章程及證券管理規範懲處。

董事會成員應該被課以責任，其聘雇與開除條件也和其他高階行政主管一體適用。挑選優良董事，要和挑選公司總裁一樣用心。董事的酬勞應該合理，以便他們能投注做好分內職責

所必需的時間與資源。為了加強董事會的獨立性與提高效率，最好把董事長和總裁的角色分開，由董事長代表股東，總裁代表管理團隊。應該單獨撥出一段時間，讓外部（非管理部門）董事相互討論，負責協調的主席則由外部董事推選。

要做周延與獨立的抉擇，需要時間和用心，若無適當的誘因或聖人的情操，這些要求絕非心有旁鶩的獨立董事所能辦到。今天，公司的組織日漸複雜，更需要具備分析技術和時間的獨立董事，讓他們代表股東運作。要敦聘並留住優秀董事，需要建立一套嚴格的挑選程序與績效評審制度。當然，支付適當酬勞的預算也不可少。這套制度不但適用於亞洲，也適用於全球各地。

從酬勞與公司資源的角度來看，一個由能力優秀，願意撥出專門時間處理公司業務之幹才所組成的董事會，成本勢必相當高昂。然而，如果股東真的有提升公司治理水平之心，就必須有這種認知：維持高品質之董事會和公司其他開銷一樣，都是必要的成本支出。董事會是公司最高的權力機關，也是整體不可分割的一部分，絕對不是管理部門的橡皮圖章或裝飾在公司迴廊牆上的花束。

市場和人類都是天生的競爭產物，完美的治理制度可能窮歷史仍無處尋覓。但是提升董事會成員水平，重新界定獨立董事之角色，可逐漸加強長期以來備受漠視之投資人的力量，同時恢復我們市場的信心。

注 1： 2001 年 5 月 19 日 *The Times of London*，2002 年 2 月 28 日
《商業周刊》（*Business Week*）。

注 2： 布萊恩，《紅鯡魚》（Jeffrey Byron, *Red Herring*，2002 年 9
月 23 日）。

注 3： 2003 年 3 月 21 日亞洲華爾街日報及路透社。

注 4： 2002 年 10 月 7 日《商業周刊》（*Business Week*）。

19
產業復興
改革重整與品德管理

李德勳
韓國友利銀行董事長兼執行長

 韓國自 1960 年代初起，由國家主導的發展政策，建立起的經濟體系中，**企業集團**（chaebol）成了國家經濟成長的主引擎。韓國能夠快速發展，**企業集團**被認定居功厥偉，但它們也造成經濟力量過度集中的弊病。由於這個理由，**企業集團**被認爲視作 1997 年金融危機的主因。由於經濟危機的嚴重性前所未見，韓國政府依據一套企業改革計畫，推動各項措施，用以改善企業管理的透明性。但是如果少了企業自動自發推動確實可行的改革，例如遵循市場上的公平規則，政府的管理措施恐怕不能竟其全功。換句話說，企業必須身體力行品德管理，**企業集團**的改革才能成功。

本文針對三大議題：第一，**企業集團**在韓國經濟中扮演的角色；第二，企業的結構調整計畫。這是**企業集團**改革的機制性背景，並以品德管理做爲實用的工具；第三，如何建立品德管理，以完成**企業集團**的改革。

認識企業集團

● 企業集團及其成長

企業集團一詞現在廣為人知，通常是指韓國的大型複合企業（conglomerate）。大致來說，**企業集團可以定義成大型複合企業，旗下有許多關係企業，在不同的行業中經營，而且管理控制權握在某個人或家族手中**（注1）。在韓國，這個名詞通常是指30家規模最大的複合企業，經濟力量高度集中於它們手中。

韓戰（1950-1953年）之後，由於缺乏實體和金融資源，韓國的經濟發展格外困難。1950年代，韓國的工業生產大致上依賴外來援助和官方貸款。這段期間，經濟政策往往是基於非經濟因素，不是根據市場原理去運作。直到1950年代末，才奠下經濟成長的基礎，投資於輕工業，**企業集團**進而成形。

第一次和第二次經濟發展計畫（1962-1971年）施行於全國。處於開發落後和獨占性的市場結構中，經由市場占有率的提高，企業才首次有可能賺取利潤。**企業集團**利用這種方法，開始成長和多角化經營。**企業集團**也受益於這段期間的政府出口促進政策、銀行貸款補貼和外來資金。

1970年代是**企業集團**的加速成長期。為了刺激經濟成長，政府採行的政策，是配合出口促進政策，直接投資於重工業和化學工業。企業集團和政府維持密切的關係，並因政府直接授與貸款，幾乎獨占了市場，也累積起可觀的資本。

1980年代經濟環境穩定，油價和利率雙雙偏低，美元貶值，給韓國**企業集團**帶來新的商機。它們捨棄1970年代大幅擴

張和多角化經營的成長策略，轉而將更多的心力集中到壯大現有的業務，並且踏進高科技和金融業。

1990年代的烏拉圭回合（Uruguay Round）與世界貿易組織體系，開啓了市場開放和全球性競爭的時代，**企業集團**的經營環境在結構上有了變化：經常帳赤字增加、油價和利率齊告上揚、美元升值。但是不管環境如何變化，**企業集團**繼續擴張進入資訊科技和流通業，而不是設法整併與改組不賺錢的業務。

● 企業集團在韓國經濟中扮演的角色

在刺激韓國經濟的快速發展上，**企業集團**扮演著極其重要的角色。這個現象往往被稱做「漢江奇蹟」。**企業集團**克服了市場機制發展不充分造成的無效率，在國家領導的經濟發展政策下，取得規模經濟，並且帶動韓國經濟快速成長，終於躋身亞洲四小龍之列。

由於**企業集團**的體系，韓國才得以克服缺乏經濟資源的劣勢，達成經濟成長的目標。不久後，韓國的體系從輕工業取向型經濟，轉型成附加價值更高的重工業和化學工業取向型結構。出口導向的成長政策能夠奏效，也是得力於**企業集團**體系。**企業集團**利用貿易公司，形成一張國際網，開拓外國市場的新商機。1970年代的經濟衰退和石油危機期間，**企業集團**在改善國際收支帳問題和創造就業機會方面，貢獻卓著。有些企業集團以獨特的技術和深具競爭力的產品創造差異化，競逐全球市場。這些公司在國際市場上成了知名品牌，有助於塑造韓國經濟的正面形象。

● 認清結構問題

　　資本主義市場經濟是根據市場原理，透過資源的分配，以求得最高經濟效率的體系。根據國家主導的發展計畫，**企業集團**體系演變成一種機制，把稀有的儲蓄運用在策略性產業上。因此，隨著經濟的成長和更加多樣化，它的資源分配效率終有極限。雖然在經濟體系還不夠成熟的時候，企業集團能夠經由多角化經營，相當容易地創造出財富，但在競爭力更趨激烈的成熟經濟體系中，想要創造這種價值愈來愈困難。

　　1980 年代後，全球經濟一直在追求更自由和更開放的市場。因此，沒辦法從**企業集團**現有的管理體系產生競爭力。**企業集團**是以增加關係企業數目的方式，去擴張業務的範圍和規模。它們的擴張，是透過集團內交易和關係企業之間的交叉債務保證來達成。產生的經濟力量集中，因此造成政府和企業之間的朋黨關係、中小型公司失去競爭力、金融體系缺乏效率。企業集團體系造成的問題，還包括形成獨占、成本升高、投資缺乏效率。所有權集中，導致少數大股東獨享企業活動和成長利益，造成股東與其他關係人的投資報酬分配不公平。

● 改革的需要

　　為了解決經濟力量集中於**企業集團**帶來的負面影響，政府從 1980 年代中期起調整政策，轉為追求各經濟部門更為均衡的成長。比方說，政府實施各種措施，控制**企業集團**的銀行貸款。但由於政府主導的企業控制和市場干預積習已久，要根本解決**企業集團**的問題相當困難。

　　此外，從 1960 年代、1970 年代政府主導信用政策，遺留下

來的政府和企業集團間的夥伴關係，在 1980 年代推動金融自由化時開始轉變。 1990 年代資本帳加速自由化，**企業集團**開始能夠直接涉足資本市場，並且擁有非銀行金融機構，如保險公司和商人銀行。但是由於缺乏有效的金融監督及市場紀律，**企業集團**的投資行為不見得總是依循市場原理。從以前遺留下來的政府絕對保證，以及相信**企業集團**「規模大到不可能倒閉」，結果**企業集團**和相關企業出現了**道德風險（moral hazard）**。 1990 年代末，由於過度投資，財務孱弱的複合企業，短期貸款急速增加。到了 1996 年和 1997 年，貿易條件大震撼衝擊經濟，**企業集團**的獲利力急劇惡化，最後演變成經濟危機。

金融機構無力履行債務，加上外匯危機，令韓國經濟急轉直下。**企業集團**的行為遭到嚴厲的批評，並且被指為造成經濟災難的禍首。等到情勢明朗，發現目前的企業管理方式沒辦法解決危機，**企業集團**的結構和行為改革變得更加迫切。

企業集團的改革

● 企業部門結構調整原則

1997 年韓國的經濟危機來襲之前，**企業集團**並沒有看清新的模式已經在韓國經濟中成形。由於一直只顧追求量的成長，韓國企業部門充斥著未能獲利的公司，它們的成本高、效率低、財務結構舉債過度。這些公司相對於其他新興市場國家的企業失去競爭力之後，韓國的企業部門開始認清，有必要進行更為根本的結構調整和改革。

為了解決這個問題，韓國政府 1998 年 1 月和五大企業集團

達成五點共識，同意執行基本的企業結構調整計畫，並於1999年8月增列三項協議原則。總而言之，金融危機發生之後，韓國採行一套完整的企業結構調整政策，希望改善企業的透明和責任，並且改革韓國企業部門的結構性弱點。

企業結構調整的第一項主要原則，目的在於改善企業管理的透明度，並且強調公司內部的企業治理機制；少數股權股東的權益；企業會計實務的可靠性。為了強化內部監視機制，企業必須設置獨立外部董事、獨立稽核委員會，以及採用累計投票制。少數股權股東的權益，是以放寬行使權益的必要條件來加以強化，並且允許這些股東在任命獨立外部董事時發表意見。此外，公司揭露資訊的義務加重，而且必須發表合併財務報表，同時嚴格實施外部稽核，以增進會計透明度。

改善企業管理透明度的協議，規定公司任命更多獨立的外部董事，提高董事會中外部董事所占的比率。由於這些改革，外部董事的出席紀錄持續改善，進而強化董事會扮演的職能角色。另外，1998年後的企業會計稽核結果，顯示董事會不再是橡皮圖章，由此可見企業的透明度已有顯著改善。

第二項原則和取消相互償債保證有關。**企業集團**以取得關係企業償債保證的方式，向金融市場過度舉債，而那些關係企業，也已經債台高築。關係企業之間貿然相互保證償債的做法，是為什麼單一企業無法履行債務，結果導致其他企業連環倒閉的原因。因此，公平交易法經修改後，禁止這種做法。已有的保證也加以處理，但依據公平交易法准予延期的金額例外。廢除這種交叉償債保證，是推動**企業集團**改革的關鍵。

第三項原則用於改善企業的財務結構。政府認為大公司過度舉債，是造成經濟危機的主要原因。因此，要恢復韓國企業

的競爭力，最有效的方法是大幅降低它們的負債股本比。政府敦促企業界在1999年底之前將負債股本比降到200%以下。為遵循這個政策，企業界紛紛募集新股本，並且出售資產，改變它們透過發行債券籌募資金的傳統做法。

政府擬定的第四項原則，是透過專注於核心業務，以強化企業的核心能力。為了做到這一點，政府努力消除**企業集團**過度投資和重複投資的行為，並且依據它們的核心能力，利用「大型契約」的方式，也就是各**企業集團**互相交換業務，調整它們的業務結構。

最後一項協議原則，重點在於加重控權股東和經理人的責任。政府認為，管理階層過分注重業務擴張的傾向，是控權股東未能監視和監督治理結構造成的。政府因此訂定「義務履行」條款，強調控權股東的責任，並且加強董事會會議中討論的細節。這麼做的目的，是允許董事會以更為務實和更高的效率運作。

除了企業結構調整的這五大原則，政府也提出三項補充原則。其中第一項是改善非銀行金融機構的企業治理制度。經濟危機發生之後，**企業集團**所屬投資信託公司和保險公司的市場占有率顯著升高，導致它們的資產激增。政府擔心這些機構將過多的資金導向關係企業。依據新的管理規定，非銀行金融機構的董事會必須至少聘任一半的外部董事，並且設立監察主管和稽核委員會。在此同時，也增進少數股權股東的權益。另外，投資信託公司對關係企業的股票投資上限，從占信託資產的10%降為7%，保險公司的投資和放款上限，則從占總資產的3%降為2%。

第二項補充原則，目的在於節制交叉持股和非法的集團內

交易。為配合**企業集團**持續進行的結構調整， 2001 年 4 月政府加強限制交叉持股占總股本的比率。另外，也實施一種公開揭露制，讓少數股權股東和債權人能夠有效地監督和質疑不合理的集團內交易，而且最後能夠消除這些交易。此外，十大**企業集團**所屬關係企業的集團內交易超過一定的數量時，必須交由董事會投票決定。

政府提出的第三項補充原則，用於防止大股東非法遺贈和捐贈。為防止大股東利用新的金融技巧，掩飾非法遺贈和捐贈的任何交易，政府對大股東的證券交易課徵更高的移轉所得稅。從未上市股票辦理上市而得到的利益，必須課稅，占總股數 3% 以上的大股東，股票交易視持有期間長短，課以 20% 到 40% 的移轉稅。

政府改革**企業集團**的努力收到了效果，因為複合企業的負債股本比和財務成本顯著降低，財務逐漸邁向健全。這些原則的執行，也有助於企業管理階層注重利潤和現金流量。此外，經由主要債權銀行促進企業結構調整的做法，可以說是借重市場力量推動企業結構調整的第一步。但是，大宇等無力履行債務的企業集團的清算一直遲遲未能展開，以及「大交易」的執行，結果成了舊工業政策借屍還魂的管道，在在顯示政府的企業結構調整努力尚未完成。

由債權銀行帶動企業結構調整

金融機構也依照上述原則，帶動企業結構的調整。金融機構強化了它的企業監視功能，並且負起企業結構調整的責任，以改善和穩定過度依賴向外舉債融資的企業集團不賺錢的財務

結構。

● 協議改善財務結構

最大的 64 家**企業集團**與它們的主要債權銀行，達成廣泛的財務結構調整協議，同意在 1999 年之前將負債股本比降到 200% 以下。主要債權銀行接著負責監視企業集團是否履行協議。如果債務公司未能將負債股本比降到低於 200%，主要債權銀行可以藉催收舊貸款、拒絕授與新貸款的方式作為懲罰。經由這種積極性的努力，除大宇之外的五大集團，負債股本比都已從 400% 降到 200%。

● 執行留置觀察計畫

為了協助可望存活的企業依據留置觀察計畫重整旗鼓，金融機構採取債務重組、部分債務豁免、債股轉換、挹注新貸款等方式。企業本身則以出售資產、撤離經營困難的關係企業、裁減員工、整併各子公司的方式，改善財務狀況。此外，股東同意勾消股本，並且發行新股票，分攤企業經營虧損，大股東更且拿出私人資產。

留置觀察期間表現不好，無法達成管理目標的公司，生存能力會再度受到嚴格的檢查。不可能存活的公司會遭清算，或者必要時由法院管收。自 1998 年 6 月起，有 83 家公司納入留置觀察計畫，其中 47 家經營恢復正常，15 家無力存活的公司遭到清算或由法院管收，21 家繼續留在留置觀察程序中。

● 建立由市場引導的結構調整體系

金融機構為因應自發性監視債務公司信用風險和處分呆帳

的行動，依照**前瞻式標準**（Forward-Looking Criteria，FLC），累積了大量的貸款損失準備。此外，**企業結構調整促進法**（Corporate Restructuring Promotion Act）於2001年8月頒行，用以刺激由市場引導的企業結構調整行動。**企業結構調整機制**（corporate-restructuring vehicle，CRV）和**企業結構調整公司**（corporate restructuring company，CRC）法規也開始實施，做爲以市場爲基礎的機制，推動企業部門的結構調整。2001年4月建立預擬破產制，允許債權人在申請清算程序之後，立即遞出事先獲得批准的再生計畫。併購基金也於2001年3月設立，進一步促進由市場引導的企業結構調整。

友利銀行重整企業架構

　　政府的企業結構調整努力，包含企業集團改革原則的執行在內，因爲友利銀行的協助，得到很大的效益。韓國35家規模最大的公司，友利銀行是其中16家的主要債權銀行。身爲這些大銀行的主要往來銀行，友利致力建立一套透明化的企業管理系統，希望透過經營管理的監視和審查功能，消除資訊的不對稱和推廣健全的投資行爲。

　　友利銀行也根據目前的市場資訊，以及動態、前瞻性因素，建立一套持續執行的企業結構調整系統。友利有一套「早期預警系統」，利用內部和外部的資源，蒐集廣泛的企業資訊，及早偵測可能無力履行債務的違約案件。

　　友利銀行一直致力執行各種企業改革方法，例如管理階層評估、監視、特殊契約，以及一套企業信用風險評估系統，用以審查可能無力履行債務的公司。處理無力履行債務的公司，

其他所用的方法還包括留置觀察計畫、法院管收、和解程序、併購、出售。

從 1999 年到 2002 年，友利銀行從帳面上打銷 16 兆韓圜（約 130 億美元）的未履約貸款，使用的方法有出售、催收放款、債股轉換。全部金額中，出售的部分占 6.7 兆韓圜，註銷占 5.9 兆韓圜，催收占 2.1 兆韓圜，債股轉換占 1.3 兆韓圜。

未完成的改革與倫理管理要務

● 財團改革尚未成功

持平而論，韓國政府改革**企業集團**採取的各種措施，到目前為止只能說取得一部分的成功。目前的企業結構調整原則，重點放在建立機制環境，藉以促進企業經營透明化。但是，如果沒有穩固建立起重視透明化和公平競爭的管理實務，不可能完成更為根本的企業改革。

為了促進經濟活動和提升效率，企業應該努力建立一套能夠改善透明度的機制，例如改善企業治理、建立透明化的會計作業程序與實務、建立一套以股東為念的管理系統。但是只有管理階層、股東和員工都遵循這套機制，才有可能取得最後的成功。就這一點來說，倫理責任已經和經濟或法律責任一樣重要。倫理管理現在被視為經營策略的新規範。

● 倫理管理作為核心經營策略

以供應商為取向的經濟，最近轉型為以顧客為取向的市場。在這種市場中，透明度有限、沒有遵循市場原理的公司，

會失去投資人、消費者和市場的信賴。因此，如果股價重挫、借款困難，終於導致企業經營失敗，這些公司可說自取其咎。透明度影響公司持續生存的能力，而且倫理決策現在被認為和經濟決策一樣重要。

我們現在所處的時代，企業必須遵循倫理標準，負起社會責任，致力於改變經營實務和決策結構。倫理管理已是企業競爭力不可或缺的要素和提升企業價值的要件。

● 韓國企業的倫理管理

韓國公司日益體認到倫理管理可以做為維持企業價值的工具，也是一種生存策略。全球市場上的管理透明化要求，促使企業界採行以倫理為中心的管理策略。

韓國全國經濟人聯合會（Federation of Korean Industries，FKI）最近發表企業倫理調查報告，受訪的292家公司中，49.7%已經訂定和遵循企業倫理章程。這項調查顯示，實踐倫理管理的公司，股票市值遠高於沒有這麼做的公司。比方說，設有倫理管理部門的公司，四年來的平均股價上漲率為46.3%，而沒有訂定倫理章程的公司，上漲率只有22.1%。由此可見，積極執行倫理管理的公司，長期的股價超越市場平均值。資本市場確實給透明化和倫理管理很高的評價。

個案研究1：新世界公司

新世界是家專業流通公司，也是這個領域的業界翹楚。它以強大的運籌基礎設施，透過百貨公司、平價連鎖商店、網路購物商場，提供顧客各式各樣的線上服務

和網外服務。

1997 年的經濟危機期間，新世界的業務管理遭遇很大的困難。雖然新世界繼續調整業務結構，1997 年的獲利力還是大幅下滑。面對不穩定的經營環境，新世界視倫理管理流程為核心要素，有助於建立強大和穩定的收入結構，並於 1999 年付諸實施。

新世界踏出的第一步，是和結盟公司整併它的業務合約，建立一套公平交易系統，然後執行自律性質的公平交易營運計畫，自行訂定公平與透明交易的十大原則。自 2000 年 1 月起，新世界開始依積極性的企業倫理政策，監視行賄案件。2 月間，管理階層舉辦企業倫理研討會，以提升員工對最佳實務的認識。2000 年 12 月，新世界鼓勵員工實踐倫理管理，並且獎勵足為楷模的員工。2002 年 3 月，另設一個部門，負責執行倫理行為與管理的詳細計畫。

由於這些措施，工作程序變得更為透明，並且促使業務生產力提高。新世界從促進公平交易的努力獲得的另一項利益，是來自結盟公司的服務和產品品質提高。這些事情大大提升員工的成就感，而依績效敘獎的辦法，則升高了他們對公司的滿意度。新世界也因為提供透明化的投資資訊給股東，成功地吸引到新的投資。由於公開採用合乎倫理的管理方法，新世界在顧客、股東、員工、夥伴公司心目中的形象與公信力大為提升，進而有助於該公司顯著增進競爭力與企業價值（注2）。

個案研究 2：宇韓金柏利公司

成立於 1970 年，宇韓金柏利生產紙類和衛生產品，並以產品注重環保、深度行銷研究、利潤再投資與財務結構健全著稱。自創立以來，宇韓金柏利以「品質、服務和公平交易」做為所有業務活動的基準原則。宇韓金柏利曉得，只有在全公司的行為準則和員工的價值取得一致時，才有可能達成這些倫理原則。因此，宇韓金柏利發表一套行為準則，做為員工與同事、顧客、對方、競爭同業往來時，行事作為的指針。

該公司在執行這項政策時，引進「四人小組」責任輪班制，給員工更多的休閒時間自我充電和接受教育訓練。宇韓金柏利堅持尊重人性尊嚴的意識型態，也使得生產力提高、財務績效改善。

此外，20 年來，宇韓金柏利推動「綠色運動」（Green Campaign），享有注重環保的美名令譽。「綠色運動」成功地教育消費者，瞭解林業的環境、文化、教育與休閒功能價值。林業每年的價值超過 500 億美元。這又促使人們對韓國的林業產生更深的興趣，並且加強投資。森林面積占朝鮮半島三分之二以上（注3）。

建立重視倫理的企業文化

自 1997 年以來，被視為企業集團改革重要量數的企業管理透明化，可以在企業文化中建立倫理管理流程和實務來達成。

處於新的經營環境，企業的一項重責大任，是同時發揮經濟效率（和一公司的利潤有關）與社會倫理（和一公司的社會責任有關）。企業不能只流於形式，空談倫理管理的原則。它們必須先擬定一套詳細的企業倫理章程，然後建立獨立的監視辦法，督導員工遵守既定的標準。此外，這種系統要發揮效果，必須得到全體員工的瞭解和支持才行。這可以經由工作場所中不斷的教育訓練來達成。

雖然自願性的實踐準則可以奏效，但當社會監視與評估合而為一，倫理管理才能得到最高的效果。非政府組織必須瞭解，企業是社會重要的一員，需要它們去履行社會領導者的倫理角色。此外，金融機構和信用評等機構在評估企業時，必須更重視計性標準，如企業治理和執行長的管理哲學。

結語

韓國經濟正處於經濟結構、管理方法、市場機制等模式變移的過程中。在這種背景下，韓國政府以不斷改善監管環境與基礎設施，以及積極執行企業結構調整計畫的方式，提升企業集團的透明度。

由於這些努力，企業部門的財務結構、企業治理和會計透明度，已有顯著的進步。至於未來的工作，將是企業走出由政府主導改革，繼續遵循市場原理，自動自發進行結構調整。增進市場競爭力的努力，和倫理管理實務的執行，如果能夠結合起來，**企業集團**的改革才能真正成功。就這一點來說，公平的遊戲場固然十分重要，管理階層和員工在執行自由和競爭的市場體系時，表現合乎倫理的行為也同樣重要。

　　近來韓國公司開始體認到倫理管理在業務經營上極其重要；但是它們還沒有完全實踐。企業是永續經營的實體，不能把倫理管理視為暫時趨勢，而必須視之為追求生存的核心策略。目前靠人際關係運作的金融體系正轉型為以資本市場為基礎的體系。因此，企業提供透明化的資訊給市場參與者，並且不斷提升管理責任，這個重要性與日俱增。

　　倫理管理原則和作業程序要完全融入企業文化中，執行長堅強的意志、願景和領導，是十分重要的驅動力量。

　　其次，任何倫理管理行動系統，都必須鉅細靡遺並系統化。從前面的個案研究可以知道，設立一個全權負責倫理管理的組織單位，以促進教育訓練和有效的內部控制，至為重要。建立一套基礎設施，讓倫理管理的實踐，和公司員工的價值觀、渴望相輔相成，也是很重要的一件事。

　　第三，實踐倫理管理的公司，需要得到社會的支持。社會應該創造一個環境，鼓勵和促成企業履行它們的社會責任。資本市場和新聞媒體在這方面也能盡一分心力，例如凸顯和獎勵合乎倫理的行為所表現出來的最佳實務。

　　第四，金融機構與信用評等機構應該區辨積極實踐倫理管理的公司和沒有這麼做的公司。以這種方式強調倫理管理，可以提供更大的誘因，促使企業實踐倫理管理。

　　最後，根據倫理管理實務推動的企業改革，攸關韓國整體經濟的永續發展。只有建立合適的基礎設施，充分允許這種範式變移，以及企業自發性地遵循市場上公平與透明化的規則，企業集團的改革才能完全成功。

注 1 ： 邱東山著，《韓國企業集團》（*The Korean Chaebol*）Chaebol
（企業集團）是指一個人或一個家族，控制韓國某大複合企
業集團，跨越多種重要行業，經營各種不同的業務。

注 2 ： 資料來源：新世界倫理經營白皮書（White Paper on
Shinsegae's Ethics Management, July 2002）。

注 3 ： 資料來源：宇韓金柏利投資關係部。

第五部

全面倫理管理

全面倫理管理（Total Ethical Management，TEM）和全面品質管理（Total Quality Management，TQM）在形式上或有類似，但是 TEM 超越 TQM 的範疇。TQM 講求作業程序，依據品質守則重新調整方向。比方說，要求人員檢查他們的工作流程，並且發展各種方法，去改善他們的產出並減少浪費。所有的企業活動，尤其是大型組織中，都強調以品質為依歸，因此有助於經理人和員工將注意焦點放在追求卓越的營運上，讓顧客和客戶同感滿意。遺憾的是，有時企業一心一意專注於品質，結果目光如豆，過於留意微枝末節，沒有注意營運重心、策略和品質。安隆十分重視品質和顧客。但它缺乏品德基礎，只用最低標準的倫理行事，終至分崩離析，鬧出眾所矚目的醜聞。

今天，人們經常談到「企業和社會」之間的關係，例如企業的社會責任。透過全面倫理管理，企業不但可望成為社會不可或缺的一員，更將是社會永續發展的媒介與領航者。全面倫理管理是一套廣泛的原則，能夠做為企業營運的基礎，而且可以在執行的過程中，百尺竿頭，更進一步，不斷修正。

20
全球觀點
跨國企業的文化因素：
三菱汽車再生計畫

伊克羅德
日本三菱汽車前董事總經理兼執行長

我服務於汽車界超過 37 年，大部分時間待在歐洲和南美洲，現下卻有機會體驗或許是職業生涯中最令人目眩神迷的挑戰——整合三菱汽車與戴姆勒克萊斯勒兩者的長處優勢。

一切得從 2001 年 1 月，所謂再生計畫小組（Turnaround team）來到三菱汽車談起。戴姆勒克萊斯勒於 2000 年買下這家日本汽車製造商 34% 的股權後， 24 位經理人前來穩定三菱汽車，其後再談發展。

再生計畫小組的工作，既非「日化」戴姆勒克萊斯勒，也非「西化」三菱汽車，而是有些類似亞洲傳統的媒婆，界定讓兩造滿意的方針和目標，還要保證雙方結盟能夠開花結果，長長久久。這個目標是連結每位夥伴所能帶給結盟關係的利益，進而強化結盟關係。

三菱汽車當然是日本汽車業驚人發展的典型例子，戴姆勒

克萊斯勒則是德國汽車製造商朋馳和美國汽車製造商克萊斯勒合併的結果。但我覺得，夥伴關係中的這兩位成員，部分體現了它們在各自區域中的態度。

三年前，跨國小組抵達三菱汽車時，有人告訴我們，西方企業人士和亞洲公司合作，碰到的第一個基本差異，是工作場所的實際氣氛。亞洲公司強調組織和社會關係的重要性，西方公司則重視個人任務與目標。例如，三菱的歷史悠久，可以追溯到 1884 年創辦人岩崎彌太郎在長崎踏進造船業，1917 年開始在日本生產汽車，推出「Ａ型車」。這是日本的第一款量產小客車。此後，這家公司遵循日本傳統的終身雇用和依年資升遷的管理系統。因此，當戴姆勒克萊斯勒的小組抵達日本，我們發現這個組織是由許多**團體**（batsu）在運作。雖然在快速成長的期間，這套系統有其優點，但是處於目前全球化的市場，以及全球化迅速演變的環境中，卻有必要重新加以評估。

日文 batsu 一字一般譯作團體，它的意思其實比西方所了解的要深遠。在日本和整個亞洲，歸屬於某個團體，影響大部分人從出生、接受教育、上大學、工作，甚至退休後的日常生活。例如，日本人往往強調這種關係遠甚於個人的人際關係。

非日本人一向把團體和西方俱樂部混為一談是不對的。比方說，在歐美，人們經常加入俱樂部或社團以求享樂、交友，或甚至謀求個人利益；但在日本和亞洲大部分地方，團體幾為所有社會機能的基礎，成員為團體的發展而努力，而非為了個人成功。當然了，團體變得更好，最後個人也同蒙其利，因此即使從個人觀點來看，這也是完全合乎理性的行為。

我們共同合作時，必須了解的是，像三菱汽車這樣的公司，不是由單一團體構成，而是由許多團體的結合。這表示個

別員工多半追求所屬團體的成功，未必由公司整體成功著眼。此外，決策通常出自所有的團體成員，單一個人所負責任少之又少。換句話說，如果有什麼事情出了差錯，個人也不必挺身負責，也就是說，團體成了保存情面的工具。

我們的首要任務就是業務經營，也就是擬定再生計畫，透過降低成本、發揮流程最大效益、尋找新市場，並在日本和歐洲重建 COLT 、 GRANDIS 或在美國重建 OUTLANDER 等產品線，促使三菱汽車恢復獲利。我們追求成本、債務和品質的透明化。因此公司致力布建全新流程、產品、新的員工士氣，最後則是獲利能力。

為了做到這些事情，我們必須加重個人責任。三菱汽車的新精神明白表示：個人犯錯無傷大雅，只要大家都能從中得到教訓。而且，假使某位員工能說「我辦到了，」而不是說「我不過是促成此事的一員」，則成功的感受遠比從前強烈。因此，灌輸膽識及個人意識實為必要。我們的座右銘來自日本古老諺語：「迎戰者勝，避戰者敗。」

調整三菱汽車管理文化的另一項挑戰，是傳統上拘泥形式的人際關係，即使在公司內部也不例外。一般來說，日本人通常有兩種溝通模式。第一種稱做**建前**（tatemae），亦即不論溝通對象是誰，總是擺出正經八百的禮貌表情。第二種叫做**立前、本音**（honne），意指深藏心底的真實感受。正常情況下，日本員工和管理階層談話時，多以正經有禮的溝通方式，壓抑真實想法──到了要解決問題時已經錯失時機。

因此，三菱汽車現在有個政策，鼓勵每個人說出真心話。比方說，在我首次視察工廠和辦公室的時候，我刻意張開雙臂擁抱人們，拉近對方並詢問他們真正的想法。長久以來，這種

行為在日本被視為禁忌，因為用這麼直接的方式去接觸同事，甚至找人談些未經團體認可的事情，是很不尋常的舉動。但是這種做法幾乎是立刻收效。在日本，「老外」自有方便的地方。大部分日本人並不期待外國人的行為舉止符合日本的傳統方式，而且有些時候，他們似乎在對我們說：「儘管放手去做吧！打破禁忌，讓我們看看你能做些什麼事。」

就個人來說，我的溝通方式一向是直截了當，不隱藏自己真正的感覺，也期望員工比照辦理，結果收效很好。現在，如果我不表現親密直接和個人式的接觸，工廠的日本同事甚至會表現失望之情。許多員工現在已經能夠無所顧忌地表達個人的意見。這方面我們用的關鍵詞是「公開」和「透明」。

另一個挑戰，是許多日本同事（尤其是中階經理人）面對迅速和全面性的變化時，所產生的那種事不關己的態度。前眾議員、前三重縣知事、現為早稻田大學公共管理學院教授的北川正恭最近為文表示，日本必須「摒棄形塑戰後政治的基本心態；擁抱『斷面』（discontinuity）並大膽踏進新領域。」這並不表示終結傳統，而是指除舊立新，塑造新的日本傳統。

抵達三菱汽車的戴姆勒克萊斯勒小組成員來自十餘國。他們到來之前，三菱汽車的員工從進入公司到退休，只要不興風作浪，一路上會走得相當平順。依照服務年資升遷，結果許多四、五十歲的中階經理人，相當滿意自己的終身職和安逸的「上班族」生涯。因此，並非自基層升上來的管理團隊突然要求他們進行變革，那真是一大挑戰。

日本有句古諺說，「凸出的釘子必須敲平。」也就是說，個人的行事作為不允許和其他人不同，因為這會讓人感到不安。但是我相信，不管在哪裡工作，任何管理團隊的一大任

務，都是向員工解釋，雖然「釘子」的故事可能適用於鞋子，卻不見得通用於公司和社會。事實上，釘子凸出來（而且會傷人！）往往刺激人們探索其他可能的解決方案。我相信，與眾不同是個優點，而且討人厭有可能取得成功。舉例來說，要不是小小的沙子刺激牡蠣，我們就不會有珍珠了。

有鑑於個人缺乏主動積極的精神，我們建立的薪資制度是根據能力，不看年資。日本汽車業中，我們是這麼做的第一家公司。薪資和升遷現在是看個人的績效，比較不受年齡或服務年資等因素的影響。我們於2002年對經理人實施這套制度，2003年4月擴及公司所有的員工。

我們在三菱汽車培養的領導人，不只敢於挺身為自己的信念辯護，也有能力自行做決策，而且經常提出富有創意的市場和顧客構想，令人驚異不止。在亞洲，決策一向是經由共識做成。相反的，在西方，決策是由多數人擬定，雖然有些人可能大為失望，更多的人卻表示滿意。我在三菱汽車發現一件有趣的事，顯示日本的個人主義正在抬頭。我們曾經舉辦全公司性的調查，問到是否願意往前邁進時，大部分人都說他們願意改變，但不認為同事肯這麼做。由此可見，日本個別員工願意面對新的挑戰，但由於古老的團體思維作祟，有些人可能不敢和親近的同事討論如何做這件事，結果還以為同事都抗拒變革。

不管實際上最後的決策為何，討論風格是三菱汽車的西方小組面對的另一個差異。在日本，從經理人到受薪員工，傳統上所有的階層之間會持續進行非正式的溝通，每個團體會提出自己的立場，並和其他的團體討論。正式的會議基本上只是對已經得到的共識「蓋橡皮圖章」而已。相反的，西方是在比較正式的會議中，由所有的與會者表達他們的看法，並在特定的

會議中實際做成決策。這兩種做法各有優點，但是日本的方法存有明顯的缺點。由於意見並沒有在公開的會議中表示，因此小團體中個別成員的疑慮，絕對無法傳達給所有的相關人員。

為了在三菱汽車得到效果最好的決策，我們訂定一套政策，鼓勵所有的觀點公開表示出來。我們拆除直覺式、非口語化的溝通之牆，期望塑造更富創意的管理風格。佳能公司社長及日本經濟團體聯合會副會長御手洗富士夫最近如此表示：「管理說穿了就是溝通。資深經理人負有重責。他們應該大聲說出來，仔細地傾聽，並且確定他們的訊息有效地傳達出去。」

另一個要點是使用標誌符號。日本很強調口號、儀式、姿勢。比方說，文化活動和商店門口，總是使用色彩鮮艷的旗幟，上面寫著響亮的標語。新三菱汽車用新的方式利用符號。例如，我們交給所有的員工所謂的「品質卡」，上面寫著「**110%**」。這是一張綠色的卡片，可以放在皮夾子或胸前口袋裡面。它提醒我們努力改善所有作業流程和產品，「貢獻出」超越百分之百的成果。

日本中階經理人另一個難解的謎，尤其是在依年資升遷的制度中，如麥肯錫公司東京辦事處主任平野正夫所說的，主管有時會「踩刹車」，阻止激進的改革。由於在升遷管道中爬了那麼長的時間，他們一向不希望被當成激進變革的人。這麼一來，層級低很多的年輕員工所提嶄新且富有創意的點子，就此遭到扼殺。所以我們將許多年輕員工推上快車道，因為他們的想法具有原創力，勝過年紀比較大的經理人。這不是「老」或「少」的問題，而是心胸開放相對於心胸封閉的問題。

到目前為止，我談的都是西方的小組在三菱汽車瞭解傳統所面對的挑戰。其實從另一方面來說，西方人能從亞洲以及它

的企業經營方式學到很多東西。比方說，日本的技術和創新歷史既悠久且出色，例如簡化（「隨身聽」）、模組化（從建築到汽車製造）、簡約（石庭和處理器）、可攜性（從 12 世紀收納畫筆的矢立，到今天的個人數位助理〔PDA〕）。「日本設計」一詞，本身就相當於一種品牌。改善和「即時」等觀念，是由日本汽車業發展出來，並爲世界各地的其他製造商所倣效。短短數十年內，日本汽車業高居全球第二大，足可證明以上所言不虛。同樣重要的是有禮、公平、自豪、經營企業的風格，而美國嚴酷的商場現實世界中，已經失落其中一些東西。

我們必須改變心念思維，可行的第一步是揚棄狹隘的地域觀。舉例來說，美國人的地圖是以美國東岸爲中心；德國人的地圖則以穿越我家鄉柏林中間那條線爲中心；當然了，日本人的地圖是以日本列島爲中心。所有人大都以自己爲地球的中心，而忽略了周邊地區的人擁有的能力和標準。換句話說，現在該是調整焦距的時候！

在三菱汽車，我們要求所有的員工，不拘日本人或非日本人，務必抱持全球觀，如此才能瞭解合作夥伴的價值觀和文化。比方說，日本是人口非常稠密的國家，很難建立個人寬廣的空間。日本人因此發展出一套社會規範，允許他們住得近，卻不侵犯太多的私人空間。他們有一套特殊的禮儀，鞠躬爲其中的典型代表，例如一個人鞠躬應該彎得多低，主要取決於相對的地位和資格。

對於鞠躬，我有一點個人看法，並向員工表示：「鞠躬可以！哈腰可不行！」所以我會對別人鞠躬表示禮貌，但絕不會只因爲年資，就對人卑躬哈腰。在我看來，更重要的是，我絕不希望別人拋棄自尊，屈從於我。

　　舉這個例子，是要說明東方和西方人際關係的關鍵，在於嚴以律己，寬以待人。由於我們的傳統和觀點非常不同，所以更應該這麼做。含混籠統帶過這件事是不對的。

　　十年來，任何合併或者結盟，這是重要的發現之一。在攜手成長的時候，不能只靠一張漂亮的新組織圖。新的管理階層必須維持和發展公司的認同感，同時強化管理階層的自信。

　　舉個例子來說。我們的西方管理團隊加入三菱汽車之後，發現許多員工對於語言運用（尤其是英文）的態度有待改進。外國企業人士到了日本，往往聽說日本人的全球互動能力有困難是因為英語講得不好。其實我個人和日本朋友的狀況類似——我必須用的語言也不是我的母語，但我們不僅不應抱怨，更該設法改進自己的能力才是。許多外國同事能說的日語非常之少，我覺得這種情形不好，因此開辦語言課程，鼓勵他們改進語言技巧。不過，我們經常找來翻譯員陪同，只要所有的參與者都願意說出心底想法，而非拘泥禮節，大家溝通起來就很容易。儘管如此，我們告訴所有的員工：英語無疑是通行世界的用語。但是如果員工擁有出色的專業能力，即使英文能力不行，我們還是會支持他們。然而我們依然會鼓勵他們改進語言技巧，因為這種技巧有助於所有的人做更好的交流，進而了解其他人的想法。

　　在70年代和80年代之前，日本背負的使命是趕上西方——具體的說，趕上美國。日本已經做到這一點，尤其是在經濟方面，但是若干評論家似乎察覺到，日本少了這趟旅程應該往何處去的方向感。80年代末和90年代初，所謂的泡沫經濟破碎後，長達十年的經濟衰退，更使這件事雪上加霜。我給日本同事和朋友打氣，告訴他們，儘管歷經這麼多年來的經濟衰退，

他們仍是世界第二大經濟體，也是世界最大的債權國，而這只是日本許多「第一」裡面的兩項，實在應該引以爲豪才對。身爲德國人的我，如此鼓勵他們，似乎有點奇怪。但是我發現他們缺乏信心。日本政府於 2003 年 8 月發表的調查報告，顯示高達十分之七的日本人憂慮生計，三分之二的人說他們「擔心日常生活」，比率是 80 年代初以來最高的。

這種感覺可能和共識型的社會有關。我們的跨國小組在三菱汽車正努力改變這種感覺，而且整個日本社會也在改變之中。諸事順遂的時候，取得共識是很不錯的一件事，因爲沒人受到傷害；但當身處逆境，就像約十年來的日本經濟狀況，人們開始想到自身的安全和舒適，於是共識慢慢消退。

我學到的一件事，是對日本人來說，道路（各種「道」，如柔道、劍道）比終點還重要。因此管理階層必須陪伴員工走過這條道路。這個過程中，堅實的管理階層可以強化明確的個人責任，而不是注重傳統的團體責任形式。也就是說，在日本，優秀的經理人必須讓作業流程公開、透明、可以達成，強調務實的解決方案甚於追求完美。

待在日本的這段期間，我發現德國和日本迫切需要急劇改革之際，有些事情可以相互學習。「日本公司」和「德國公司」同樣財庫空虛，也都承受強大的國內外壓力，非得改革不行。德國最大邦北萊茵—西發利亞（Northrhein-Westfalia）的總理皮爾・史坦布律克（Peer Steinbrueck）做了一個很好的比喻（但稍嫌簡略）。他說，德國抗拒改革的阻力，就像日本的相撲比賽：「我們最後得抓牢那肥仔。」

我們可以互相學習什麼？以下只是其中一些例子：

● 我的老家柏林以交通系統自豪，但是東京公共運輸的準

時、安全與舒適上，才是眞正的典範。

- 燃料電池的發展方面，德國追求完美的解決方案，日本則已經生產燃料電池混種車，做爲過渡期的一步。
- 生物科技方面，德國獨步全球，但日本首相小泉純一郎宣布，這將是有待進一步發展的領域。
- 日本可以視德國爲進軍東歐的門戶，德國則可以視日本爲進軍中國的門戶。

三菱汽車和戴姆勒克萊斯勒的結盟，能給對方什麼？

即使處於今天的經濟環境，亞洲仍是一個巨大市場，而且成長速度比任何地方都快。這是三菱汽車和戴姆勒克萊斯勒的全球性結盟爲什麼如此重要的原因。全球汽車製造商的數目無疑會繼續減少，汽車業的整併過程，已經進入尾聲。1960年，獨立汽車製造商有62家，1980年有36家，現在只剩11家。六大汽車製造商占有全球市場的78%。這個過程仍在持續。

毫無疑問的，可望贏得未來的跨國結盟，是能夠生產產品供應各國市場所需，且能靈活滿足那些需求；共用零組件甚至平台；共同執行研發，將設計生產和技術上的嶄新構想融會發揮。只有這種合作和結盟方式，才能產生大規模的效果，帶來更多成本優勢。要做到這一點，我們必須了解世界已是單一的全球性市場，並須盡己所能，結合各國人才的專長。

討論三菱汽車和戴姆勒克萊斯勒結盟一事，絕對不能過度簡化地比較日本和德國、比較兩種文化的企業經營和「汽車經」等方面的差異。三菱汽車和戴姆勒克萊斯勒相信，經由彼此學習與分享，兩家公司憑藉開放的胸襟進軍世界，並能獲勝。

21
亞洲模式

李克特與馬家敏

2002 年，也就是本書出版前一年，我們發表《亞洲的重生》一書，展望五大公衆生活領域可望出現新氣象。我們認爲亞洲將會：

- 成爲機會均等的地區
- 領導人有遠見、有願景、專心致志
- 有透明的治理架構和穩固的行政部門
- 經濟上密切整合，並與全球融洽結合
- 對各國傳統與文化差異保持尊重

在那之後，我們看到新氣象帶來的許多希望大都煙消雲散；只不過這些情形倒不是來自特定政黨或個人失敗，而是湊巧碰上大環境的不利因素。許多全球和地區表現不如預期，可以歸因於嚴重急性呼吸道症候群蔓延、經濟衰退、伊拉克戰爭、貿易自由化難以推動、以及北韓危機。我們驚覺，看似毫無關聯的事件，竟能對遠方國度和不同行業產生衝擊。

我們發現，多數案例的失敗原因，追根溯源，都與倫理（應該說是欠缺倫理）脫不了關係。過去一年，亞洲的倫理眞空引起廣泛共鳴。我們在本書引言中所提的許多案例，只是長串

清單中的一小部分而已。這絕非巧合。事實上，當前亞洲的倫理真空，首見於亞洲的金融危機，而且迄今仍舊是懸而未決的問題。

因此，如果第一本書是概論亞洲的再造，那麼第二本顯然更為明確有方法，希望透過倫理再造亞洲。**全面倫理管理**建議重探基本價值準則，以及摸索將來要走的方向。亞洲到目前為止的發展，是依賴它的基本價值觀堆砌起來的。我們認為，在比較單純的過去年代，亞洲的基本價值觀相當充分，但是尺有所短，處於急劇全球化和聲息相聞的世界中，單靠它們卻顯得心餘力絀。當前所需（也是我們試圖提供）的是方法路線，以此推動轉型，並將倫理內化至亞洲各地的日常生活。

企業部門之所以特別受到注意，並非因為企業較為腐化，而是因為企業與社會和民眾生活中許多層面已經密不可分。兩個世紀前，企業大致採取「畫地自限」的方法：獨立經營，與客戶、合作夥伴的接觸是直來直往、單一平面。之後，它們走過結盟和接觸若干群體（從政府開始）的時代。現在更踏進多層次及跨國社會接觸的時代。結果，本來幾乎看不到企業的地方，今天卻必須經常和它們打交道。連社會組織或政府與外界往來，從企業界發展出來的「最佳實務」，例如責任、機制治理、專案管理，也成為它們營運用語的一部分。我們今天見到企業、政府和其他社會行為人加強整合與合作，共同解決當代環境中的挑戰。新的倫理基礎——所有的行為人都應盡一分心力——將兼容並蓄社會各個部門之長，而且能使這種合作獲得成功。這是現在和未來的潮流。

沒錯，全面倫理管理和全面品質管理（Total Quality Management，TQM）或有相類，至少形式上如此。**TEM 超越**

TQM 的範疇。TQM 只求作業程序依據品質箴言,重新調整方向。比方說,TQM 原則要求人員檢查他們的工作流程,並且發展各種方法,去改善他們的產出,從而減少浪費。所有的企業活動,尤其是大型組織中,都強調以品質為依歸,因此有助於經理人和員工將注意焦點放在追求卓越的營運上,進而創造正面的成果,令顧客和客戶同感滿意。遺憾的是,某些狀況中,由於企業一心一意專注於品質,結果目光如豆,過於留意細枝末節,沒有廣泛注意它的營運重心、策略和品質。安隆十分重視品質和顧客。但因為缺乏品德基礎,只用最低標準的倫理行事,終至分崩離析,鬧出眾所矚目的醜聞。

這些年來,TQM 的熱潮就像許多商業趨勢一樣慢慢消退。這種發展不足為奇。**高品質標準只能保證企業在極為基本和立即的層面上獲致成果**。儘管許多組織真心誠意供應高品質的產品和服務,業績卻從未起飛。其他許多組織,也投入大量的時間、精力和金錢,發展與支援 TQM 計畫,以改善管理、增進效率、培養團隊精神。但是隨著時間的流逝,TQM 計畫失去衝力,而且許多企業組織的 TQM 現狀和是否成功,值得懷疑。

TEM 則是激進的三點變革行動方案,理想上,應該在採行之後立即同時推動:

- **倫理 X 光**:所有的部分、活動、管理職能應該通過「倫理 X 光」的檢驗,以確認倫理行為的關鍵之處。這不只包括驅動業務的核心因素,也包含支援業務與行政管理職能。

- **潛移默化**:整個組織應該經過倫理潛移默化的過程,將高倫理標準應用於所有的部分、作業流程、營運活動、管理職能。這甚至能夠改變公司的核心業務驅動因素和

成功要素，從而重新調整整個組織的方向。整個過程中，要想成功，必須全面應用倫理價值鏈，不能亂無章法、支離破碎。它必須和組織息息相關，從領導人到基層單位，以及整個組織文化，都不例外。TEM 需要所有的成員高度參與；要得到最好的浸淫成果，必須要求所有的人共同投入、貢獻意見，不是只由高層人員參與。

●**推己及人**：實踐 TEM 的公司，應該讓其倫理文化確實傳達給廣義的公民大眾。這不只觸及一般的行銷，也應該積極擴及其他的組織、公司、地區和個人，以分享最佳實務、深化倫理特性、鞏固整個社會的倫理。

今天，人們經常談到「企業和社會」之間的關係，例如企業的社會責任，尤其是社會要求企業在各方面負起責任的趨勢。透過 TEM，企業不但可望成為社會不可或缺的一員，更將是社會永續發展的媒介與領航者。TEM 是一套廣泛的原則，能夠做為企業營運的基礎，而且可以在執行的過程中，百尺竿頭，更進一步，不斷修正。

為什麼談亞洲？

本書專談亞洲，有兩點理由。第一是這個地區目前迫切需要全面倫理管理。如果基本倫理方針，我們相信永續成長和發展，會比較難以啟動和維持。第二個理由來自亞洲自有深厚的哲學、宗教和文化傳承，因此它得天獨厚，擁有強壯的根本，能夠發展出適合當代生活的倫理計畫。所以說，亞洲的倫理是個互動和反覆的過程。全面倫理管理會改變亞洲，亞洲獨有的

一些文化和哲學根源，也會改變全球的倫理。這個過程有助於全球倫理走向多樣化，跨越更多領域和更多地區應用時將更加穩固。

本書只是個起步，但願見到這個觀念應用於世界各地。書內的一些作者也是全面倫理管理的典範，可以協助我們將相關的理念傳播出去。透過全面倫理管理的應用、個人的參與，以及企業、政府、公民社會的集體能力，更美好的世界指日可待。

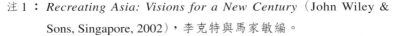

注1：*Recreating Asia: Visions for a New Century*（John Wiley & Sons, Singapore, 2002），李克特與馬家敏編。

注2：全面品質管理（TQM）是指以系統化的方法，跨越職能和層級，由所有的員工持續不斷地參與解決問題，以改善產品和作業流程的品質。TQM據稱源自於愛德華・戴明（W. Edwards Deming）的著作。二次世界大戰期間，戴明指導美國工業利用統計方法，改善軍事用品的品質，並將他的許多觀念彙整起來。二次大戰後，他又協助日本工業邁向復甦，敦促日本企業改善產品設計和製程，達到再也無法超越整體品質為止。戴明建議將注意焦點從純粹利潤取向，轉移為品質管理。參見戴明所著《轉危為安》（*Out of Crisis*，天下文化出版）。

英中名詞對照

United for a Fair Economy ／
公平經濟聯合會

V

value driver ／價值動因
velvet totalitarianism ／柔性極權
Vinaya ／律（佛教教義）

W

Woori Bank ／友利銀行
World Bank ／世界銀行
World Economic Forum ／世界經濟論壇

國家圖書館出版品預行編目資料

企業全面品德管理：看見亞洲新利基／李克特
　　（Frank-Jürgen Richter），馬家敏編；羅耀宗等譯
　　一 第一版 一 臺北市：天下遠見，2004〔民93〕
　　面：　公分 一（財經企管：CB292）
　　譯自：Asia's new crisis : renewal
　through total ethical management

　　ISBN 986-417-309-X（精裝）

　　1. 企業倫理　　2. 組織（管理）

198.49　　　　　　　　　　　　　　　93008578

典藏天下文化叢書的 **5** 種方法

1. 網路訂購
歡迎全球讀者上網訂購，最快速、方便、安全的選擇
天下文化書坊 www.bookzone.com.tw

2. 請至鄰近各大書局選購

3. 團體訂購，另享優惠
請洽讀者服務專線(02) 2662-0012 或 (02) 2517-3688 分機 904
單次訂購超過新台幣一萬元，台北市享有專人送書服務。

4. 加入天下遠見讀書俱樂部
■ 到專屬網站 rs.bookzone.com.tw 登錄「會員邀請書」
■ 到郵局劃撥 帳號：19581543　戶名：天下遠見出版股份有限公司
　（請在劃撥單通訊處註明會員身分證字號、姓名、電話和地址）

5. 親至天下遠見文化事業群專屬書店「93巷‧人文空間」選購
地址：台北市松江路 93 巷 2 號 1 樓　電話：(02) 2509-5085

財經企管 292

企業全面品德管理
看見亞洲新利基

編　者／李克特（Frank-Jürgen Richter）與馬家敏（Pamela C. M. Mar）
譯　者／羅耀宗（緣起、作者群、第1、2章、第三部導論及7～12、14、17～21
　　　　章）、章明儀（第2部導論及第3、4章）、林君文（第5、6章）、劉眞如
　　　　（第4部導論及第13章）、吳國卿（第15章）、蔡繼光（第16章）
系列主編／鄧嘉玲
責任編輯／張怡沁
封面及美術設計／劉世凱（特約）

出版者／天下遠見出版股份有限公司
創辦人／高希均、王力行
天下遠見文化事業群　總裁／高希均
發行人／事業群總編輯／王力行
天下文化編輯部總監／林榮崧
版權部經理／張茂芸
法律顧問／理律法律事務所陳長文律師、太穎國際法律事務所謝穎青律師
社　址／台北市104松江路93巷1號2樓
讀者服務專線／（02）2662-0012　　傳　眞／（02）2662-0007；2662-0009
電子信箱／cwpc@cwgv.com.tw
直接郵撥帳號／1326703-6號　　　天下遠見出版股份有限公司

電腦排版／立全電腦印前排版有限公司
製版廠／立全電腦印前排版有限公司
印刷廠／崇寶彩藝印刷有限公司
裝訂廠／精益裝訂股份有限公司
登記證／局版台業字第2517號
總經銷／大和圖書書報股份有限公司　　　電話／（02）8990-2588
出版日期／2004年5月31日第一版第1次印行

定價／420元
原著書名／**Asia's New Crisis：Renewal Through Total Ethical Management**
Copyright © 2004 John Wiley & Sons (Asia) Pte Ltd
Complex Chinese Edition Copyright © 2004 by Commonwealth Publishing Co., Ltd., a
member of Commonwealth Publishing Group
Authorized translation from the English language edition published by John Wiley &
Sons, Inc.
ALL RIGHTS RESERVED
ISBN：986-417-309-X（英文版ISBN: 0-470-82129-9）
書號：CB292

BOOKzone 天下文化書坊 http://www.bookzone.com.tw

※ 本書如有缺頁、破損、裝訂錯誤，請寄回本公司調換。